湘沙猪

生态养殖及遗传育种新技术

主　编　吴买生

副主编　谭　红　彭英林　陈　斌

CNS K 湖南科学技术出版社·长沙

编著人员

（排名不分先后）

吴买生	粟泽雄	马石林	谭　红
左晓红	乔春生	刘冬明	李玉莲
陈　晨	刘　伟	张　兴	夏　敏
冉茂良	符利辉	邓秋纯	张　勇
朱　吉	李朝晖	刘传芳	

内容简介

　　本书重点介绍了湘沙猪生态养殖及产业发展前景、生态猪场建设、杂交优势与配套系育种、湘沙猪育种与繁殖技术、湘沙猪营养与饲料、湘沙猪饲养管理、猪群保健与猪病防治、猪场废弃物处理、湘沙猪产业化开发等方面内容。本书可供从事地方猪保护与利用、新品种（配套系）选育研究及产业开发的技术人员、管理人员和市场营销人员学习，也可供农业院校畜牧兽医本硕专业师生、科研单位研究人员及政府相关部门管理人员学习参考。

序

　　我国是世界养猪大国和猪肉消费大国。我国还是世界猪种资源大国，载入 2021 年版国家畜禽遗传资源品种名录的地方猪种有 83 个，培育品种 25 个，配套系 14 个，引入品种 6 个，引入配套系 2 个。研究表明，品种对于养猪生产的贡献率达 40％。沙子岭猪是湖南省著名地方优良猪种，具有母性好、产仔多、肉质佳、适应性强等种质特性，但也存在生长慢、耗料多、瘦肉率低等缺点。以吴买生研究员牵头的科技创新团队顺应时代潮流，对标优质猪肉市场开展种业创新，从 2008 年开始，以沙子岭猪、大约克夏猪、巴克夏猪等猪种为育种素材，通过杂交组合筛选、专门化品系培育、繁育体系建设，历时 12 年育成了三系配套湘沙猪。

　　目前，我国经济发展到了一个新的阶段，人们生活水平极大提高，城乡居民对猪肉的消费已由量的满足转向质的提升，更加注重营养、品质、口感和健康。为加快优质高效湘沙猪扩繁推广，促进乡村振兴，增加农民收入，吴买生研究员牵头组织育种技术管理人员，收集科研生产数据资料，按照科学、实用、可操作的原则编写了《湘沙猪生态养殖及遗传育种新技术》。本书包括湘沙猪生态养殖及产业发展前景、生态猪场建设、杂交优势与配套系育种、湘沙猪育种与繁殖技术、湘沙猪营养与饲料、湘沙猪饲养管理、猪群保健与猪病防治、猪场废弃物处理、湘沙猪产业化开发等九章，书后还附录了湘沙猪配套系品种标准和饲养管理技术规程。本书阐述了杂交优势理论与配套系育种方法，系统总结了湘沙猪配套系育种技术和育种经验，详细介绍了湘沙猪生态养殖、猪场建设、饲料营养、饲养管理、猪群保健、猪病防治、猪场废弃物处理等实用技术，提出了湘沙猪产业化开发的具体措施。本书的出版填补了国内猪配套系育种与应用技术资料空白，对指导我国地方猪种遗传改良，加快育种技术成果转化，做大做强地方猪特色产业，打造优质猪肉品牌，促进我国民族种业科技进步等方面具有重要意义。我愿意将本书推荐给各位读者，相信对养猪同行能有所借鉴和帮助。

中国工程院院士

2023 年 5 月 9 日

前　　言

　　我国是世界生猪生产和猪肉消费大国，猪肉历来是城乡居民的主要肉食来源。随着经济快速发展，人们生活水平持续提高，市场对高品质猪肉的需求快速增长，优质风味猪肉越来越受到消费者的喜爱。目前，优质猪生产方式主要有三种：一是直接利用地方猪种进行纯繁生产；二是用地方猪种与国外引入猪种进行经济杂交生产内二元或内三元猪；三是利用地方猪种和引入猪种作为育种素材，科学选育适应市场需要的优质猪新品种（配套系）。利用第一种生产模式生产优质猪肉，饲养成本高，肥肉多瘦肉少，难以满足市场对优质价廉猪肉的大量需求。用第二种生产模式生产优质猪，虽然生产性能提高了，但在推广过程中因繁育体系不健全容易出现地方品种血统混杂，不利于地方猪种保护和高效利用；且内二元和内三元杂交猪因杂交亲本未经严格系统选育，后代个体间差异较大，体形外貌不一致，生产性能表现也不一致，不能满足现代标准化规模生产要求。用第三种生产模式生产优质猪，能将地方猪种繁殖力强、耐粗饲、肉质好等种质特点和引入猪种生长快、瘦肉多、耗料省的特点有机结合起来，按照固定的配套生产模式生产杂优猪，是目前发展优质猪的通用做法和重要技术途径。

　　沙子岭猪原产湖南湘潭，养殖历史悠久，优良基因丰富，是我国养猪生产中的珍贵遗传资源。1984 年以来，湘潭市家畜育种站一直承担沙子岭猪保种任务，在持续保种、种质研究和资源利用等方面取得多项重要科研成果。2006 年，吴买生研究员提出利用沙子岭猪和引入猪种作为育种素材，培育湘沙猪配套系的创新设想，得到湖南省和湘潭市农业、科技等部门持续立项支持。十多年来，育种技术人员利用沙子岭猪和巴克夏、杜洛克、汉普夏、大白猪、长白猪等 5 个引入品种，相继开展了优势杂交组合筛选、亲本持续选育和繁育推广体系建设等工作，成功培育出湘沙猪配套系。2020 年，湘沙猪配套系通过国家畜禽遗传资源委员会审定，获畜禽新品种（配套系）证书，被列入 2021 年版国家畜禽遗传资源品种名录，成为湖南省自中华人民共和国成立以来第二个通过国家审定并具有自主知识产权的畜禽新品种（配套系）。2021 年、2023 年"湘沙猪配套系选育与示范推广技术"项目被列为湖南省农业主推技术。2021 年 11 月，"湘沙猪配套系选育"项目获中国畜牧兽医学会动物遗传育种学分会吴常信院士动物遗传育种生产与推广成果奖。

湘沙猪配套系商品猪体形外貌一致，生长速度快、瘦肉率较高、肉质好、抗逆性强、生产整齐度高，适合标准化规模生产，也适合于农村中小规模养殖。湘沙猪饲养周期短、肉质风味好、市场价位高、居民愿意吃、农民愿意养，为其大面积推广奠定了基础。加快湘沙猪配套系推广应用，能调整我国以外种猪养殖为主的生猪生产结构，打破长期以来杜长大瘦肉型猪一统天下的局面，充分利用农村青粗饲料和农副产品，降低养殖成本，促进农民增收，为打赢种业翻身仗、推进乡村振兴作出新贡献。

本书由从事湘沙猪配套系育种研究的技术管理人员编写，采用通俗易懂的语言文字，对湘沙猪生态养殖及产业发展前景、生态猪场建设、杂交优势与配套系育种、湘沙猪育种与繁殖技术、湘沙猪营养与饲料、湘沙猪饲养管理、猪群保健与猪病防治、猪场废弃物处理、产业化开发等方面内容进行了详细阐述，理论性、实用性和操作性较强。相信本书的出版能填补国内尚没有系统介绍猪配套系育种技术资料的空白。

本书编写过程中，参阅和引用了有关书籍和报刊，在此向有关作者表示衷心感谢！由于编者水平有限，书中肯定存在许多不足之处，恳请同行和读者朋友批评指正。

编　者

2023 年 5 月

目 录

第一章 湘沙猪生态养殖及产业发展前景 ……………………（1）

第一节 湘沙猪配套系 …………………………………………（1）

一、XS3系特征特性 …………………………………………（1）

二、XS2系特征特性 …………………………………………（2）

三、XS1系特征特性 …………………………………………（2）

四、XS23系（父母代）特征特性 ……………………………（3）

五、XS123（商品代）特征特性 ……………………………（3）

第二节 湘沙猪生态养殖 ………………………………………（4）

第三节 湘沙猪生态养殖模式 …………………………………（5）

一、林下放牧养殖 ……………………………………………（5）

二、种养循环养殖 ……………………………………………（6）

三、生物发酵床养殖 …………………………………………（6）

四、达标排放型养殖 …………………………………………（7）

第四节 湘沙猪生态养殖技术要求 ……………………………（7）

一、环境优良 …………………………………………………（7）

二、营养平衡 …………………………………………………（7）

三、饲料安全 …………………………………………………（8）

四、科学防治 …………………………………………………（8）

五、严控污染 …………………………………………………（8）

六、规范管理 …………………………………………………（8）

七、屠宰加工 …………………………………………………（8）

八、监测评估 …………………………………………………（9）

第五节 市场波动与湘沙猪养殖 ………………………………（9）

一、猪价波动周期分析 ………………………………………（9）

二、生猪养殖生物学周期 ……………………………………（9）

三、合理组织生猪生产 ………………………………………（10）

第六节　湘沙猪养殖投资效益分析 ···（10）

一、猪场成本核算 ···（10）

二、猪场效益分析 ···（11）

三、湘沙猪养殖效益分析 ···（12）

第七节　湘沙猪产业发展前景 ···（12）

第二章　生态猪场建设 ···（14）

第一节　猪场建设基本原则 ···（14）

一、先进性 ···（14）

二、经济性 ···（14）

三、安全性 ···（14）

第二节　猪场选址与注意事项 ···（14）

一、猪场选址前期工作 ···（14）

二、猪场选址备案资料 ···（15）

三、猪场选址 ···（15）

四、水源电力要求 ···（16）

五、建设面积要求 ···（16）

第三节　猪场规划布局 ···（16）

一、猪场规划布局 ···（16）

二、生产工艺流程 ···（18）

三、疫病防控要求 ···（18）

第四节　猪场建设 ···（22）

一、猪场建设规模 ···（22）

二、猪场生产技术指标 ···（23）

三、猪舍的形式 ···（24）

四、猪舍的建筑结构 ···（26）

五、栏舍建设基本要求 ···（27）

第五节　猪场生物安全体系构建 ···（32）

一、生物安全体系规划设计 ···（32）

二、外围圈三级生物安全规划设计 ·······································（32）

三、辅助生产区生物安全规划设计 ·······································（34）

四、生产核心区生物安全规划设计 ·······································（35）

五、生物安全监控系统规划设计 ·······································（35）

第六节　猪场环境控制 ……………………………………（35）

　　一、猪舍温度控制 ………………………………………（35）

　　二、猪舍湿度控制 ………………………………………（38）

　　三、猪舍光照控制 ………………………………………（40）

　　四、猪舍有害气体控制 …………………………………（40）

第三章　杂交优势与配套系育种 …………………………（43）

第一节　杂交优势理论 ……………………………………（43）

　　一、杂交 …………………………………………………（43）

　　二、杂交优势 ……………………………………………（43）

　　三、性状互补 ……………………………………………（44）

　　四、显性效应 ……………………………………………（45）

　　五、超显性效应 …………………………………………（47）

　　六、个体杂种优势 ………………………………………（48）

　　七、母本杂种优势 ………………………………………（48）

　　八、父本杂种优势 ………………………………………（48）

第二节　杂交优势利用 ……………………………………（49）

　　一、二元杂交 ……………………………………………（49）

　　二、三元杂交 ……………………………………………（50）

　　三、四元杂交 ……………………………………………（50）

　　四、级进杂交 ……………………………………………（50）

第三节　配套系育种 ………………………………………（51）

　　一、配套系概念 …………………………………………（51）

　　二、专门化品系培育 ……………………………………（54）

　　三、配合力测定 …………………………………………（54）

　　四、繁育体系构建 ………………………………………（55）

第四节　配套系育种步骤 …………………………………（56）

　　一、制订育种方案 ………………………………………（56）

　　二、搜集育种素材 ………………………………………（57）

　　三、开展品系选育 ………………………………………（57）

　　四、筛选"最佳"杂交组合 ……………………………（58）

　　五、杂交制种与中间试验 ………………………………（58）

　　六、配套系推广应用 ……………………………………（58）

第四章　湘沙猪育种与繁殖技术 ·················（60）

　第一节　湘沙猪育种技术 ·······················（60）

　　一、育种目标 ·······························（60）

　　二、测定性状 ·······························（60）

　　三、亲本选择 ·······························（61）

　　四、选种技术 ·······························（62）

　　五、优势杂交组合筛选 ·······················（67）

　　六、专门化品系选育 ·························（74）

　　七、配合力测定 ·····························（81）

　　八、中间试验 ·······························（83）

　第二节　湘沙猪繁殖技术 ·······················（84）

　　一、生殖生理 ·······························（84）

　　二、初情期与初配日龄 ·······················（85）

　　三、发情表现 ·······························（86）

　　四、发情鉴定 ·······························（86）

　　五、配种方式 ·······························（87）

　　六、人工授精 ·······························（87）

　　七、妊娠诊断 ·······························（90）

第五章　湘沙猪营养与饲料 ·····················（93）

　第一节　消化代谢特点 ·························（93）

　　一、机体消化代谢特性 ·······················（93）

　　二、饲料营养利用特点 ·······················（94）

　第二节　常用饲料及其特点 ·····················（95）

　　一、能量饲料 ·······························（95）

　　二、蛋白质饲料 ·····························（96）

　　三、矿物质饲料 ·····························（98）

　　四、青绿饲料 ·······························（98）

　　五、粗饲料 ·································（99）

　　六、生物发酵饲料 ·························（101）

　第三节　饲料的加工调制 ·······················（103）

　　一、粉碎 ·································（103）

　　二、制粒 ·································（103）

三、膨化 …………………………………………………………… (104)

四、焙炒熟化 ………………………………………………………… (105)

五、发酵 …………………………………………………………… (105)

六、青贮 …………………………………………………………… (105)

七、打浆 …………………………………………………………… (105)

第四节　饲料添加剂应用 …………………………………………… (106)

一、营养性添加剂 ………………………………………………… (106)

二、非营养性添加剂 ……………………………………………… (106)

三、应用技术要点 ………………………………………………… (107)

第五节　配合饲料配制 ……………………………………………… (107)

一、配合饲料的种类 ……………………………………………… (107)

二、配合的原则 …………………………………………………… (108)

三、配合的方法 …………………………………………………… (109)

四、浓缩饲料的应用 ……………………………………………… (109)

第六节　营养需要 …………………………………………………… (110)

一、种公猪营养需要 ……………………………………………… (110)

二、种母猪营养需要 ……………………………………………… (110)

三、湘沙猪父母代营养需要 ……………………………………… (112)

四、湘沙猪商品代营养需要 ……………………………………… (114)

第七节　营养调控 …………………………………………………… (117)

一、肉质调理剂 …………………………………………………… (117)

二、微生物添加剂 ………………………………………………… (118)

三、灵芝和猴头菇菌糠 …………………………………………… (119)

四、杜仲灵芝散 …………………………………………………… (119)

五、构树发酵饲料 ………………………………………………… (119)

第八节　猪场饲料管理 ……………………………………………… (120)

一、配合饲料的采购管理 ………………………………………… (120)

二、饲料原料的采购管理 ………………………………………… (120)

三、饲料的保存管理 ……………………………………………… (121)

四、饲料的细节管理 ……………………………………………… (121)

第六章　湘沙猪饲养管理 …………………………………………… (123)

第一节　种公猪饲养管理 …………………………………………… (123)

　　一、种公猪的营养特点 ……………………………………………（123）

　　二、种公猪的饲料配制 ……………………………………………（124）

　　三、种公猪的饲养管理 ……………………………………………（124）

　第二节　种母猪饲养管理 …………………………………………（128）

　　一、阶段目标 ………………………………………………………（128）

　　二、饲养特点 ………………………………………………………（128）

　　三、管理方式 ………………………………………………………（129）

　第三节　后备母猪饲养管理 ………………………………………（135）

　　一、阶段目标 ………………………………………………………（135）

　　二、饲养特点 ………………………………………………………（135）

　　三、管理方式 ………………………………………………………（136）

　第四节　仔猪饲养管理 ……………………………………………（137）

　　一、阶段目标 ………………………………………………………（137）

　　二、饲养特点 ………………………………………………………（137）

　　三、管理方式 ………………………………………………………（138）

　第五节　保育猪饲养管理 …………………………………………（140）

　　一、阶段目标 ………………………………………………………（140）

　　二、饲养特点 ………………………………………………………（140）

　　三、管理方式 ………………………………………………………（140）

　第六节　育肥猪饲养管理 …………………………………………（141）

　　一、阶段目标 ………………………………………………………（141）

　　二、饲养特点 ………………………………………………………（141）

　　三、管理方式 ………………………………………………………（141）

第七章　猪群保健与猪病防治 ……………………………………（144）

　第一节　生物安全防控 ……………………………………………（144）

　　一、车辆的生物安全管理 …………………………………………（144）

　　二、人员的生物安全管理 …………………………………………（145）

　　三、物资入场的生物安全管理 ……………………………………（145）

　　四、饲料饮水的生物安全管理 ……………………………………（146）

　　五、生物媒介的生物安全管理 ……………………………………（146）

　第二节　防疫管理 …………………………………………………（147）

　　一、防疫管理制度 …………………………………………………（147）

二、消毒制度 ·· (148)

三、免疫及标识制度 ······································ (149)

四、猪场用药制度 ·· (150)

五、疫情报告及病死猪无害化处理制度 ········ (151)

第三节　猪群保健 ·· (151)

一、影响猪群健康的主要因素 ······················ (151)

二、猪群预防保健 ·· (152)

三、猪场常用兽医器材、药品 ······················ (153)

四、猪常用的投药方法 ·································· (153)

第四节　普通病防治 ·· (154)

一、便秘 ·· (154)

二、中暑 ·· (155)

三、霉菌毒素中毒 ·· (156)

第五节　传染病防治 ·· (157)

一、非洲猪瘟 ·· (157)

二、猪口蹄疫 ·· (160)

三、猪瘟 ·· (162)

四、高致病性猪蓝耳病 ·································· (164)

五、猪喘气病 ·· (166)

六、伪狂犬病 ·· (168)

七、猪圆环病毒病 ·· (169)

八、猪流行性乙型脑炎 ·································· (171)

九、猪流行性腹泻 ·· (172)

十、仔猪黄痢 ·· (173)

十一、仔猪白痢 ··· (174)

十二、猪传染性胸膜肺炎 ······························ (175)

第六节　主要寄生虫病防治 ······························ (176)

一、蛔虫病 ··· (176)

二、疥螨病 ··· (178)

三、猪肺虫病 ·· (178)

四、弓形虫病 ·· (179)

五、猪附红细胞体病 ····································· (180)

第七节　繁殖障碍性疾病防治 ··························· (181)

　　一、产后瘫痪 ……………………………………………………（181）
　　二、乳房炎 …………………………………………………………（182）
　　三、产后感染 ………………………………………………………（182）

第八章　猪场废弃物处理 ………………………………………………（184）
　第一节　猪场废弃物的危害 …………………………………………（184）
　　一、污染大气 ………………………………………………………（184）
　　二、污染水体 ………………………………………………………（186）
　　三、污染土壤 ………………………………………………………（187）
　　四、传播疾病 ………………………………………………………（187）
　　五、污染畜产品 ……………………………………………………（188）
　第二节　猪场废弃物处理的基本原则 ………………………………（188）
　　一、减量化原则 ……………………………………………………（188）
　　二、资源化原则 ……………………………………………………（189）
　　三、生态化原则 ……………………………………………………（190）
　　四、无害化原则 ……………………………………………………（190）
　第三节　病死猪无害化处理技术 ……………………………………（190）
　　一、掩埋法 …………………………………………………………（191）
　　二、化制法 …………………………………………………………（191）
　　三、发酵法 …………………………………………………………（192）
　　四、焚烧法 …………………………………………………………（192）
　　五、高温干法无害化综合处理技术 ………………………………（192）
　第四节　粪污无害化处理技术 ………………………………………（194）
　　一、猪场粪便处理技术 ……………………………………………（194）
　　二、猪场废水处理技术 ……………………………………………（196）
　　三、猪场废气处理技术 ……………………………………………（198）
　第五节　猪场废弃物处理案例 ………………………………………（198）
　　一、小型养殖场种养平衡处理模式 ………………………………（198）
　　二、中型养殖场综合处理模式 ……………………………………（199）
　　三、大型养殖场工业化处理模式 …………………………………（200）
　　四、发酵床生态养猪处理模式 ……………………………………（201）

第九章　湘沙猪产业化开发 ……………………………………………（204）

第一节　产业开发模式 ………………………………………（204）
　一、开发思路 …………………………………………………（204）
　二、开发现状 …………………………………………………（205）
　三、开发效应 …………………………………………………（206）
　四、开发经验 …………………………………………………（206）
第二节　加工产品研发 ………………………………………（208）
　一、菜品研发 …………………………………………………（208）
　二、研发的主要产品及加工工艺 ……………………………（211）
　三、未来新产品开发潜力与设想 ……………………………（213）
第三节　市场营销策略 ………………………………………（215）
　一、分析市场机会 ……………………………………………（215）
　二、选择目标市场和市场定位 ………………………………（215）
第四节　品牌创建方案 ………………………………………（216）
　一、品牌意识的构建 …………………………………………（216）
　二、湘沙猪品牌猪肉开发关键举措 …………………………（217）
第五节　品牌宣传推介 ………………………………………（217）
　一、坚持质量优先 ……………………………………………（217）
　二、加强户外宣传和媒体宣传 ………………………………（218）
　三、加强产品推介 ……………………………………………（218）

附录A　湘沙猪配套系（DB43/T 2699—2023）………………（220）
附录B　湘沙猪配套系饲养管理技术规程（DB43/T 2719—2023）
　…………………………………………………………………（232）

参考文献 ………………………………………………………（237）

第一章　湘沙猪生态养殖及产业发展前景

湘沙猪配套系（简称湘沙猪）是由三个专门化品系配套生产的商品猪，体形外貌一致，被毛白色，生长速度快、瘦肉率较高、肉质好、抗逆性强、生产整齐度高，适合标准化规模生产，也适合农村中小规模养殖。湘沙猪饲养周期短、肉质风味好、市场价位高、居民愿意吃、农民愿意养，实现了肉质、生产效率与经济社会效益的综合平衡，具有较强的市场竞争力，能充分满足人们对中高端优质猪肉的需求，市场前景广阔。湘沙猪的成功培育，为优质猪生产和产业化开发提供了新的优质种源。发展湘沙猪养殖，能够调整我国以外种猪养殖为主的生猪生产结构，打破长期以来杜长大瘦肉型猪一统天下的局面，充分利用农村青粗饲料和农副产品，降低养殖成本，促进农民增收，为打赢种业翻身仗、推进乡村振兴作出新贡献。

第一节　湘沙猪配套系

湘沙猪配套系是由湘潭市家畜育种站主持，联合湖南省畜牧兽医研究所、伟鸿食品股份有限公司和湖南农业大学等单位经过十多年的持续选育，培育而成的优质瘦肉型猪配套系。2020 年 12 月，湘沙猪配套系通过国家畜禽遗传资源委员会审定，获畜禽新品种（配套系）证书［农（01）新品种证字第 30 号］，被列入 2021 年版国家畜禽遗传资源品种目录，成为湖南省第二个通过国家审定并具有自主知识产权的畜禽新品种（配套系）。该配套系由三个专门化品系组成，各品系和商品猪体形外貌及生产性能遗传稳定，主要特征特性如下。

一、XS3 系特征特性

XS3 系为母系母本，毛色为两头黑（头部和臀部为黑色），其他部位为白色，间或在背腰部有一块隐斑。头短而宽，背腰较平直，耳下垂，额部有皱纹，腹大不拖地，四肢结实，后肢开张。有效乳头 7 对以上。初产母猪平均总产仔数 10 头，产活仔数 9 头，初生个体重 0.88 kg，21 日龄窝重 29 kg，35 日龄断奶窝重 44 kg。经产母猪平均总产仔数 11 头，产活仔数 10 头，初生个体重 0.96 kg，21 日龄窝重 34 kg，35 日龄断奶窝重 50 kg。达 50 kg 体重平均日龄公猪 193 d，母猪 185 d；达 50 kg 体重平均背膘厚公猪 16 mm，母猪 18 mm。育肥猪 85 kg 体重屠宰，屠宰率为 70%，瘦肉率为 41.5%。肉色评分为 3～3.5 分，大理石纹评分为 3～3.5 分，肌内脂肪含量为 3.5%。体形外貌见图 1-1。

公猪　　　　　　　　　　　　　　母猪

图 1-1　XS3 系猪体形外貌

二、XS2 系特征特性

XS2 系为母系父本，全身被毛黑色，仅四肢下部、鼻端、尾帚为白色（六白），颜面平直，耳直立或稍向前倾，体躯长而宽，背微弓，腹平直，四肢粗壮。有效乳头 6 对以上。初产母猪平均总产仔数 9.6 头，产活仔数 9 头；经产母猪平均总产仔数 10 头，产活仔数 9.6 头。达 100 kg 体重平均日龄公猪 169 d，母猪 170 d；达 100 kg 体重平均背膘厚公猪 12.8 mm，母猪 13.6 mm。育肥猪 100 kg 体重屠宰，屠宰率为 70%，后腿比例为 33%，瘦肉率为 59%，肉质优良。体形外貌见图 1-2。

三、XS1 系特征特性

XS1 系为终端父本，体型较大，被毛全白；头颈较长，面宽微凹，耳向前直立；体躯长，背腰平直或微弓，腹线平，胸宽深，后躯丰满。有效乳头 7 对以上。初产母猪平均总产仔数 10.7 头，产活仔数 10.3 头；经产母猪平均总产仔数 11.8 头，产活仔数 11.4 头。达 100 kg 体重公猪平

公猪　　　　　　　　　　　　　　　　母猪

图 1-2　XS2 系猪体形外貌

均日龄 166 d，母猪 167 d；公猪达 100 kg 体重背膘厚为 9.8 mm，母猪为 10.7 mm。育肥猪 100 kg 体重屠宰，屠宰率为 73%，后腿比例 34%，眼肌面积 45 cm^2，瘦肉率为 66%，肉质优良。体形外貌见图 1-3。

公猪　　　　　　　　　　　　　　　　母猪

图 1-3　XS1 系猪体形外貌

四、XS23 系（父母代）特征特性

　　XS23 系为配套系父母代，全身被毛以黑色为主，少数个体四肢下端或腹部为白色；背线较平或微凹，肚稍大不下垂，体质结实，结构匀称。有效乳头 7 对以上。XS23 系初次发情日龄为 180~190 d，初情期体重为 80~90 kg，适宜配种体重日龄为 200~220 d；经产母猪平均总产仔数 12.4 头，产活仔数 11.9 头，初生个体重 1.2 kg，21 日龄窝重 50 kg，35 日龄断奶窝重 70 kg。体形外貌见图 1-4。

五、XS123（商品代）特征特性

　　全身被毛白色，两眼角周围偶有黑毛，少数个体皮肤有小黑斑。头中

图 1 - 4　XS23 系（父母代）母猪体形外貌

等大小，脸直中等长，耳中等大向前倾，身体中等偏长，背腰平直，后躯丰满，四肢粗壮结实。30～100 kg 期间，平均日增重 809 g，料重比 3.16。育肥猪 100 kg 体重屠宰，屠宰率为 73%，胴体瘦肉率为 58.6%；肉色评分为 3.5 分，大理石纹评分为 3 分，系水力为 93%，肌内脂肪含量为 2.9%。体形外貌见图 1-5。

图 1 - 5　XS123（商品代）猪体形外貌

第二节　湘沙猪生态养殖

生态养殖是一项系统工程，不仅涉及动物养殖的环境卫生，而且会涉及动物饲养的饲料营养，还会涉及动物疾病的防治和资源的高效利用等。生态养猪是以养猪为主，结合其他农业生物与自然环境（光、热、水、土壤、气候）及人工环境（栏舍、温度、饲料、肥料、药物管理、粪尿处理）等多因素，组成各有关产业相互间的有机联系。

湘沙猪生态养殖是运用生态学原理指导湘沙猪养殖生产。即根据生态系统物质循环与能量流动的基本原理，将湘沙猪作为农业生态系统的组成要素，应用农业生态工程方法，自然有机地组织湘沙猪生产系统，实现湘沙猪生产系统综合效益最优及湘沙猪养殖业的持续健康发展。湘沙猪作为农业生态系统中的一员，不能脱离其生存发展的环境。湘沙猪生态养殖的目的是在满足人们对健康安全优质猪肉产品需求的同时，保护和改善生态环境，实现经济、社会、生态效益的最大化。其主要特征表现在以下四个方面：一是产品绿色化，湘沙猪生态养殖业提供的产品是无污染、无残留、对人体健康有益的产品。二是生产无害化，湘沙猪生态养殖要求整个生产过程中不产生对环境有害的污染物。猪场粪尿污水及其他废弃物均被转化为有用的资源，不污染环境，周围环境也不对湘沙猪养殖造成污染。三是资源系统化，通过整合各种资源，形成以湘沙猪为核心的高效生物生产系统，使自然资源、社会经济资源得到合理有效利用。四是生物多样化，湘沙猪生态养殖高度重视生态平衡，充分考虑湘沙猪生产系统中各种生物的共存，坚持生物多样性。

第三节　湘沙猪生态养殖模式

对湘沙猪进行利用与开发。首先，要了解湘沙猪的特点，掌握其生活习性、生产性能；其次，要因地制宜，根据当地气候特点、地形地貌，有针对性地选择生态养殖模式，从而科学有序地发展湘沙猪生产。

一、林下放牧养殖

林下养猪是将舍内养殖与林下放牧相结合的养殖方式，白天放养，晚上入舍。林下养猪需要选择天然的林地，3～5 km 范围内没有污染源，而且要注意林地通风、向阳，林地中的植被没有毒害。放养的场地要用铁丝网、栅栏等围起来。在选择林下养殖时，要考虑猪的大小，过大的猪已经形成一定的生活习惯，对林地的适应能力比较差，太小的猪对外界不良因素的抵抗力比较差，也不宜放养。放养前，应对准备放养的猪进行训练，使其适应环境，放养人员应选择合适的地点，在固定的时间放置饲料、水槽等，使猪逐渐适应林下放养方式。

要为林下放养的猪提供不同的饲料，定期在猪饲料中添加驱虫药物，避免猪体内以及体表生长寄生虫。由于放养的猪长时间与外界环境接触，更容易受到疾病的感染和威胁，因此要对放养的猪进行疫苗接种，提高猪的免疫力。湘潭龙飞生态农业有限公司在湘潭县易俗河镇白云村采用林下养殖模式，猪肉品质好，售价高。生长育肥猪在 50 kg 之前采用舍内养殖，50 kg 以后采用半舍饲半放牧的养殖方式，增加野外运动量，接受阳光照射，采食青粗饲料，加喂发酵饲料，这样能改善肉质风味。

二、种养循环养殖

循环养殖就是将养殖、种植及沼气利用等相结合，实现资源的合理配置、循环利用，使养殖业和种植业协调发展。利用沼气池对猪场产生的粪尿污水进行发酵，沼气用于猪场取暖照明等，沼渣沼液用于水稻、蔬菜、水果等的施肥。生产中可以采用猪—沼—稻、猪—沼—鱼、猪—沼—草、猪—沼—菜、猪—沼—茶和猪—沼—果等农牧结合模式。以沼气为纽带将养猪业与农业、渔业等相结合，形成高效的生态循环经济，实现养猪业的健康可持续发展。例如，某猪场采用"猪—沼—草—猪"的生态养殖模式，该模式基本流程为：①牧草（狼尾草）粉碎打浆，与玉米、豆粕等精饲料配比混合，加入一定量的中草药调理剂取代抗生素喂养生猪；②猪粪尿等养殖废弃物进入沼气池，通过沼气池的厌氧发酵生产沼气、沼渣和沼液；③沼气用于猪舍保暖、员工洗澡、食堂做饭，沼渣加工成有机肥，沼液回灌牧草、果树；④收获的牧草又可作为青饲料喂养生猪。该模式通过沼气、沼渣与沼液这个纽带，使整个生产过程形成一个封闭式立体种养体系，完成了从动物到微生物，再到绿色植物，最后又回到动物的良性循环，实现了养殖废弃物的零排放。

三、生物发酵床养殖

生物发酵床养殖技术源于日本、韩国，是一种遵循生态健康养殖原则的新型环保型养猪技术。该技术采用高温发酵微生物与锯木屑、谷壳、秸秆等混合发酵后作为猪的垫料床（俗称发酵床）。猪饲养在发酵床上，排出的粪便被发酵床中的微生物分解，达到粪污对外无直接排放、猪舍无臭气，具有生态、环保、健康、安全、高效等特点，能解决适度规模养殖污染问题。这种养殖方式解决了猪粪尿的排放，不需要每天对猪粪进行清理，也避免了使用大量水冲洗猪圈，节约了水资源，为猪的生长营造了良好的环境。此外，猪食用有益微生物后，能够帮助自身消化食物，能够节省饲料，减少药物的使用，减少药物残留。发酵床养殖的湘沙猪，肉质好、口味佳、售价高，具有较强的市场竞争力，能够增加养殖收入。例如，湘潭县龙湖清农业发展有限公司采用发酵床养殖技术饲养的湘沙猪，生长快、肉质好，深受消费者欢迎。

四、达标排放型养殖

达标排放属于传统环保养殖模式。该模式的主要生产工艺为：猪场粪污经干清粪和固液分离后，粪渣固体经堆积发酵制成有机肥；污水则进入沼气池厌氧发酵，沼液通过专门的沉淀池沉淀、给氧曝气池处理和水生植物氧化塘吸纳降解后，水质符合《畜禽养殖业污染物排放标准（GB 18596）》。这种模式适用于周边没有足够吸纳沼液的农林用地的养猪场。湘沙猪养殖生产中，对无法配套足够种植用地消纳粪污的养猪场，可推广使用达标排放模式，猪场要在做好干湿分离、雨污分离的基础上，建设干粪收集池、沼气池、沉淀池、曝气池和生物氧化塘，实现猪场粪渣固体有机肥化和污水沼气利用后达标排放。

第四节　湘沙猪生态养殖技术要求

湘沙猪生态养殖涉及的内容较多，养好湘沙猪的技术要求主要包括以下八个方面。

一、环境优良

猪场选址应符合卫生防疫要求，远离交通要道、村庄、工业区和居民区，无污染、无辐射，远离噪声区，尽量选择荒山、荒坡地，不要占用基本农田。场内布局合理、空气清新、水源充足，符合畜禽饮用水质量标准。猪场要配套建设处理粪便、垃圾和污水的设施。猪舍要配备防寒、防暑设备，为猪只生长发育创造一个舒适的环境。

二、营养平衡

湘沙猪生长发育所需的营养成分比较多，单靠一种或几种饲料难以满足要求。因此，湘沙猪的日粮组成要多样化，玉米、麦麸、米糠、豆粕、预混料等搭配齐全。确保日粮能量、蛋白质、氨基酸、矿物质、微量元素、维生素等营养成分比例合理，有条件的猪场还可补喂青绿饲料，促进湘沙猪的健康生长发育。

三、饲料安全

饲料安全是猪肉产品安全的基础和保证。要求饲料品质优良、无污染、无霉变。棉籽饼、菜籽饼等含天然毒素的饲料原料要经脱毒处理，而且要控制用量。饲料中严禁添加激素、抗生素等禁用物质。要推广使用微生态制剂、酶制剂、中草药添加剂、生物活性肽、有机酸等绿色饲料添加剂。

四、科学防治

猪场要制订科学合理的免疫程序，严格执行防疫消毒制度。定期消毒，选择高效低毒消毒药有效杀灭病原微生物；定期监测抗体水平，快速诊断疫病，及时调整免疫程序；发病猪只要及早隔离，并严格按照NY5030《兽药使用准则》的要求，规范用药。

五、严控污染

一个千头养猪场年产粪污达 1500 t 以上。粪污中含有大量病原微生物和大量的氮、磷等营养物质，若不经过处理，直接排入水体会污染水源，导致水体富营养化，破坏土壤结构，影响植被生长，危害生态平衡。因此，要采用物理、化学、生物等综合措施，及时处理猪场粪污，同时推广种养生态养殖模式，实现资源循环利用。

六、规范管理

猪场要建立防疫、消毒、饲料采购、药品采购、猪群管理、技术档案、安全追溯等制度，并认真加以实施。同时要重视猪只福利，细心管理，让猪群不受饥渴，不受伤害，不受疾病侵害，在舒适的生态环境中，利用人性化的管理，使其健康快乐地生长。

七、屠宰加工

屠宰、加工、储运是影响猪肉品质的重要因素。对进厂的猪要查验产地检疫证明和非洲猪瘟检测报告，无产地检疫证明、无非洲猪瘟检测阴性报告和来自疫区的猪不得屠宰加工。生猪经兽医人员检疫合格后，在待宰间静养至少 12 h，而后实施人道屠宰，采用电击晕及真空抽血系统，减少淤血，最大限度保持猪肉的品质、口感和营养。屠宰后的胴体应迅速进行冷却排酸处理，使胴体温度在 24 h 内降为 0℃～4℃，后续分割、加工、包装、流通、销售过程中始终保持胴体温度在 0℃～4℃范围内。肉品安全检验与屠宰加工同步进行，重点对兽药、农药、铅、砷、铜等物质的残留进行检验，并对有害微生物的污染情况进行检验。

八、监测评估

要定期对猪群进行健康检查，对环境条件、管理制度进行安全检查和评估，查找安全隐患，发现问题及时解决。检查出的带病猪，要及时隔离治疗和保健护理。应集中解决一些繁殖障碍性疾病、多病因性疾病和隐性感染性疾病的感染和流行问题。

第五节　市场波动与湘沙猪养殖

尽管湘沙猪养殖处于生猪生产中的高端，但也会受到生猪市场的影响。因此，对生猪市场进行科学分析，将养猪生产的市场波动周期与生猪养殖的生物学周期结合起来，合理安排生产，是生猪养殖，同时也是湘沙猪养殖获得最大利润的前提。

一、猪价波动周期分析

通常一个完整的生猪市场波动周期为 3～4 年。影响猪价的主要因素有：生猪供应情况、季节性、疫情、政策干预等。其形成的根本原因是生产时滞和适应性预期。当猪价走高的时候，更多资本集中投入到养猪行业。然而由于生产时间滞后，当这些生猪出栏的时候，市场已经饱和，从而引起价格下降。同样在猪价下降的时候，资本退出也需要很长的时间才能使得供给减少，而滞后的供需缺口导致猪价上涨。此过程循环反复。

二、生猪养殖生物学周期

一头猪从生下来，经过哺乳、保育、育成、配种、妊娠、产仔、保育至后代育肥出栏，大约需要 18 个月，这是猪的生物学周期。在猪价波动过程中，能繁母猪存栏量是最重要的指标，它提前 12 个月反映生猪的整体供应情况。通常来讲每年的 2—4 月为猪肉消费的淡季，也是猪价相对较低的时期。因此，在这几个月一般都会出现能繁母猪的淘汰。从能繁母猪淘汰到生猪供应减少通常有 12～13 个月的时间滞后，即母猪补栏1 年之后才能看到生猪供应增加。

三、合理组织生猪生产

养猪生产者要把握市场波动周期与生猪养殖生物学周期规律，提高市场预测能力，科学组织生产。一是新建、扩建猪场要在低谷期进行。此时，种猪、仔猪价格较低，待种猪产仔、肥猪出栏时，争取赶上仔猪、肥猪价格的上升时期。二是养猪生产处于由高峰期转向低谷期时，要及时淘汰生产性能差和老龄的母猪，少留仔猪，对育肥猪要及时出栏，不要养"长寿猪"和"大肥猪"。三是在高峰期转向低谷期时不宜引进仔猪和种猪。因为此时购买的仔猪和种猪价格很高，出栏和产仔时正好赶上价跌，容易造成亏损。四是在低谷期或低谷期的后期要多留后备种猪，因此时选留的后备种猪，正好在价格上升期或高峰期产仔。此外，低谷期的后期仔猪价格非常低，此时宜引进仔猪育肥。

第六节　湘沙猪养殖投资效益分析

猪场经济效益分析通常是指养猪场根据成本核算所反映的生产经营情况，对猪场的产出、劳动生产率、生产成本和盈利进行全面系统的统计分析，及时发现生产经营活动中存在的问题，并做出正确评价的行为。

一、猪场成本核算

成本核算就是考核养猪生产中的各项消耗，分析各项消耗增减的原因，从而寻找降低成本的途径。如果猪场要增加盈利，有两条途径：一是通过扩大再生产，增加总收入；二是通过改善经营管理，节约各项消耗，降低生产成本。因此，养猪场的经营者应当重视成本，了解成本的内容，学会成本核算。猪场成本核算见表 1－1。

表1-1　猪场成本核算

工资	指场长、技术员、其他管理人员及直接从事养猪生产的饲养人员的工资和福利费
饲料费	指饲养中直接用于各猪群的本场生产的和外购的各种全价饲料或饲料原料的费用
种（苗）猪费	指购进种猪及苗猪的费用
燃料和动力费	指饲养中消耗的燃料和动力费用（如电、煤炭等）
医药费	指猪场直接耗用的疫苗、兽药及消毒药等费用
固定资产折旧费	指猪群饲养应负担能直接计入的圈舍折旧费和专用机械折旧费
固定资产维修费	指场内固定资产的一切修理费
低值易耗品费	指能够直接计入的低值工具和劳保用品的费用
其他直接费	不能直接列入以上各项的直接费用，均列入其他直接费

注：表中各项成本费用的总和就是该猪场的总成本。

总利润（或亏损）额＝销售收入－生产成本－销售费用－税金。

二、猪场效益分析

影响猪场经济效益的因素有很多（如品种、饲料、管理、防疫、猪价等）。猪场的生产成绩、市场的销售价格等会对猪场效益产生重要影响。除了通过查看财务报表和分析猪场生产报表来了解猪场损益外，推荐从内外部因素两个方面来对猪场效益进行分析。

（一）内部因素分析

可采用出栏猪头均效益分析法，重点分析猪场内部生产效益。通过将猪场的所有成本费用都摊到出栏猪上，计算每出栏一头猪所获得的利润，分析出猪场盈利的关键环节，从而抓好管理的关键点，达到事半功倍的效果。如通过公式"出栏猪头均利润＝总利润/出栏猪总数"计算出头均利润，可以对比分析同一市场价格条件下，不同猪场的整体生产和管理水平；通过"出栏猪头均成本＝头均饲料成本＋头均药物成本＋头均其他成本"可以分析出某场成本构成的主体和管理的关键；通过"出栏猪头均成本＝头均初生仔猪成本＋头均哺乳期成本＋头均保育期成本＋头均生长育肥期成本"可以分析出各个饲养阶段的生产管理水平。同时，计算分析猪场母猪年均提供出栏猪数与全群料重比这两项指标数据，也能够直观反映猪场内部生产管理水平。

（二）外部因素分析

外部因素包括影响生猪市场销售价格的大环境和影响猪场生产成绩的小环境。

大环境包括猪肉进出口贸易、国家出台的各项政策措施、国内市场供应与需求等。养殖业主要通过对大环境的分析，结合生猪养殖生物学周期规律，提高市场预判能力，科学组织生产。一般而言，在市场价格处于低谷期时，可新建、扩建猪场，可淘汰生产性能差和老龄的母猪，少留仔猪，可选留后备种猪；在市场价格处于高峰期时，不宜大量购进仔猪和种猪。相对于一般瘦肉型猪的养殖而言，湘沙猪饲养者还要高度重视市场开拓和市场营销工作，要实现优质优价，还必须在品牌打造上做文章。

小环境包括猪场周围的环境，特别是防疫环境、环保环境等。

三、湘沙猪养殖效益分析

湘沙猪生产中，养殖场户主要是生产育肥猪或生产父母代种母猪。我们对湘潭合龙生态农业有限公司等企业养殖湘沙猪的生产成本、市场行情和效益情况进行了调研分析。正常情况下，湘沙猪父母代商品猪饲养周期 7 个月左右，湘沙猪商品代饲养周期 6.5 个月左右，湘沙猪养殖成本每头按苗猪 350 元（15 kg 体重），饲料 1125 元（饲料 300 kg，每千克 3.75 元），疫苗、保健、消毒、治疗等费用 60 元，人工工资 50 元，水电费 40 元，其他成本 50 元计算，合计成本每头 1675 元左右。湘沙猪父母代商品猪市场价格每千克 22～24 元（一般高于普通瘦肉型猪每千克 4～5 元），湘沙猪商品代每千克 20～22 元（一般高于普通瘦肉型猪每千克 2～3 元），按出栏体重 100 kg 计算，湘沙猪父母代商品猪每头利润在 500 元左右，湘沙猪商品代猪每头利润在 300 元左右。湘沙猪属于优质猪品种，价格受市场波动的影响较小，养殖效益比较稳定。生产经营过程中，因饲料价格上涨及人工工资等可变成本的提高，加上猪价的波动，对养殖利润会产生一定影响。

第七节　湘沙猪产业发展前景

湘沙猪结合了引进猪种生长快、瘦肉率高和沙子岭猪产仔多、肉质好的优点，其生长速度和瘦肉率稍低于国外猪种，肉质和肌内脂肪含量显著高于国外猪种，且耐粗抗病；达 100 kg 体重日龄比纯种沙子岭猪减少 102 d，瘦肉率提高 17 个百分点。自中试推广以来，已累计推广 XS1 系、XS2 系、XS3 系原种猪 3 万多头，湘沙猪父母代母猪 1.9 万头，生产优质商品猪 58.09 万头，新增产值 10.8 亿元，新增经济效益 2.08 亿元。目前，已初步建立从农场到餐桌的优质猪肉溯源全产业链体系，开发了不同档次的猪肉产品，不断满足广大中高端消费者对优质猪肉的需求。同时，研发了毛氏雪花猪肉、毛氏红烧肉、烤乳猪、香肠、腊肉等加工产品，深受消费者欢迎。

发展生态养殖、保护生态环境已经成为人们的共识。湘沙猪生态养殖要放在大农业中考虑，开发立体农业、优化农业产业结构，变单一农业为多层次、多功能、多元化农业，一业为主、多业并举。一业为主就是以养湘沙猪为龙头，多业并举就是依托养殖业的发展，带动加工商贸业包括饲料加工、肉品加工、电子商务、文化餐饮等业态发展。近几年来，在国家优质湘猪产业集群项目的支持下，开设了优质猪肉专卖店，创办了沙子岭猪科创馆、文化展示馆和文化体验园。今后应将湘沙猪产业链向文化层面进一步延伸，确定湘沙猪卡通形象、品牌 Logo、宣传口号等，实现湘沙猪"三产"融合发展，促进乡村振兴，提升湘沙猪整个产业链条的经济效益、文化效益、生态效益和社会效益。

"湘沙猪配套系选育与示范推广"已被列入 2021 年、2023 年湖南省农业主推技术。湘沙猪生态养殖是养殖业中的朝阳产业，市场前景广阔。

第二章　生态猪场建设

第一节　猪场建设基本原则

湘沙猪养殖场建设应坚持有利于发挥猪的生产潜能，确保防疫安全、经济实用、工艺流畅、环境优美和管理高效。基本原则如下。

一、先进性

集成创新主导、系统规划设计、赢在起跑线上为总体建设原则。坚持高标准选择优质建材和设备系统、专业设计、专业施工的建设原则。

二、经济性

秉承投资节省、运行成本低、效率与效益高，数字智能化、节能减排、环境保护技术领先的建设原则。

三、安全性

坚持以满足猪的生物学特性需要和养殖技术标准为主，坚持栏舍干燥、空气新鲜、垂直通风为主导，其他通风模式为辅；充分保障猪群健康，优化环境控制，有效防控疫病为灵魂的建设原则。

第二节　猪场选址与注意事项

一、猪场选址前期工作

1. 联系当地农业农村（畜牧兽医）部门查询畜禽养殖业禁、限养区规划情况，禁、限养区不能规划新建猪场。

2. 联系县级国土资源部门查询当地最新《土地利用总体规划图》，猪场一般不能占用基本农田。

3. 联系当地林业部门查询林地属性。预选地址是否属于用材林、经济林或生态林。原则上生态林、公益林土地不能建设猪场。

4. 现场查勘，科学比选，寻找备选地块，优选目标地块。填写选址评估表，讨论是否通过选址评估。

二、猪场选址备案资料

1. 所在地发改委立项，获得猪场建设批复文件。

2. 土地测绘：请有资质的单位出具拟征用（或租赁）土地的勘测定界技术报告书和勘测定界图、红线图（到国土资源部门、林业部门查询确保为非生态林、公益林、基本农田）。

3. 签订目标地块土地征用（或租赁）协议，如涉及林地，需办理林权证；向所在地乡镇人民政府各相关部门报告，填写"畜禽规模养殖场建场（新、改、扩建）审批表"，获得批复意见。

4. 县级国土资源部门、林业部门办理设施农业用地手续，牵涉林地的由林业部门办理使用林地审批手续。

5. 县级环保部门提供环境影响报告书（或环评备案）。

6. 对接乡镇（街道）村（居委会）和地块业主，了解场地、基地名称、场址、联系人电话等信息。

7. 向市县（市、区）提交畜禽养殖场（新、扩、改建）审批表、建场规模（头）、养殖品种及治污措施等资料。

8. 征求所在乡（镇）畜牧兽医（动物防疫）站意见，审查是否符合本乡镇畜牧业发展规划要求；征求所在乡（镇）建设（规划）站意见，审查是否符合本乡镇发展规划要求；征求所在乡（镇）国土资源和所在乡（镇）林业站意见；征求所在县（市、区）环保部门意见；征求所在乡（镇）政府意见。

三、猪场选址

1. 猪场选址目标：合法合规，可持续经营。

2.《中华人民共和国畜牧法》禁止在下列区域内建设畜禽养殖场、养殖小区。

（1）生活饮用水的水源保护区，风景名胜区，以及自然保护区的核心区和缓冲区。

（2）城镇居民区、文化教育科学研究区等人口集中区域。

（3）法律、法规规定的其他禁养区域。

3. 中华人民共和国农业农村部令2010年第7号《动物防疫条件审查办法》动物饲养场、养殖小区选址应当符合下列条件：

（1）距离生活饮用水源地、动物屠宰加工场所、动物和动物产品集贸市场500 m以上；距离种畜禽场1000 m以上；距离动物诊疗场所200 m以上；动物饲养场（养殖小区）之间距离不小于500 m；距离动物隔离场所、无害化处理场所3000 m以上。

（2）距离城镇居民区、文化教育科研等人口集中区域及公路、铁路等主要交通干线500 m以上。

（3）种畜禽场应当符合以下条件：距离生活饮用水源地、动物饲养场、养殖小区和城镇居民区、文化教育科研等人口集中区域及公路、铁路等主要交通干线1000 m以上；距离动物隔离场所、无害化处理场所、动物屠宰加工场所、动物和动物产品集贸市场、动物诊疗场所3000 m以上。

四、水源电力要求

猪场应遵循"不见水源不建猪场"的原则，确保猪场供水量充足，江、河、湖、水库、池塘、地面水等不能作为猪场的水源。应对猪场水质进行检测，水质应符合GB 5749《生活饮用水卫生标准》。要求猪场所在地高出当地历年最高洪水线2 m以上。猪场电力供应可靠，同时要有备用电源。

五、建设面积要求

猪场占地面积依据猪场规模、性质及场地的总体情况而定，还应考虑扩建用地需要和排污等配套设施建设需要。生产区面积一般按每头繁殖母猪40～50 m² 或每头上市商品猪3～4 m² 规划。

第三节　猪场规划布局

一、猪场规划布局

猪场建设总体布局应结合地形、地势、风向、水源、排污等自然条件以及猪场近期和远期规划综合考虑。猪场布局主要分为生产区、管理区、隔离区及生活区四个部分。

1. 生产区。生产区包括各种猪舍、人工授精室、兽药房、兽医室、消毒池和值班室等。生产区独立封闭，四周设实体围墙，大门出入口设值班室、人员更衣室和消毒室，与管理区、生活区和隔离区严格分开。生产区规划在猪场最北边，避免粪污对其他功能区的污染。生产区布局的基本要求如下：

（1）生产区的猪舍布局必须是有利于生猪的生长和转运，方便生产和管理。猪舍按生产流程的平面布局示意图见图 2-1。

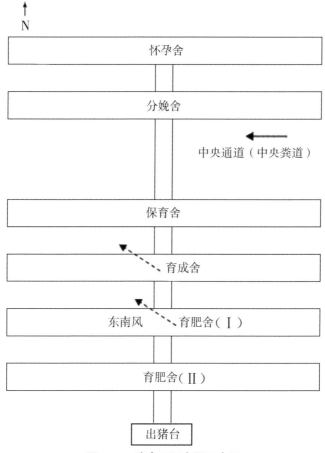

图 2-1 猪舍平面布局示意图

（2）猪舍建在山坡的高处，减少污浊空气对办公区和生活区的影响。

（3）最北边规划为公猪舍，依次是妊娠舍、分娩舍、保育舍、育成舍和肥猪舍。栏舍南边或中间设通道。

（4）公猪舍、妊娠舍和分娩舍设在山坡的高处，保证环境安静。

（5）育肥舍建在靠近围墙后门处，有利于粪便清理和肥猪出售。

2. 管理区。管理区规划在生产区的南边，为方便生产，从北至南分别规划为饲料仓库、饲料加工车间、配电间、办公室、会议室、接待室和车库等。

3. 生活区。包括职工宿舍、食堂、文化娱乐室、运动场等。生活区可规划在管理区侧边或南边，避免对生产区产生影响。

4. 隔离区。包括引种观察室、病猪隔离舍、病死猪处理间、粪污处理区。隔离区应安排在下风向或远离猪场的侧面。

5. 猪场内道路。猪场内设南北主干道，南边为净道，北边为污道（粪便运输道），两道互不交叉。

6. 其他。水塔安排在猪场的地势最高处。

二、生产工艺流程

猪场生产工艺流程见图 2-2。

三、疫病防控要求

新建猪场应在坚持一般的规划布局原则基础上，根据非洲猪瘟等重大疫病防控技术要求，实行严格的分区管控，确保落实各项生物安全防控措施。依据生物安全风险等级，将猪场划分为 1、2、3、4 四个等级，各区域间要有实墙隔开，保证各区域之间不相互交叉。将猪场以生产单元为中心向外扩展，划分为生产区（即生猪存栏区）、生活区、隔离区、环保处理区（包括粪污池、污水处理系统）、无害化处理区、门卫区、缓冲区。规模猪场生物安全分区见图 2-3。

1. 场区布局

（1）生物安全区界限划分

1 区：猪舍及猪舍连廊内部等生产区，为生猪日常饲养管理、转移及饲养人员休息就餐、药械物资及维修用品消毒存储等所涉及的全部区域。包括配种舍、后备隔离舍、培育舍、诱情舍、产房、待转舍、猪只转移连廊、操作间、清洗房等绿区内立体空间全部实物（墙体、地沟、设备、管线等）。

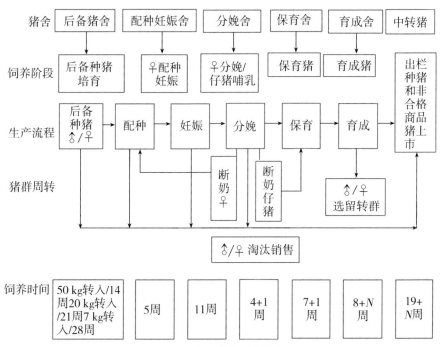

图 2-2 猪场生产工艺流程图

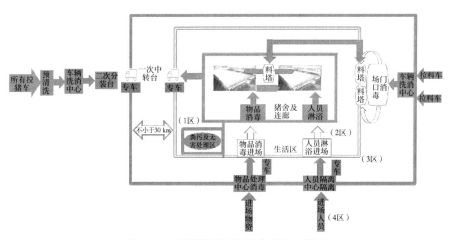

图 2-3 规模猪场生物安全分区示意图

2区：猪场围墙内部至猪舍外部区域，包括生活区、隔离区、门卫区。生活区为人员进入、生活、休息、娱乐的所有立体空间及物资进入、存储区域，包括人员进场淋浴场所、物资进入熏蒸消毒通道、各类物资存储间、各类宿舍、办公室、会议室、厨房、餐厅、娱乐区域、洗衣房及周边空地等。

3区：猪场围墙至外部可控区域，包括环保处理区（粪污池和污水处理系统）、无害化处理区。

4区：猪场外部不可控区域（缓冲区）。主要设置在距离猪场不低于3 km区域，包括建立人员隔离中心、物品处理中心、中转场、车辆洗消中心等。

（2）净区与污区

净区与污区是相对的概念，生物安全级别高的区域为相对的净区，生物安全级别低的区域为相对的污区。

在猪场的生物安全金字塔中，公猪舍、分娩舍、配怀舍、保育舍、育肥舍和出猪台的生物安全等级依次降低。猪只和人员只能从生物安全级别高的地方向生物安全级别低的地方单向流动。净区和污区不能有直接交叉，严禁逆向流动，必须有明确的分界线，并清晰标识。

另外，经消毒处理的环境区域也为净区，包括经过消毒处理的人员、车辆、物资接触区域，以及正常生猪直接饲养区域。未经消毒处理的环境区域为污区，包括未经消毒处理的人员、车辆、物资接触区域，以及病死猪接触区域和粪污处理区等。

2. 猪场建设

（1）围墙

围墙可以隔断猪场和外界的直接连通，需要具备防人、防鼠、防野猪、防犬猫等功能，要求实心、结实、耐用。可以用砖墙，也可以用彩钢板等简易材料建设。

（2）道路

净道和污道严格分开，避免交叉。

（3）料塔

料塔设置在猪场内部靠近围墙边，满足散装料车在场外打料。或者建立场内饲料中转料塔，配置场内中转饲料车。确保内部饲料车不出场，外部饲料车不进场。

（4）猪舍

猪舍采用全封闭设计，避免鸟、鼠、蚊、蝇进入猪舍。猪舍实行单元化生产，进风、排风独立运行。自动化、智能化设计，尽量减少人员和车辆使用；优选设备，减少人员维护。严格执行"雨污分流"原则。

（5）隔离舍

隔离舍主要用于引进后备种猪的隔离和驯化，一般建在猪场一角并处于下风向区，尽量远离其他猪舍，通过封闭式赶猪通道和场内其他猪舍连通。隔离舍应配备独立进猪通道，以及独立的人员进场通道、物资通道、人员生活区。隔离期间，严禁与猪场内部其他人员和猪群交叉。

（6）出猪台

出猪台是猪场和外界连通的直接通道，一般包括赶猪通道区、缓存区、装猪台区（升降台）三个区，每个区之间通过过猪门洞连通。出猪台宜建为封闭式建筑，做密封连廊防蚊蝇，顶上做挡雨铁板，应有防鼠措施，出猪时应单向通过，人员在各区之间不交叉。出猪台宜设置淋浴间，配备淋浴设备、自动喷淋消毒系统和烘干消毒设备。出猪台应有独立的粪污流通管道，污水不得回流入场。

（7）淋浴室

淋浴室设置应严格区分污区更衣间、淋浴间、净区更衣间，污水无交叉，各区无积水；更衣间配备无门衣柜、鞋架、脏衣桶、垃圾桶、防滑垫；淋浴室配备导水脚垫、洗漱用品架、热水器，水温适宜，水量充足。淋浴室需要安装取暖设施设备等。

（8）隔离场所

有条件的猪场宜建设场外人员隔离场所。隔离场所应远离其他猪场、市场、屠宰厂（场）、中心路等风险较高的区域；须具有人员淋浴通道、物品消毒间、独立的隔离间、厨房、洗衣间等设施。

（9）车辆多级洗消和烘干中心

有条件的猪场应建立洗消中心，对车辆进行检查、清洗、消毒、烘干。需建设配置检查区、清洗区、消毒区、烘房与净区停车场，每个区域有明显的标识。一般应设置三级：一级洗消中心（服务中心）、二级洗消中心、三级洗消中心（猪场门口）。

车辆检查区、清洗区、消毒区地面硬化厚度为 10 cm，每个区域建设空间需足够停放至少一辆 9.6 m 长车辆，配置梯子用于爬高开展车辆检查、清洗、消毒。配有停车检查标识，以及车辆洗消烘干操作挂图或展板。

洗消区需盖有防雨、防晒顶棚，配置 2 台高压清洗机。

烘干区内，烘房通常为长 15 m、宽 5 m、高 4.5 m，烘烤保证 60℃～65℃达 60 min（不含预热时间）。

第四节　猪场建设

一、猪场建设规模

猪场规模按年出栏生猪数量分为大、中、小三个等级，大型猪场要求年出栏1万头以上，中型猪场年出栏3 000～5 000头，小型猪场年出栏500～3 000头。下面以年出栏万头自繁自养场为例说明猪场建设的有关参数。一个万头猪场应设计1栋公猪舍和配种舍，2～3栋妊娠舍，4～5栋分娩舍（1栋分娩舍同时供24～30头母猪产仔），5～6栋保育舍（1栋保育舍有10～14个栏，每栏容纳20～30头仔猪），5～6栋育肥舍（1栋育肥舍容纳300～400头肥猪）。猪栏建设技术参数见表2-1、表2-2、表2-3。

表2-1　种猪栏舍建设参数

名　称	长/m	宽/m	高/m	限位区/m
公猪栏	5～6	4～5	1.2～1.4	
妊娠栏	2.1～2.2	0.55～0.60	0.9～1.1	
分娩栏	2.0～2.2	1.8～1.85	0.9～1.1	0.55～0.60

表2-2　育肥猪栏舍参数

名　称	生猪体重/kg	周龄/周	每间栏面积/m²	每头栏面积/m²	每间头数/头
保育舍	7.5～20	5～9	8～10	0.25～0.3	17～30
生长舍	21～50	10～16	15～20	0.50～0.55	25～35
育肥舍	51～100	17～24	30～35	0.95～1.05	25～30

表2-3　万头猪场栏位参数

猪群	饲养日/d	群数	每群头数	栏位数	总头数
种公猪	365	1	25	24	25
配种母猪	52	8	30	240	210
妊娠母猪	62	10	28	280	252
哺乳母猪	35	6	24	144	120

续表

猪群	饲养日/d	群数	每群头数	栏位数	总头数
哺乳仔猪	35	6	215	144	1 075
保育猪	35	6	205	72	1 025
生长育肥猪	110	16	200	175	3 000

二、猪场生产技术指标

猪场生产技术指标见表 2-4。

表 2-4 猪场生产技术指标

指标名称	单位	设计值	备注
品种	湘沙猪	1 200	以 1 200 头生产母猪为例
生产公猪数/生产母猪数	头	20♂/1 200♀	1∶60
35 d 受孕率	%	90	
空怀母猪控制率	%	3	
空怀母猪控制数	头	36	
配种分娩率	%	85	
窝均产合格仔猪数	头	12	最小体重>0.6 kg
窝均断奶仔猪数	头	11.3	最小体重>4.8 kg
哺乳仔猪成活率	%	94	
保育猪成活率	%	95	
育肥猪成活率	%	97	
哺乳饲养周期	周	3	
保育猪阶段饲养周期	周	7	
育肥猪阶段饲养周期	周	16	110 kg
年更新率♂/♀	%	40	
年补充后备♂/♀	头	480	
周分娩胎次数	胎	56	
周断奶合格仔猪	头	630	

续表

指标名称	单位	设计值	备注
周转出合格保育猪	头	600	最小体重＞12 kg
周出栏合格育肥猪	头	580	个体均重＞115 kg
年出栏合格育肥猪	头	30 000	个体均重＞115 kg
常存栏后备♂/♀	头	5/160	
常存栏♂/♀	头	20/1 200	
常存栏哺乳仔猪	头	1 770	
常存栏保育仔猪	头	3 600	
常存栏生长育肥猪	头	7 800	
常存栏猪总计	头	14 555	

三、猪舍的形式

猪舍按屋顶形式、封闭程度以及猪栏排列形式等不同进行分类。

(一) 按屋顶形式划分

猪舍按屋顶形式不同可分为有坡式、平顶式、拱式、钟楼式和半钟楼式五种猪舍。

1. 坡式。坡式又分为单坡式、不等坡式和双坡式三种。单坡式猪舍跨度较小，结构简单，通风透光，排水好，投资少，节省建筑材料。舍内光照、通风条件较好，但冬季保温性能差，较适合于小型猪场使用。不等坡式猪舍的优点和单坡式相同，其保温性能良好，但投资较多。双坡式猪舍保温性能好，若设吊顶则保温隔热性能更好，但其对建筑材料要求较高，投资较多。

2. 平顶式。平顶式的优点是可以利用屋顶平台，保温防水可一体完成，不需要再设天棚，缺点是防水较难做。

3. 拱式。拱式的优点是造价较低，随着建筑工业和建筑科学的发展，可以建大跨度猪舍。缺点是屋顶保温性能较差，不便于安装天窗和其他设施，对施工技术要求也较高。拱式多用于育肥猪舍。

4. 钟楼式和半钟楼式。钟楼式和半钟楼式在猪舍建筑中采用较少，在防暑为主的地区可考虑采用此种形式。

(二) 按猪舍封闭程度划分

猪舍按封闭程度可分为开放式、半开放式和封闭式三种。封闭式猪舍又可分为有窗式和无窗式。

1. 开放式。猪舍三面墙，前面无墙，通常敞开部分朝南，开放式猪舍通风采光好，结构简单，造价低，但受外界影响大，较难解决冬季防寒问题。

2. 半开放式。猪舍三面设墙，其保温性能略优于开放式，敞开部分在冬季可以遮挡形成封闭状态，从而改善舍内小气候。为改善开放式猪舍冬季保温性能差的缺点，可采用塑料薄膜覆盖的办法，使猪舍形成一个封闭的整体，能有效改善冬季猪舍的保温条件。

3. 封闭式。分为有窗式封闭猪舍和无窗式封闭猪舍。有窗式封闭猪舍四面设墙，窗户设在纵横上，寒冷地区的猪舍南窗大、北窗小，以利于保温。夏季炎热的地方，可在两纵横墙上设地窗，或在屋顶设风管、通风屋脊等。有窗式猪舍保温隔热性能较好，根据不同季节启闭窗扇，调节通风和保温隔热。无窗式猪舍与外界环境隔绝程度较高，墙上只设应急窗，供停电时应急用，不作采光和通风用。舍内的通风、光照、舍温全靠人工设备调控，能够较好地给猪只提供适宜的环境条件，有利于猪的生长发育，提高生产效率，但这种猪舍土建、设备投资大，耗能高，维修费用高，在外界气候适宜时，仍需要人工调控通风和采光。母猪产房、仔猪培育舍多用这种封闭式猪舍。

（三）按猪栏排列形式划分

猪舍按猪栏排列形式可分为单列式、双列式、多列式。

1. 单列式。猪舍内猪栏排成一列，靠北墙一般设饲喂走廊，舍外可设或不设运动场。优点是跨度较小，结构简单，利于采光、通风、保温、防潮，空气新鲜，建筑材料要求低，省工、省料、造价低，但建筑面积利用率低，这种猪舍适宜养种猪。

2. 双列式。猪舍内猪栏排成两列，中间设一通道，有的还在两边设清粪通道。这种猪舍多为封闭舍，主要的优点是管理方便，建筑面积利用率较高，保温性能好。但是北侧栏舍采光性较差，舍内易潮湿。

3. 多列式。猪舍内的猪栏排列成三列或四列，其跨度多在 10 m 以上。这种猪舍的优点是建筑面积利用率高，猪栏集中，容纳猪只多，运输路线短，散热面积小，管理方便，冬季保温性能好。缺点是建筑材料要求高，采光差，舍内阴暗潮湿，通风不良，必须辅以机械通风，人工控制光照及温度和湿度。多列式猪舍多用于育肥猪舍。

四、猪舍的建筑结构

一个完整的猪舍，主要由屋顶、地面、墙壁、门窗、通风换气装置和隔栏等部分构成。不同结构部位的建筑要求不同。

猪舍的基本结构包括屋顶、地面、墙壁、门和窗户，这些又统称为猪舍的"外围护结构"。猪舍的小气候状况，在很大程度上取决于外围护结构的性能。

（一）屋顶

屋顶的作用是防止降水和保温隔热。屋顶的保温和隔热作用大，是猪舍散热最多的部分。冬季屋顶失热多，夏季阳光直射屋顶，会引起舍内急速增温。因此，要求屋顶的结构必须严密、不透风，具有良好的保温隔热性能。在选择建筑材料上要根据要求科学选择，必要时综合几种材料建成多层屋顶。猪舍加设天棚，可明显提高其保温隔热性能。所以，为了保持适宜的舍温，加强屋顶的保温隔热具有重要意义。

（二）墙壁

墙壁是猪舍的主要外围护结构，是猪舍建筑结构的重要部分。按墙所处位置可分为外墙、内墙。按墙长短又可分为纵墙和山墙（或叫端墙），沿猪舍长轴方向的墙称为纵墙；两端沿短轴方向的墙称为山墙。猪舍一般为纵墙承重，山墙设通风口和安装风机。

承重墙的承载力和稳定性必须满足结构设计要求。墙内表面要便于清洗和消毒，地面以上 1.0～1.5 m 高的墙面应设水泥墙裙。同时墙壁应具有良好的保温隔热性能。据报道，猪舍总失热量的 35%～40% 是通过墙壁散失的。

对墙壁的要求是坚固耐用和保暖性能良好。墙体材料多采用黏土砖。墙壁的厚度应根据当地的气候条件和所选墙体材料的热工性能确定，既要满足墙的保温要求，同时尽量降低成本，避免造成浪费。

（三）地面

猪只直接在地面上活动、采食、躺卧和排泄粪尿。地面对猪舍的保温性能及猪的生产性能有较大影响。猪舍地面要求保温、坚实、不透水、平整、防滑，便于清扫和清洗消毒。地面应保持 3°～5° 的坡度，以利于排水，保持地面干燥。砖地面保温性能好，但是不坚固、易渗水、不便于清洗和消毒。水泥地面坚固耐用、平整，易于清洗消毒，但保温性能差。石料水泥地面，具有坚固平整、易于清扫消毒等优点，但质地过硬，导热系数大。目前猪舍多采用水泥地面和水泥漏缝地板。

（四）门

门是供人、猪出入猪舍及运送饲料、清粪等的通道。要求门坚固耐用，能保持舍内温度和便于出入。门通常设在猪舍两端墙，正对中央通道，便于运送饲料。双列式猪舍门的宽为 1.2～1.5 m，高为 2.0～2.4 m；单列式猪舍门要求宽不小于 1.0 m，高为 1.8～2.0 m。猪舍门应向外打开。

（五）窗户

窗户主要是用于采光和通风换气。封闭式猪舍应设窗户，以保证舍内光照充足，通风良好。窗户面积大，采光和换气好，但冬季散热和夏季向舍内传热多，不利于冬季保温和夏季防暑。窗户距地面高 1.1～1.3 m，窗顶距屋槽 0.4～0.5 m，两窗间隔为固定宽度的 2 倍左右。在寒冷地区，在保证采光系数的前提下，猪舍南北墙均应设置窗户，尽量多设南窗，少设北窗。同时为利于冬季保暖防寒，常使南窗面积大，北窗面积小，并确定合理的南北窗面积比，炎热地区南北窗户面积比为（1～2）：1，夏热冬冷地区和寒冷地区面积比为（2～4）：1。在窗户总面积一定的时候，酌情多设窗户，并沿纵墙均匀设置，使舍内光照分布均匀。

五、栏舍建设基本要求

（一）公猪舍

公猪舍靠近空怀母猪栏舍，可采用半封闭式或封闭式设计。栏舍面积 10～15 m²/头，隔栏高为 1.3～1.5 m，地面硬化并防滑，安装自动饮水器，有防暑降温设施。采精室与精液检验室设在公猪舍的一端，方便采精。公猪舍见图 2 - 4。

图 2 - 4　公猪舍

（二）空怀与妊娠母猪舍

空怀、妊娠母猪可大栏群养，也可限位栏单养。群养时，空怀母猪每圈4～5头，妊娠母猪每圈2～4头。空怀、妊娠母猪单养（单体限位栏饲养）时易进行发情鉴定，便于配种，有利于妊娠母猪的保胎和定量饲喂，但母猪运动量小，母猪受胎率有降低趋势，肢蹄病也增多，影响母猪的利用年限。母猪妊娠期采用不锈钢单栏限位饲养，不锈钢单间限位栏长2.0～2.2 m，宽0.55～0.60 m，高1.0～1.1 m。限位栏前面设食槽（食槽口离地20～30 cm）和自动饮水器（饮水器离地30～35 cm）。后面为漏缝地板（长45～50 cm），漏缝板离地面高28～30 cm，粪便人工收集，尿液流入粪沟。空怀母猪和妊娠母猪限位栏见图2-5和图2-6。

图2-5　空怀母猪限位栏

图2-6　妊娠母猪限位栏

（三）产仔舍

多为三通道双列式。产仔舍供母猪分娩、哺育仔猪用，其设计既要满足母猪需要，同时也要兼顾仔猪。产仔舍的分娩栏应设母猪限位区和仔猪活动栏两部分，中间部位为母猪限位区，两侧为仔猪栏。母猪分娩栏为不锈钢限位单栏。分娩栏长 2.0～2.2 m，栏宽 1.8～1.85 m（其中母猪限位区宽 0.55～0.60 m，仔猪活动区宽 0.6～0.65 m，仔猪保温箱宽 0.7～0.75 m），栏高 0.9～1.0 m。两个限位栏为一组，每组中间设两个仔猪保温箱（有盖板），冬天用暖风炉或热水管道保温。仔猪活动区设电热地板或红外灯取暖。夏季用电风扇或滴水降温。产床地面为水泥或铸铁漏缝地板，产床上安装自动饮水器。产仔舍见图 2-7。

图 2-7　产仔舍

（四）仔猪保育舍

仔猪保育舍可采用地面或网上群养，每圈 8～12 头，仔猪断奶后转入保育舍一般应原窝饲养，每窝占一圈，这样可减少因重新建立群内的优胜序列而造成的应激。网上群养时，保育舍每列 8 个栏（一头仔猪占栏面积 0.25～0.3 m²），每栏长 1.8 m，宽 1.7 m，高 0.7 m，料箱装在栏内靠走道端，料箱底部两侧装食槽，一个料箱供 2 个猪栏用，猪栏距地面 0.4 m，猪栏底为全漏缝地板，每个栏靠走道侧留一个门（长 0.6 m，高 0.7 m）。仔猪保育舍见图 2-8。

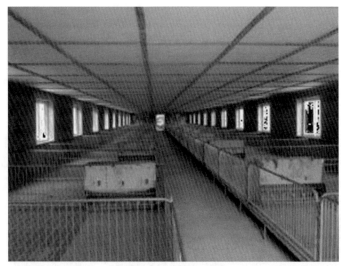

图 2-8　保育舍

（五）生长育肥舍

为减少猪群周转次数，往往把育成和育肥两个阶段合并成一个阶段饲养，生长育肥猪多采用地面群养，每栏 10～15 头为宜。生长育肥舍见图 2-9。

图 2-9　育肥舍

1. 育肥舍分单列式和双列式（根据地形和面积确定）。单列式栏舍北边设人行道（走廊宽 0.8～1.0 m），南边设栏间（栏间长 5～6 m，宽 4～4.5 m）。双列式栏舍中间设人行道（走廊宽 0.8～1.0 m），两边设栏间

（栏间长 4～5 m，宽 4～4.5 m）。

2. 南北墙高 0.8～1.0 m，热天便于通风，冷天挂防风帘。栏之间为水泥隔墙，墙高 0.9～1.0 m。靠走廊边地上设食槽（食槽宽 30～35 cm，长为栏宽减栏门宽），水泥地面前高后低，坡度为 15°～20°，后面设 0.8～1.0 m 宽水泥漏缝地板。

3. 漏缝板下面为斜坡地面，并设粪水沟，沟低于漏缝板 40～50 cm，便于收集粪便。

4. 育肥猪占用栏舍面积 1.0～1.2 m²/头，每间栏面积 20～25 m²，每栏安装高低 2 个自动饮水器，每栋 10～16 间栏，每栋饲养育肥猪 300～350 头。

各类猪群的占栏面积和采食宽度等参数见表 2-5。

表 2-5　各类猪群圈养头数及每头猪的占栏面积和采食宽度

猪群类别	大栏群养头数	每栏适宜头数	面积/(m²/头)	采食宽度/(cm/头)
断奶仔猪	20～30	8～12	0.3～0.4	18～22
后备猪	20～30	4～5	1.0	30～35
空怀母猪	12～15	4～5	2.0～2.5	35～40
妊娠前期母猪	12～15	2～4	2.5～3.0	35～40
妊娠后期母猪	12～5	1～2	3.0～3.5	40～50
设防压架的母猪	—	1	4.0	40～50
哺乳母猪	1～2	1～2	6～9	40～50
生猪育肥猪	15～20	10～15	0.8～1.0	35～40
公猪	1～2	1	6～8	35～45

（六）其他设施建设要求

1. 饲料加工车间和仓库。应建在同一栋，设在靠生产区附近，便于饲料运输。饲料加工车间和仓库高 5.5～6.0 m，宽 4～4.5 m，长 10～12 m（或 2 间），有窗户和门，并能关闭防鸟类。仓库内必须防潮，地面垫上塑料薄膜再用水泥硬化。

2. 病死猪化尸池。应远离猪舍和生活区，池圆形且离地面 3～4 m，水泥硬化，有盖子封闭。

3. 粪便污水处理设施。采取干粪和尿水分离，尿水与雨水分离。干粪人工及时收集，堆积发酵后用于农林业生产。尿水由地下暗沟排入沉淀池，经处理达标后排放。天然雨水入明沟自然排放。

4. 消毒设施。分消毒室和消毒池。消毒室为两间（15～20 m²/间），建在大门旁边，一间为更衣室，进行紫外线消毒，另一间进行喷雾消毒。大门口设消毒池，池宽 3～3.5 m（与大门同宽），池长 4～5 m，池深35～40 cm（池内消毒液能浸没半个轮胎）。每栋猪舍门口的消毒池与门同宽，长 40～50 cm，池深 10～20 cm。

第五节　猪场生物安全体系构建

猪场生物安全体系是一种综合性的疫病防控体系，它通过一系列的生物安全措施来消灭传染源、切断传播途径、保护易感动物，避免易感动物与风险因素接触，从而达到防止疫病发生和阻断疫病传播的目的。

一、生物安全体系规划设计

根据猪场选址的地形地貌、地势（选址地势高，无洪水淹没隐患，进出场道路地势均要求低于生产区）、周边环境（丘陵地带、无居住农户）、进出道路（一进一出或一进两出或一进三出）、风向、给排水与流向（取水点、排粪污水流向）；再依生产区防疫线、生物安全流程（人流、车流、物流、猪流、应急通道、兽医检测室、多级防疫消毒）等诸多方面，进行系统的生物安全规划设计。

生物安全体系规划设计内容：传统养猪在生物安全观念上，存在诸多不科学、流于形式、效果不佳、关键点把控不了、设备设施落后等现象。因此，在生物安全理念、生物安全系统规划设计、生产工艺等方面均要进行重新梳理与重新规划设计。猪场的三大生物安全防控圈的规划设计包括：外围圈多级生物安全防控消毒烘干及检测的规划设计；生活区和辅助生产区内围圈的生物安全规划设计；生产区核心生物安全的规划设计。

二、外围圈三级生物安全规划设计

（一）第一级生物安全设计

在离猪场区域 2～3 km 处，规划设计运输车辆（外部车辆）高压冲洗消毒点和进场人员隔离消毒点（可以采取外包方式设置）、病原检测室。病原检测室先对其车辆和人员进行采样检测，判定无特定病原后，分别按第一级生物安全消毒流程进行清洗消毒处理（车辆高压冲洗消毒处理）后，才可进入猪只中转站，人员第一次进行隔离消毒。再继续执行外围圈第二级生物安全消毒处理流程。

第一级生物安全消毒点，选点确定采取外包方式设置。

设备设施配置：建设长 16 m×宽 6 m×高 4.5 m 的洗消棚 1 个，并在其两内侧分别设长 12 m×宽 0.5 m×高 2 m 的洗消毒走廊平台。配置非洲猪瘟第一级检测实验室 1 个和高压消毒机 1 台。第一级生物安全只做检测和高压清洗消毒，不配置烘干设备。

（二）第二级生物安全设计

在离猪场区域 1～2 km 处，设计运输车辆（外部车辆）高温（68℃～70℃）烘干消毒房及猪只中转站，并设计内部中转车辆离站洗消棚。分别按第二级生物安全消毒流程进行消毒处理（外部车辆烘干消毒处理、离站中转车辆洗消毒处理）后，方可到达场区大门外围圈，再继续执行第三级生物安全消毒处理流程。

设备设施配置：选点租赁一块长 130 m×宽 35 m（6.5～7 亩，1 亩≈667 m²）场地，规划设计第二级烘干消毒和猪只中转点。总建筑面积控制在 737～740 m²。其中，烘干消毒房规格为长 16.64 m×宽 8.14 m×高 4.5 m，建筑面积约为 135.5 m²；中转猪舍总存栏量为 120～150 头，长 24.24 m×宽 12.24 m×高 3.2 m，设备和工具房 21 m²，建筑面积约为 317.7 m²；过磅房长 4.24 m×宽 3.24 m×高 3.2 m，建筑面积约为 13.7 m²；辅助用房长 28.24 m×宽 8.24 m×高 3.2 m，建筑面积约为 232.7 m²；卸猪区域工作间长 7.24 m×宽 5.24 m×高 3.2 m，建筑面积约为 38 m²。集污水池 50 m³。围墙高度为 2 m。

配置烘干消毒设备 1 套（对经第一级检测与洗消的外部车辆进行高温烘干消毒）、配置非洲猪瘟第二级检测实验室 1 个（外部车辆进入前非洲猪瘟和其他检测）、高压清洗消毒机 1 台（内部转运车辆高压清洗消毒）。对进入第二级生物安全区的外部车辆只做检测和烘干消毒，不配置高压清洗消毒设备。

（三）第三级生物安全设计

在场区大门外，设计第三级生物安全清洗消毒烘干设施。第三级生物安全清洗消毒烘干设施包括烘干消毒房、物料熏蒸和预处理房、人员沐浴房与通道、猪场内部检测室。内部运输车辆（物料和转运猪只等车辆）、物料和人员进入猪场大门前均进行（第一次或第二次）采样检测，判定无特定病原后，分别对应按第三级生物安全消毒流程进行消毒处理（物料车辆高温烘干消毒处理、隔离人员第二次换衣沐浴消毒与隔离、物料第一次熏蒸和预处理消毒）后，方可进入场区生活区内或辅助生产区，再继续执行第四级生物安全消毒处理流程。

设备设施配置：场区出入口大门（一个人员和物料大门及一个进猪门），各配置 1 间烘干消毒房，规格为长 16.64 m×宽 8.14 m×高 4.5 m，建筑面积为 135.5 m²；配置 2 个人员沐浴通道、物料消毒、检测实验室（对人员、物料及其运输车辆的检测）和洗衣设备。

三、辅助生产区生物安全规划设计

（一）第四级生物安全设计

在辅助生产区大门外设计第四级生物安全清洗消毒设施。第四级生物安全清洗消毒设施包括进入辅助生产区内的内部运输车辆（物料或食品转运车辆）、物料和人员，在进入辅助生产区大门前，分别对应按四级生物安全消毒流程消毒处理（物料第二次检测与熏蒸消毒，食物二次高温消毒处理、车辆喷雾消毒处理、隔离人员第二次检测和第三次换衣沐浴消毒）后，方可进入辅助生产区内，再继续执行第五级生物安全消毒处理流程。

设备设施配置：辅助生产区进出大门，配置 2 个人员沐浴通道、物料消毒和洗衣设备设施。

（二）第五级生物安全设计

在辅助生产区进入生产核心区之间设计第五级生物安全清洗消毒通道。第五级生物安全清洗消毒通道包括进入生产核心区内的内部运输车辆（物料转运车辆）、物料和人员，分别对应按五级生物安全清洗消毒流程消毒处理（车辆喷雾消毒处理、隔离人员第四次换衣沐浴消毒）后，方可进入生产核心区内，再继续执行生产核心区内第六级生物安全消毒处理流程。

设备设施配置：从辅助生产区进入生产区大门，配置多个（依人员数量而定）人员沐浴通道、物料消毒和洗衣设备设施。在生产区内配置 1 间烘干消毒房，规格为长 9.24 m×宽 9.24 m×高 4 m（工作间），建筑面积约为 85.4 m²。

四、生产核心区生物安全规划设计

(一) 第六级生物安全设计

在生产核心区进入生产栋舍门前设计第六级生物安全清洗消毒房。第六级生物安全清洗消毒房包括进入生产栋舍内的物料和人员，在进入生产栋舍的清洗消毒房时，分别对应按第六级生物安全清洗消毒流程消毒处理（人员换衣沐浴消毒、物料第三次熏蒸消毒）后，方可进入生产栋舍内，再继续执行第七级生物安全消毒处理流程。

设备设施配置：从生产区进入栋舍，配置 2～3 个（依人员数量而定）人员沐浴通道、物料消毒和洗衣设备。

(二) 第七级生物安全设计

在生产栋舍进出生产单元门设计第七级生物安全门禁。第七级生物安全门禁包括物料与人员进出、猪只进出的监控系统，通过人脸识别和猪只进出的监管，实施第七级生物安全管控流程。

设备设施配置：从栋舍进入各单元舍，配置门禁和物料消毒设备。

五、生物安全监控系统规划设计

生物安全设备设施要科学规划合理配置智能监控系统。包括对车辆、物料、人的消毒处理流程与有效性、采样与检测、防控区域、防蚊防鼠防鸟及其他动物、应急处理、病死猪处理等均能进行智能监控。消毒处理流程配置的设备设施要求简便快捷、减小劳动强度等。

第六节　猪场环境控制

猪的生产性能受到遗传、营养和环境等的影响。要提高猪的生产水平，给猪创造一个舒适、干净和安全的环境十分必要。

一、猪舍温度控制

猪属于恒温动物，可通过自身的调节来保持体温的恒定。在高温的环境条件下，猪通过加速外周血液循环，提高皮肤和呼吸道的蒸发散热以及减少产热量来维持体温恒定。在低温环境条件下，猪通过自身的调节作用，依靠从饲料中得到的能量和减少散热量来维持体温恒定。

由于品种、性别、年龄、体重、生理状态、饲养管理方式、个体的适应能力等方面的差异，猪所要求的环境温度也不相同，湘沙猪不同生理和生长阶段适宜温度见表2-6。

表 2-6　湘沙猪适宜温度参数

猪群	日龄	体重/kg	舒适温度/℃	临界高温/℃	临界低温/℃
哺乳仔猪	初生当天	1.5	35～32		30
	1～3 d	1.5～2.0	32～30		
	4～7 d	2.0～2.5	30～28	37	28
	8～13 d	2.5～4.5	28～26		
	14～25 d	4.5～7.5	26～25		23
断奶仔猪	26～29 d	7.5	30～26	32	25
保育仔猪	30～35 d	7.5～9.5	26～25	30	20
	36～63 d	9.5～25	25～24		18
生长猪	10～16 周	25～65	24～23	27	13
育肥猪	17 周～出栏	65～95	23～22	27	10
公猪			16～18	25	10
妊娠、空怀母猪				27	10

（一）保温隔热

保温就是通过猪舍将猪体产生的热和热源（暖气、红外线、远红外线取暖器、电热板等）发散的热能保存下来，防止或减少向舍外散失，从而形成温暖的环境。隔热就是在炎热的季节，通过猪舍和其他设施（凉棚、遮阳、保温层等），以隔断或减少太阳辐射热传入舍内，防止舍内的气温升高，形成较凉爽的环境。

猪舍的保温隔热性能取决于猪舍样式、尺寸、外围护结构和厚度等。设计猪舍时，必须根据当地的气候特点和规定的环境参数进行设计。

导热性小的材料热阻大，保温性能好；导热性大的材料热阻小，保温性能差。同一种材料，也因其容重不同或含水分不同，导热能力也有性能差别。导热性小的材料虽然利于保温，但吸水能力强，因此在建造猪舍的时候，应把隔热、防水和保温综合考虑。选择保温性好的建筑材料，同时猪舍外围护结构要有足够的厚度。

冬季气温低，持续时间长，昼夜温差大，冬春两季风多，影响猪的正常生长和生产性能。防寒就是通过良好的保温隔热，把舍内产生的热充分加以利用，使之形成适于猪要求的温度环境。

(二) 保温防寒

1. 保温

加强猪舍外围护结构的保温性能，是提高猪舍保温能力的根本措施。开放式、半开放式猪舍的温度状况受到外界气温的影响大，冬季一般稍高于舍外。封闭式猪舍冬季的温度状况，取决于舍外温度空气对流状况和通过围护结构散失热量的多少。

猪舍内的热能向外散失，主要是通过屋顶、天棚，其次是墙壁、地面和门窗。

屋顶面积大，又因热空气轻而上浮，容易通过屋顶散失。因此，必须选用保温性能好的材料修造屋顶，而且要求有一定的厚度，以增强保温效果。一般多采用加气混凝土板、玻璃棉、保温板、传统的草屋顶或在屋顶铺锯末、炉灰作为保温层，可取得良好效果。适当降低猪舍的净高和进行吊顶，对猪舍的保温具有良好效果。

墙壁设计时一定要注意保温性能，确定合理的结构。应选用导热性能小的材料，利用空心砖或空心墙体，并在其中填满隔热材料，可明显地提高热阻，取得更好的保温效果。据试验，用空心砖替代普通红砖，热阻可以提高41%，用加气混凝土板，热阻可提高6倍。

门窗设置及其构造影响猪舍的保温，门窗失热量大，应在满足采光或夏季通风的前提下，尽量少设门窗。地窗、通风孔应能够启闭，冬季封闭保温，夏季打开通风。在寒冷的地方，猪舍门应加门斗，窗户设双层，冬季迎风面不设门，少设窗户，气温低的月份应挂草帘保温。

地面的保温性能取决于所选用的材料，应采用导热性小、不透水、坚固、有弹性、易于消毒的地面。导热性强的地板（如水泥地面）在冬季传导散热较多，影响生产和饲料转化率，仔猪常因此造成肠炎和下痢。为减少从地面的失热，可采用保温地板，哺乳仔猪还可采用电热或供暖热地板，或在地板上铺垫草，既保温又防潮。

2. 防寒保温

猪舍的温度状况不能满足要求时，需进行必要的人工供暖。目前，一般采用暖气、热风炉、电暖气、烟道、火墙、火炉等设备供暖。仔猪要求温度高，可采用红外线灯、电热板、火炕、热水袋等局部供暖。在冬季，适当加大猪的饲养密度，可以提高猪舍的环境温度。舍内防潮可减少机体热能的损失，猪床铺垫草可以缓和冷地面对猪的刺激，减少猪体失热。

猪舍在冬季不能达到所要求的适宜温度时，对产房和小猪舍采用人工供暖。初生仔猪活动范围小对低温反应敏感，采用红外线灯进行局部采暖，既经济又实用。也可利用太阳能、沼气和工厂的余热供猪舍采暖。

（三）防暑降温

1. 通风降温

自然通风猪舍空气流动靠热压和风压，在猪舍设地窗、天窗可形成"扫地风""穿堂风"直接吹向猪体，并可加强热压通风，明显提高防暑效果。夏季自然通风的气流速度较低，一般采用机械通风来形成较强气流进行降温。

2. 蒸发降温

向地面、屋顶、猪体上洒水，靠水分蒸发吸热而降温。在猪场中将水喷成雾状，使水迅速汽化，在蒸发时从周围空气中吸收大量热，从而降低舍内温度。

3. 滴水降温

适合于单体限位饲养栏的公猪和分娩母猪。在这些猪的颈部上方安装水降温头，水滴间隔性地滴到猪的颈部和背部，水滴在猪背部体表散开蒸发，对猪进行吸热降温。滴水降温不是针对舍内气温降温，而是直接降低猪的体温。

4. 湿帘风机降温系统

由湿帘、风机、循环水路及控制装置组成。主要是靠蒸发降温，也辅以通风降温的作用。在干热地区的降温效果十分明显。湿帘风机降温系统既可将湿帘安装在一侧纵墙，风机安装在另一侧纵墙，使气流在舍内横向流动。也可将湿帘和风机安装在两侧端墙上，使气流在舍内纵向流动。风机和湿帘降温系统分别见图 2-10 和图 2-11。

以上四种冷却方法，气流越大，气温越低，空气越干燥，降温效果越好。

二、猪舍湿度控制

（一）猪舍湿气的来源与猪体热调节

猪舍内湿气主要来自于猪呼吸和排泄粪尿的水汽，以及由地面、潮湿的垫草、墙壁和设备表面蒸发的水分以及随空气进入猪舍的外界水汽。水分蒸发过程取决于空气的温度、湿度和气体流动速度，同时也与大气压

图 2 - 10　风机

图 2 - 11　湿帘

力和饲养密度有关。

在猪舍内温度高而又潮湿的情况下，水分容易蒸发，猪舍内相对湿度增加。当相对湿度在 90％ 以上的时候，地面的水分就难以蒸发，相对湿度降到 70％ 时，地面水分蒸发加快。

当气温处于适宜范围时，舍内空气湿度对猪体热调节的影响不大。在高温的环境中，猪体主要靠蒸发散热，如处于高温高湿环境下，因空气湿度大而妨碍了水分蒸发，猪体散热就更加困难。在低湿的环境中，猪通过辐射、传导和对流方式散热，如果处在高湿的情况下，降低了体表的阻热作用，导致猪体外蒸发散热量显著增加。低温高湿较低温低湿发散的热量显著增加，使猪感到更加寒冷。无论环境温度偏高或是过低，湿度过高对猪的体热调节都不利。

（二）猪舍对环境湿度的要求

湿度和温度是一对重要的环境因素，不仅相互影响，而且同时作用于猪。密封式无采暖设备猪舍适宜的相对湿度见表 2 - 7。有采暖设备的猪舍，其适宜的相对湿度应比以下标准低 5％～8％。

表 2 - 7　猪舍适宜的相对湿度

猪群类别	相对湿度/％
种公猪	60～80
成年母猪	60～80
哺乳母猪	60～80
哺乳仔猪	60～70
保育猪	60～70
育肥猪	60～85

三、猪舍光照控制

光照对猪的生长发育、健康和生产力有一定影响。按照光源可将光照分为自然光照和人工照明。以太阳为光源，通过猪舍的门、窗采光，称为自然光照；以人工光源采光，称为人工照明。自然光照强度和时间随季节和天气而变化，难以控制，猪舍内照度也不均匀，特别是跨度较大的猪舍，中央地带和北侧照度更差。在无窗式猪舍中或自然光照不能满足猪舍内的照度要求时，需要采用人工照明或人工光照补充。人工照明的强度和时间，可以根据猪群要求进行控制。

（一）自然采光

自然采光常用窗地比（门窗等透光构件和有效透光面积与猪舍地面面积之比，也称采光系数）来表示。一般情况下，成年母猪、育肥猪窗地比为 1∶（12～15），保育猪为 1∶10，哺乳母猪、哺乳仔猪、种公猪为 1∶（10～12）。根据这些参数即可确定猪舍窗户的面积、数量、形状和位置。在窗户总面积一定时，酌情多设窗户，并沿纵墙均匀设置，合理确定窗户上、下沿的位置。窗户位置根据窗户的入射角、透光角的要求，并考虑纵墙高度等来确定。入射角是指窗户上沿到猪舍跨度中央一点的连线与地面水平线之间的夹角。透光角是指窗户上、下沿分别到猪舍跨度点的连线之间的夹角。自然采光猪舍入射角要求不小于 25°，透光角要求不小于 5°。

（二）人工照明

无窗式猪舍必须人工光源照明，自然光照猪舍也需要设人工照明，作为晚间工作照明和短日照季节的补充光照。人工照明应保证猪床照度均匀，满足猪群的光照需要。各类猪群的照度要求为：育肥猪为 30～50 lx，其他猪群为 50～100 lx。无窗式猪舍的人工照明时间，育肥猪为 8～12 h，其他猪群为 14～18 h，光源一般采用白炽灯或荧光灯。

湘沙猪养殖栏舍的自然光照和人工照明要求见表 2-8。

四、猪舍有害气体控制

在封闭式饲养情况下，通风换气可改善猪舍的空气环境，通风既可排除舍内的热量，又能排除舍内污浊的空气和多余的水汽，降低舍内湿度，防止围护结构内表面结露，同时可排除空气中的尘埃、微生物、有毒有害气体，改善猪舍空气的卫生状况。猪舍空气中的氨（NH_3）、硫化氢（H_2S）、二氧化碳（CO_2）、细菌总数和粉尘指标控制见表 2 - 9。

表 2 - 8　猪舍采光参数

猪舍类别	自然光照		人工光照	
	窗地比	辅助光照/lx	光照度/lx	光照时间/h
种公猪舍	1 : (10~12)	50~75	50~100	10~12
空怀、妊娠母猪舍	1 : (12~15)	50~75	50~100	10~12
哺乳猪舍	1 : (10~12)	50~75	50~100	10~12
保育猪舍	1 : 10	50~75	50~100	10~12
生长育肥猪舍	1 : (12~15)	50~75	30~50	8~12

注：窗地比是以猪舍门窗等透光构件的有效透光面积为 1 时，猪舍门窗与舍内地面面积之比。辅助照明是指自然光照猪舍设置人工照明以备夜晚工作照明用。

表 2 - 9　猪舍空气卫生指标

猪舍类别	氨/(mg/m^3)	硫化氢/(mg/m^3)	二氧化碳/(mg/m^3)	细菌总数/(个/m^3)	粉尘/(mg/m^3)
种公猪舍	25	10	1 500	6 万	1.5
空怀、妊娠母猪舍	25	10	1 500	6 万	1.5
哺乳猪舍	20	8	1 300	4 万	1.2
保育猪舍	20	8	1 300	4 万	1.2
生长育肥猪舍	25	10	1 500	6 万	1.5

猪舍通风分自然通风和机械通风两种方式。

（一）自然通风

自然通风是靠舍外刮风和舍内外的温差实现的。风从迎风面的门、窗户或洞口进入舍内，从背风面和两侧墙的门、窗户或洞口穿过，即利用"风压通风"。舍内气温高于舍外时，舍外空气从猪舍下部的窗户、通风口和墙壁缝隙进入舍内，而舍内的热空气从猪舍上部的屋面经自然通风器、通风窗、窗户、洞口和缝隙压出为"热压通风"。舍外有风时，热压和风压共同起通风作用，舍外无风时，仅热压起通风作用。

（二）机械通风

炎热的夏季单独利用自然通风往往起不到降温的作用，需要进行机械通风。机械通风分为以下三种方式。

1. 负压通风

负压通风又叫排风。即用风机把猪舍内污浊的空气抽到舍外，使舍内的气压低于舍外而形成负压，舍外的空气从屋顶或对面墙上的进风口被压入舍内。

2. 正压通风

正压通风也叫送风。即将风机安装在侧墙上部或屋顶，强制将风送入猪舍，使舍内气压高于舍外，舍内污浊空气被压出舍外。

3. 联合通风

同时利用风机送风和利用风机排风，可分为两种形式：第一种形式适用于比较炎热的地区，即进气口设在低处，排气口设在猪舍的上部，此种形式有助于通风降温；第二种形式应用范围较广，在寒冷和炎热地区均可采用，将进气口设在猪舍的上部，排气口设在较低处，便于进行空气的预热，可避免冷空气直接吹向猪体。

第三章　杂交优势与配套系育种

良种对于生产的贡献率超过 40%，生物的种质创新是最重要的原始创新之一。畜禽育种就是利用现有畜禽种质资源，采用先进的育种技术，改进和创新畜禽遗传素质，生产出符合多元化市场需求的量多质优的畜禽产品。畜禽配套系育种属于生物杂交优势利用的范畴，是杂交优势利用的高级形式。培育畜禽配套系是利用和发挥我国优良地方畜禽品种独特遗传特性的最佳途径，是推进现代标准化规模养殖、提高商品畜禽生产效率的重要举措。

第一节　杂交优势理论

杂交可以利用基因之间的互作效应和上位效应产生杂种优势。杂交优势是培育畜禽配套系的理论基础。实践证明，利用杂交优势选育畜禽配套系能获得最佳生产性能和经济效益。

一、杂交

杂交是不同种群（品种、品系）之间的交配，如大白猪与沙子岭猪交配。杂交的遗传效应为：一是杂交增加杂合子频率，使个体基因型杂合化。二是杂交使群体一致，两个相反性状的品种杂交，如白猪与沙子岭猪杂交的子一代全部成为杂合子。由于子一代基因型一致，没有个体差异，符合规模化工厂化全进全出生产工艺的需要。三是杂交提高群体平均值，表现出杂交优势。基因显性程度高，基因频率相差大的两个亲本间杂交，可获得较高的杂种优势。

二、杂交优势

两个具有遗传差异的品种（或品系）之间进行杂交，产生的杂交后代在生长发育、生产性能和抗逆性等方面优于双亲，这称之为杂交优势。

以杂种（正反交 F_1）的平均性能优于两亲本的平均性能表示。如以杂种均值与亲本均值差的绝对值表示，称为杂种优势量；以相对值表示，称为杂种优势率。例如，A、B 两品种（品系）杂交时的杂种优势率为：

$$H = \frac{\overline{F_1} - \left(\frac{1}{2}\overline{A} + \frac{1}{2}\overline{B}\right)}{\frac{1}{2}\overline{A} + \frac{1}{2}\overline{B}} \times 100\%$$

；三品种（品系）杂交（C♂×AB♀）的杂种优势率为：

$$H = \frac{\overline{F_T} - \left(\frac{1}{4}\overline{A} + \frac{1}{4}\overline{B} + \frac{1}{2}\overline{C}\right)}{\frac{1}{4}\overline{A} + \frac{1}{4}\overline{B} + \frac{1}{2}\overline{C}} \times 100\%$$

。式中 $\overline{F_1}$ 为两品种（品系）子一代均值，$\overline{A}$、$\overline{B}$、$\overline{C}$ 分别为参与杂交的亲本均值。

在人们的生产活动中，应用杂交优势的历史源远流长。早在 2000 多年前，我国劳动人民便开始利用驴和马进行种间杂交产生骡，并发现骡的抗病力和负重能力强于驴，骡的灵活性和耐力又优于马，所以广受人们喜爱，直到今天依然在应用。物种内不同品种（或品系）的杂交应用，我国也早有历史，在汉唐时期我国人们就认识到从西域引进的大宛马与本地马杂交，产生的杂种马具有体形优美、体格健壮的特点，留下了"既杂胡种，马乃益壮"的宝贵经验。

在近代，随着生物科学的兴起，杂种优势的理论得到了飞速的发展。1909 年 Shull 首先建议在生产上利用玉米自交系杂交，1914 年他又提出杂种优势（heterosis）这一术语。在玉米杂交利用理论和实践的启示下，杂种优势在畜牧业也得以广泛应用，当今的商品肉猪、肉鸡几乎都是利用了杂种优势。畜禽杂交优势主要表现在三个方面：一是杂交子代的体形、长速、饲料利用率等生产性状超过亲本的平均值；二是杂交子代的繁殖性能如产仔数、泌乳力等优于亲本；三是杂交子代的生活力强于亲本，主要表现为抗逆性强、适应性广和成活率高。

虽然杂种优势普遍存在，但也要清楚地认识到，并不是只要杂交就可以得到满意效果，利用好杂交优势是一项系统工程，它包括了对杂交亲本种群的选优提纯、杂交优势组合的测试和选择、杂交工作的组织和实施等工作。

三、性状互补

性状互补，主要是指杂交子代集成亲本双方的优势性状，如果亲本双方的优点较多，那么其杂交产生的后代通常会表现出较多的优良性状，也会增加其产生优良后代的机会。在利用杂交优势过程中，我们通常是借助一方亲本的优点性状弥补另一方亲本的缺点性状，如果该性状是数量遗传性状，那么这样就会增大杂交子代的性状平均值，如果该性状属于质量遗传性状，那么这样也可使杂交子代表现出一方亲本的优点，甚至有时还出现超亲本现象。比如，20 世纪 80 年代欧洲的猪在提高日增重、饲料转化率、胴体瘦肉率和降低背膘厚度等主要经济性状方面取得了很大的遗传进展，但在繁殖性能方面进展缓慢，于是 1985 年法国的育种公司利用中国梅山猪和嘉兴猪的精液与 42 头不同品质的欧洲母猪杂交，将我国猪种的多产基因成功导入到欧洲猪种中，在保持较理想的生产性能和胴体品质的同时，实现了快速提高欧洲猪种繁殖性能的目的。

　　配套系生产模式是人们最有目的性、系统性的杂交优势应用，它是在通过大量配合力测试试验后，选择互补性最强的杂交组合，通常在商品代会集成其亲本各方的优点。所以，育种人员在设计配套系杂交方案时，亲本各方的选择要充分考虑其优缺点的互补性，当然其双方有共同优点也是可以的，但是一定不会有共同的缺点。在实际生产中，猪的配套系育种设计，母本要求较高的繁殖性能，如产仔数多和泌乳力强等；父本通常选择较好的生产性能和胴体品质，如生长速度快、抗病力强、饲料利用率高、屠宰率和胴体瘦肉率高等。

　　四、显性效应

　　生物体在同源染色体表达的过程中，当等位基因是显性纯合子 AA（即两个显性基因），或者杂合子 Aa（即一个显性基因 A 和一个隐性基因 a）时，均表现为显性性状（A）；当等位基因是隐性纯合子 aa（即两个隐性基因 a）时，则表现为隐性性状（a）。但是，也存在 Aa（杂合子）表现出与 AA（显性纯合子）和 aa（隐性纯合子）都不同的性状，我们称之为不完全显性的现象。显性效应（dominance effect）是指同源染色体上等位基因之间的互作效应，是基因型值与其加性效应值的差，是解释特殊配合力和杂种优势的遗传基础。以猪的日增重为例，假设该性状受 3 对基因控制，每对显性增效基因的效应为 220 g，每对减效基因的效应为 180 g，由于显性完全，因而 Aa＝AA＞aa，以此类推，两亲本分别为 620 g 和 580 g，子一代 660 g，表现出杂种优势。显性效应见图 3-1。

AabbCC×aaBBcc

（220 g＋180 g＋220 g＝620 g）　　　（180 g＋220 g＋180 g＝580 g）

↓

AaBbCc

（220 g＋220 g＋220 g＝660 g）

图 3‑1　显性效应

20 世纪初科学家提出过显性假说，认为经过长期的自然选择，对生物有利的基因大多数是显性基因，但是长期的自然选择和人工选择并不能淘汰那些与重要的有利基因有紧密连锁关系的不利基因，不同的品种，以及不同来源的品系或族群，其具有连锁关系的基因群中不利基因往往是不同的，如果这些拥有不同不利基因的亲本进行杂交，就会得到一方亲本的显性有利基因掩盖另一方亲本不利基因的效果，使得杂交子代的性状表现优于任何一个亲本的现象。比如，同源染色体上非等位基因 A/a 与 B/b 存在紧密连锁关系，其中显性有利基因是 A 和 B、对应的隐性不利基因是 a 和 b，如图 3‑2 所示，基因型 AAbb 的亲本与基因型 aaBB 的亲本交配产生的后代基因型为 AaBb，它将表现出亲本双方各自的优势性状。

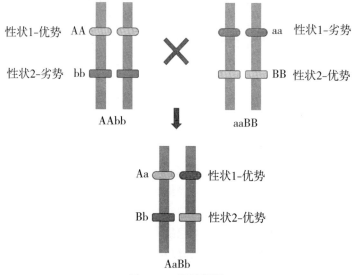

图 3‑2　显性假说

五、超显性效应

超显性效应是指在等位基因中，杂合子的表型性状优于两种纯合子的表型性状的现象。美国科学家 G. H. Shull 和 E. M. East 在 20 世纪初期，各自分别提出了超显性假说，该假说认为等位基因的作用不是显性基因掩盖隐性基因，不同等位基因（a1、a2）都能发挥作用，杂合状态的等位基因型（a1a2）由于基因间（a1 和 a2）相互作用，使得其优于任何一种纯合状态的等位基因型（a1a1 和 a2a2）。该假说还认为杂合态的基因座越多，杂种优势就越大。

超显性假说提及杂合态基因型优势的生化基础一般认为有两种可能：第一，两个等位基因各自编码一种蛋白质，这两种蛋白质决定其对应的生物性状，它们共同作用对个体产生的效果优于它们各自独立作用。如图 3-3 所示，等位基因 a1 控制合成蛋白 A1，等位基因 a2 控制合成蛋白 A2，那么如上所述亲本纯合子 a1a1 只能生成蛋白 A1、纯合子 a2a2 只能生成蛋白 A2，而杂交后的子代（杂合子 a1a2）可以同时生成蛋白 A1 和 A2，它们共同作用于杂交个体，使其拥有更具优势的表型性状。第二，

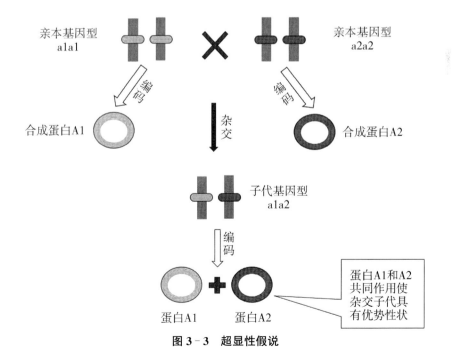

图 3-3　超显性假说

杂合子两个不同等位基因所编码的多肽结合形成的蛋白质，其活力高于由纯合子编码控制合成的蛋白质。

显性假说强调显性基因的作用，超显性假说则强调基因间的相互作用，它们虽然不相互排斥，但也各有其局限性。根据数量性状的遗传分析，杂种优势的遗传实质应是显性效应、加性效应、互补作用和超显性等各种基因效应的综合。在某一组合中可能以某一作用为主；不同的性状，基因作用方式也可能不一样。

六、个体杂种优势

个体杂种优势又称直接杂种优势或后（子）代杂种优势，是指杂交子代利用基因之间的上位效应和互作效应在抗逆性、生长发育和生产性能等方面表现出其自身优势，能提高畜禽生产性能和经济效益。但是如果亲本群体缺乏优良基因，或亲本纯度很差，或两亲本群体在主要经济性状上基因频率无多大差异，或在主要性状上两亲本群体所具有的基因，其显性与上位效应都很小或杂种缺乏充分发挥杂种优势的饲养管理条件，都不能表现出理想的杂种优势。

猪在二元杂交时通常表现出个体杂种优势，主要表现在杂种仔猪比纯种仔猪在哺乳期间的生活力提高，死亡率降低，生长也较快；其次表现在发育期的生长速度和生产性能、抗逆性也有所提高。

七、母本杂种优势

母本杂种优势是指畜禽生产活动中用杂种母畜代替纯种母畜作母本，其母本所表现出的一些性状优势。母本杂种优势的应用极为广泛，比如目前国内90%以上的商品猪都是"杜长大"三元杂交组合后代，这种三元杂交组合的母本通常是"长×大"或者"大×长"杂种母猪，父本为杜洛克公猪。人们普遍认为，相对于纯种母猪，杂种母猪表现出繁殖性能优、泌乳力强、抗逆性好、利用年限长。

八、父本杂种优势

父本杂种优势是指畜禽生产活动中用杂种公畜代替纯种公畜作父本，其父本所表现出的一些性状优势，比如性成熟较早、睾丸较大、射精量较多、精液品质较好、配种受孕率较高。此外，青年杂种公猪还具有性欲更强、配种（特别是初次配种）受胎率更高的特点，但杂种公猪后代的生长速度、饲料利用效率及胴体品质（如屠宰率、眼肌面积、背膘厚等）一般与纯种公猪相似。

生产中由于担心杂种公畜的后代出现性状分离，所以人们对使用杂种公畜通常存有疑虑。随着育种工作的深入，大多数性状能通过选育提高亲本基因的纯合度，减少性状分离。比如长白猪和大白猪的毛色基因位点均为显性纯合子，那么用它们的杂交子代作种用，其后代将不会发生毛色分离现象。另外，如日增重、饲料利用效率、背膘厚等数量性状是受多种基因系统控制的，只要杂种公猪的亲本类型相同，而且主要位点上的基因基本是纯合的（如长白猪与大白猪、杜洛克猪与汉普夏猪），那么这种杂种公猪后代的性能表现应是基本上一致的。何况数量性状的特点在各位点的基因效应是微小的、累加的，受环境因素的影响较大。

在杂交育种中，我们一般不能使用"土杂公猪"作父本。因为土杂公猪本身的生产性能较低，其后代的表现必然不佳。其次，因为引入猪种与地方猪种的经济类型完全不同，由它们的杂种公猪所产生的后代可能有较严重的分离现象，土杂公猪的杂种优势将被其后代的生产性能及整齐度的降低而抵消。

第二节　杂交优势利用

养猪生产中常见的杂交利用方式有四种，分别为二元杂交、三元杂交、四元杂交和级进杂交。

一、二元杂交

二元杂交模式又叫两品种杂交模式，它是养猪生产中应用广泛且比较简单的一种方式。即用两个品种（或品系）的公母猪进行杂交，杂交后代全部作商品猪使用。当前，在我国农村经济条件下，一般选择本地母猪（如大围子猪、梅山猪等）与外种公猪（如巴克夏猪、杜洛克猪等）进行杂交生产商品肉猪。杂交方式一和杂交方式二分别见图 3 - 4、图 3 - 5。

巴克夏猪 ♂　×　大围子猪 ♀　　　　　杜洛克猪 ♂　×　梅山猪 ♀
　　　　↓　　　　　　　　　　　　　　　　↓
　　巴围商品猪　　　　　　　　　　　　杜梅商品猪
图 3 - 4　杂交方式一　　　　　　**图 3 - 5　杂交方式二**

二、三元杂交

先用两个品种进行杂交，从杂种一代中选留出繁殖性能好的杂种母猪，再与第三个品种作父本进行杂交，所产生的后代全部做育肥商品猪用。这种杂交模式好于二元杂交，是商品猪生产中使用最多的方式。杂交方式三和杂交方式四分别见图3-6、图3-7。

巴克夏猪♂　×　大围子猪♀　　　　　巴克夏猪♂　×　湘村黑猪♀

杜洛克猪♂×　巴围（大围子）♀　　　杜洛克猪♂×　巴湘♀

杜巴围商品猪　　　　　　　　　　　杜巴湘商品猪

图3-6　杂交方式三　　　　　　**图3-7　杂交方式四**

三、四元杂交

四元杂交分为两种形式，第一种形式是利用三个品种杂交所得到的杂种母猪，再用另一品种的公猪与之杂交，杂交后代用作商品猪，如"杜汉巴本"；另一种形式是用四个品种的猪，首先分别进行两两杂交，从其杂交后代选留优良个体，再进行杂交，又称双杂交，如"杜汉巴湘"。该方法可充分利用杂种公母猪的杂种优势，但需要的亲本多，而且要进行杂交公猪和杂交母猪制种，建立繁育体系比较复杂。杂交方式五见图3-8。

杜洛克猪♂　×　汉普夏猪♀　　　　巴克夏猪♂　×　湘村黑猪♀

杜汉♂　　　　　　×　　　　　　巴湘♀

杜汉巴湘商品猪

图3-8　杂交方式五

四、级进杂交

级进杂交是采用优良高产品种，大幅度提高本地低产品种的一种最有效方法。具体方法是选择某一优良品种（即改良品种）的公猪与被改良品种母猪交配，所得的杂种又与优良品种公猪交配，并连续几代将杂种母猪与优良品种公猪回交，直到被改良品种得到根本改造为止。级进杂交也可用于使一个血统混杂的群体改造成一个特定的品种类型。级进杂交所得杂种，通常用改良品种的血缘成分（血统）所占比例表示，如一代杂种含 1/2，二代杂种含 3/4，三代杂种含 7/8，以此类推。一般认为高代级进杂种（4 代或 5 代级进杂种）由于在外形和生产性能上都接近纯种，所以可作纯种对待。级进杂交的优点是可较快地增加优良个体数量，避免大量引进种猪，节省引种费用。但级进杂交需要较长时间才能达到目的，所以养猪业中用的较少。级进杂交见图 3-9。

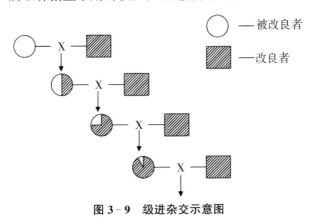

○——被改良者

▨——改良者

图 3-9　级进杂交示意图

第三节　配套系育种

一、配套系概念

配套系的理论基础是利用生物杂种优势，是杂交优势利用的高级形式。配套系的英文单词为"hybrids"或"commercial lines"。"hybrid pigs（hybrid swine）"可译为"杂优猪"，"hybrid chicken"可译为"杂交鸡"。说明配套系不是单纯的品系或品种。配套系一般应由 3 个或 3 个以上专门化品系组成。其培育过程为：根据商品畜禽生产及市场需求，首先要选育出若干个专门化品系，再以多组专门化品系（3 个或 4 个品系为一组）为杂交亲本开展杂交组合试验，从中筛选出一个最佳杂交组合，再按照最佳杂交组合模式进行配套杂交生产所形成的产品，即为配套系或配套系商品畜禽。简单地说，配套系就是最佳杂交组合。确切地说，配套系就是配套杂交体系，即依杂交组合试验筛选出的已被固定的杂交模式生产种畜禽和商品畜禽的配套杂交繁育体系。

简单地说，配套系是指以两个以上专门化品系为亲本，按经过配合力测定的最佳杂交组合模式进行配套杂交，生产符合既定目标的商品代的一种繁育体系。以配套系生产的商品代通常集成了其各个亲本的优点，具有优势突出、性能全面、性状稳定、群体整齐的特点。培育畜禽配套系是利用和发挥我国优良地方畜禽品种独特遗传特性的最佳途径，是推进现代标准化规模养殖、提高商品畜禽生产效率的重要举措。配套系能表现出良好的增产效果，产生显著的经济效益，还能满足人们对多样化高品质消费需求。

配套系由育种环节、制种环节和生产环节组成，是一个专业化分工明确的复杂的繁育体系，包括选育、扩繁和商品生产等多种任务，分别有曾祖代（GGP）、祖代（GP）、父母代（PS）和商品代（CS）几个代次，通常根据繁殖代数进行层次分级，常见的有二级杂交繁育体系和三级杂交繁育体系，各级种群在繁育体系中各有不同功能体现。配套系也可根据参加配套系杂交的专门化品系的数量，分二系配套、三系配套、四系配套、五系配套等；将配套级别和种类组合，出现二系配套二级繁育体系、三系配套三级繁育体系、四系配套三级繁育体系、五系配套四级繁育体系等。不同的配套模式涉及的种类数目不同，各群体数量不同，生产过程也不同。

配套杂交体系除了具有层次性，还有一个结构问题，这是因为不同层次和不同群体在杂交体系中的角色和任务不同，从而使其所需要的数量也不同，而在每一个群体内也存在一个由性别、年龄、生长阶段所决定的结构问题，各层次的各个群体及各群体内各类个体的数量的确定需要考虑繁殖率、成活率、性别比等一系列因素。

虽然配套系和经济杂交利用的都是杂种优势原理，但两者有所不同：一是亲本不同。配套系的亲本一般都是经过多个世代精心培育的专门化品系，而一般经济杂交的亲本多数都是普通的品种或品系，没有经过有针对性的严格选育。二是杂交模式的固定程度不同。配套系都有固定的杂交模式，其专门化品系的数量和组合方式明确，专门化品系在杂交体系中的位置固定，而一般经济杂交由于未经配合力测试，杂交组合未必定型，所以亲本的选择、亲本在繁育体系中的代次和位置并不固定，比较常见的现象是一般经济杂交的亲本既可为母本也可为父本。三是杂种优势的表现程度不同，配套系生产的商品代所表现出的杂种优势要高于一般经济杂交，其商品代能够最大限度地体现配套系中各个专门化品系所具有的优点，其商品代的整齐度更高，更有利于规模化生产、标准化管理和产业化推广。

　　国外从 20 世纪 60 年代末就开始由品种选育和品种间杂交转向专门化品系选育和配套系生产,我国从 20 世纪 70 年代末开始在全国范围内开展猪配套杂交工作,并相继育成了一些专门化品系和配套系,这些专门化品系和配套系对改善我国生猪生产结构,推动生猪产业规模化生产,提高生猪产量和猪肉品质发挥了重要作用。实践证明,畜禽配套系的培育与生产大大缩短了畜禽的育种年限,提高了育种效率,增强了育种对市场需求的适应能力。

　　配套系的优势是:①各专门化品系只突出选择少数性状,而不是面面俱到,因而选择快,遗传进展大,时间短,降低了制种成本;②专门化品系纯度高、群体整齐,便于流水线作业、全进全出等组织管理制度的实施;③杂交公猪身体强壮、精液品质好;④杂交母猪繁殖性能更高、肢蹄更结实;⑤充分利用各专门化品系优点,商品猪杂交优势率显著高于品种间杂交,生长速度快,瘦肉率高;⑥商品猪一致性好,产品规格化程度高;⑦配套系种猪按系、按代分类繁殖,按头套推广,适合于组织工厂化养猪生产;⑧能使规模化养猪获得最大的经济效益,经济效益提高 10% 左右。

　　在配套系的维持过程中,如果出现因近交系数上升速度过快而产生近交衰退,或由于人们对产品要求发生变化,导致配套系杂交所生产的杂优畜禽不能满足人们的要求,或配套系杂交效果不明显时,就要及时更新配套系,建立新的配套系,以获得更大的系间杂种优势。另外,由于专门化品系的生命力较短,配套系的框架及其亲本的位置随着新专门化品系的形成,或市场对产品的追求又是在不断变化的,所以配套系维持的期限一般以 10~15 年为宜。事实上,配套系存在的时间长短主要取决于选育工作的好坏和后代是否符合市场要求。如果选育工作做得好,有一个较大的专门化品系群体,配套系的后代就能在性能、纯度上满足千变万化的市场需求。如比利时斯格公司的配套系种猪,对欧洲市场是一种组合,在我国市场推荐的又是另一种组合。

　　培育一个配套系是一项十分复杂而繁重的系统工程,涵盖了后备种猪培育、性能测定、遗传评估、选种选配、防疫保健等多个技术环节,为保证育种工作的顺利进行,还需要兽医、营养、繁殖等科研人员之间密切协作,也离不开饲养人员的精心喂养和生产管理人员良好的工作协调。配套系育种是以品种资源为基础,在系统的专门化品系选育工作上,通过大量配合力测定试验,对培育的专门化品系进行定位,根据性状特点确定每个品系的特定用途，筛选符合目标的最佳固定杂交组合，建立繁育推广体系，生产出集合各品系优秀性状的杂优商品代，这是育种工作的技术创新。配套系育种主要包括两个基础性技术环节和一个推广环节，即专门化品系选育、品系间配合力测定及繁育推广。

二、专门化品系培育

专门化品系培育简单理解就是选优提纯，"选优"就是通过测定和选择，使亲本种群原有的优良、高产基因的频率尽可能增大；"提纯"就是通过有计划地选配，也可以合理地利用近交，使得亲本种群在主要性状上纯合子的基因型频率尽可能增加，个体间差异尽可能减小。配套系专门化品系选育有以下特点：①配套系的培育不以育成一个品系为目的，而是以与其他品系配套杂交高效率地生产优质商品杂种为目的。②配套系的育种素材可以是多种多样的。既可以是一头优秀的系组，也可以是一群来源不同的个体；既可以是一个品种或品系，也可以是几个品种或品系。③配套系的培育可以采用近交、群体继代、合成等各种育种方法。④配套系在规模上可以略小，在结构上可以略窄，但其特点必须突出，纯合程度必须要高，表型的一致性必须要强。⑤配套系与同一杂交体系内的其他配套系杂交，要能充分利用相互间的互补效应及杂种优势。⑥配套系的新陈代谢强度一般较高。此即为了提高生产性能和满足新的市场需求，新的配套系不断被育成，旧配套系被从杂交体系中更换下来。

专门化品系的培育，只是为配套系的杂交奠定了物质基础。但要确定真正用于杂交配套的配套系由几系配套，必须进行配合力测定。配合力测定不仅在配套杂交体系确定之前，而且在配套系杂交过程中也是一种不可废止的措施，原因有三：一是新的配套系不断出现，要求寻找更好的配套组合；二是参与配套杂交的专门化品系不断选优提纯，配合力测定可以提供新的信息；三是若用正反交反复选择，也需要进行配合力测定。

三、配合力测定

国家相关技术规范要求配套系"具有固定的杂交模式，该模式应由配合力测定结果筛选产生"。因此，在专门化品系选育的基础上必须开展配合力测定即杂交组合试验。通过杂交组合试验从各杂交组合中选出一个"最佳"杂交组合。

　　配合力就是种群通过杂交能够获得的杂种优势程度，也就是杂交效果的好坏与大小。同种群间的杂交效果差异很大，最后必须通过配合力测定才能确定，但配合力测定费钱费事，畜禽品种品系又多，不可能两者之间都进行杂交试验。在进行配合力测定前，应有大致的估计，只对那些估计希望较大的杂交组合才正式测试，这样可能节省很多人力物力，有利于杂种优势利用工作的开展，估计杂交效果要依据以下几点：①种群间差异大的，杂种优势也往往较大。一般说来，分布地区距离较远，来源差别较大，类型及特长不同的种群间杂交，可以获得较大的杂种优势，因为这样的种群在主要性状上，往往基因频率差异较大，杂种优势也较大。②长期与外界隔绝的种群间杂交，一般可获得较大的杂种优势。隔绝主要有两种：一种是地理交通的隔绝；另一种是繁育方法上的隔绝。③近交时衰退比较严重的性状，杂种优势也较大。因为控制这一类性状的基因，其非加性效应较大，杂交后随着杂合子频率的加大，群体均值也就有较大的提高。④主要经济性状变异系数小的种群，一般来说杂交效果较好。因为群体的整齐度大，在一定程度上可以反映其成员基因型的纯合性。

　　随机抽样性能测定是配套杂交繁育体系组织、运行的最后一个重要环节，其目的在于检测最后生产的商品畜禽的生产性能是否符合要求。

四、繁育体系构建

　　构建完善的配套系杂交繁育体系，是配套系生产过程中取得高产高效的技术体系保障。完整的繁育体系包括育种场、扩繁场、商品场以及与之配套的测定站、公猪站。

　　育种场：育种群在繁育体系内处于塔尖，在遗传改良上起核心和主导作用，因此又称这部分猪群为核心群。主要任务是根据繁育体系和育种方案的要求，进行纯种选育和新品系培育。因此，要求育种场有较强的技术力量，选育设备齐全先进。选育目标明确；种群健康无病，生产指标均应有详细记录，技术档案资料齐全；定期进行疫病检测，定期进行环境卫生消毒等。育种场要有配套的种猪性能测定站和种公猪站。育种场为了适应育种要求，要多留种公猪，数量要多于生产场的几倍到十几倍，而且留用的种公猪应是经过性能测定品质良好的公猪。为了充分利用好这些优良种公猪，可通过建立种公猪站，以人工授精的形式提高利用率，扩大优良基因的辐射面，减少种猪扩繁场和商品猪场种公猪的饲养数量。

扩繁场：扩繁群的主要任务是扩繁生产纯种母猪和杂种母猪，为商品群提供纯种和杂种后备猪，保证生产一定规模商品肉猪所需的种源，有的国家将扩繁群划分为纯种扩繁群和杂种扩繁群。因此，扩繁场就是扩大繁殖原种母猪，并以基础母猪与第一父本公猪杂交生产杂种母猪。

商品场：商品群也称为生产群，它拥有的母猪数量占完整繁育体系母猪总头数的 85% 左右，其主要工作任务是按照杂交计划要求，组织好父母代的配套杂交，生产优质商品仔猪，保证育肥猪的数量和质量要求，为市场提供优质的猪肉。因此，商品场的任务就是生产商品肉猪，工作重点是提高猪群的生长速度和改进育肥技术。繁殖群所占比例愈小愈好，要尽可能地提高母猪的繁殖力，缩短繁殖周期，提升饲养生产水平。

公猪站：公猪站是配套系杂交繁育体系建设的重要内容。公猪站可饲养各专门化品系公猪，为育种场、扩繁场、商品场提供精液服务，但主要是饲养配套系终端父本公猪，为自繁自养商品场母猪配种提供优质安全的精液，充分利用终端父本的优良基因，提高商品猪群生产水平。

第四节　配套系育种步骤

严格按程序进行配套系育种，能达到事半功倍的效果。育种工作流程为：调研市场需求，制订培育方案，明确培育目标；搜集评估保存整理育种素材；组建若干个专门化父、母系的基础群；对若干个专门化父系、母系进行选育；数个杂交组合的比较试验（配合力测定）；筛选出"最佳"杂交模式；父、母代种猪和商品猪的性能测定及品系配套杂交制种和生产杂优猪（商品猪）；边中试边推广；新配套系育成。育种步骤具体包括以下六个方面。

一、制订育种方案

2006 年，国家农业部颁布了《畜禽新品种配套系审定和畜禽遗传资源鉴定办法》；2010 年，国家畜禽遗传资源委员会发布了《畜禽新品种配套系审定和畜禽遗传资源鉴定技术规范（试行）修订稿》。要按照这两个文件的要求，科学制订配套系选育方案，明确选育目标、选育方法和育种技术路线。要特别注意配套系审定的基本条件是"除具备新品种审定的基本条件外，还要求具有固定的杂交模式，该模式应由配合力测定结果筛选产生"。说明除了要进行专门化品系选育外，配合力测定、杂交组合试验也是配套系育种中的重要技术环节。

二、搜集育种素材

育种素材（品种或品系）是培育配套系的基础，收集育种素材的过程就是引进畜禽品种资源的过程。育种素材引进后要进行性能测定与评估。育种素材要保持一定群体规模及 6 个以上的公猪家系，对育种素材要加强饲养管理，认真做好防疫，妥善加以保存，尽可能防止某些等位基因丢失。育种素材应尽可能多一些，但也要考虑育种单位的经济承受能力，一般应引进收集与培育配套系相关的畜禽品种（品系）3～5 个，其中地方品种资源 1～2 个，引进品种资源 2～3 个。

三、开展品系选育

一是明确选育方向。配套系是由多个专门化品系组成的，对每个品系都要明确它是做父系还是做母系；要明确每个品系的主选性状是什么，指标定多高，用什么方法加快主选性状的遗传进展；要明确新品系基础群如何组建及群体的规模与血统（家系）数；要明确繁殖性状、生长性状及产肉性状的有效改良途径或选种选配方法；要明确最终达到的育种目标和性状的遗传稳定性。

二是组建基础群。对现有育种遗传资源进行摸底，了解每个品系的数量（公猪多少、母猪多少）和血统组成，编制猪群系谱图，分析彼此间的亲缘关系。若血统数（3 代之内无亲缘关系的家系数）过少（少于 6 个），性状变异程度小，或生产性能偏低，则应引入新的血统。还要到现场具体了解每一头种猪的性能表现和体形外貌，梳理出优缺点，列出表格清单，统计分析各品系的性能与外形的总体水平和变异度，为制订专门化品系的选育方案提供第一手资料。

三是确定品系选育方法。应根据各品系培育目标及在杂交体系中所处位置与各场情况来定。专门化品系的繁育方法可以采用纯繁（品种内或品系内选择）的方式，也可采用杂交合成品系的方法。纯繁可用系祖品系繁育法和群体继代品系选育法或几种方法结合进行。系祖品系繁育法是以一个特定的优秀个体为中心，组织一个繁育群，把个体优良性状扩大到群体而使群体系祖化，然后逐代选出继承者，进行世代繁育；而群体继代品系选育法是以多头公猪和一定数量的母猪组成基础群，由群体到群体，用群体继代选育法，集中各祖先的优良性状，获得一个特定性状突出的高产群体。

四、筛选"最佳"杂交组合

国家相关技术规范要求猪配套系"具有固定的杂交模式，该模式应由配合力测定结果筛选产生"。因此，在专门化品系选育的基础上必须开展配合力测定即杂交组合试验。杂交组合试验是件费时费钱的事，要以最少的花费获得高效、可靠的试验结果。一是应保证每个杂交组合的测定头数至少为30头，屠宰测定与肉质测定的样本含量也不能减少。二是应设亲本纯繁对照组，每个纯繁组的样本含量应和各个杂交组合一样。三是同期配种同期测定，各组试验的环境条件要一致。四是从各杂交组合中选出一个生产性能和体形外貌俱佳的"最佳"杂交组合。

五、杂交制种与中间试验

配套杂交制种要按筛选出的"最佳"杂交组合开展配套杂交，依代次组装、制种，将种畜禽推向市场，进而生产杂优商品畜禽。以三系配套杂交为例：第一步纯繁制种（提供单性别种畜）：A♂×A♀→A♂；B♂×B♀→B♂；C♂×C♀→C♀。第二步进行第1次杂交制种（提供单交种畜）：B♂×C♀→BC♀；A♂×A♀→A♂。第三步进行第2次杂交，生产商品畜禽：BC♀×A♂→ABC。而后就是进行小试、中间试验，中间试验取得成功后才能进行大面积的示范推广。

六、配套系推广应用

培育配套系不是目的，推广应用转化成生产力才是目的。配套系推广过程中应做好以下几方面的工作。

一是持续开展品系选育。再好的配套系也有不完美的地方，要与时俱进，创新育种技术和选种方法，引入高产基因，改良性能差的个体，丰富品系结构，确保各专门化品系突出特点的维持和进一步提高。要针对个别变异系数较大的性状进行持续选择，不断提高商品猪群的性能水平和整齐度。

二是完善繁育推广体系。要按照配套系繁育体系建设要求，加快建立健全配套系"原种—扩繁—商品猪—公猪站"为一体的良种繁育体系，加大推广力度，扩大种群规模和推广范围，提高母猪扩繁和商品猪生产能力，满足大规模生产需要。需要注意的是，育种场应严格按照固定的杂交模式供种，一般只向用户提供亲本系的单一性别的种猪。

三是加快配套技术推广。要加强配套系推广过程中的饲料营养、生态养殖、环境控制、配种繁殖、疫病防控等方面技术研究配套，形成系列技术标准和综合配套技术，尤其是要建立生物安全防控体系，科学制定免疫程序，定期监测免疫抗体、加强卫生消毒工作，提高猪群整体健康水平，充分发挥配套系猪的遗传潜力。

四是推进产业开发步伐。当地政府部门要制定配套系产业化开发利用规划，出台政策支持措施，加快形成以配套系为基础的"育种场＋扩繁场＋养殖企业（合作社）＋生态养殖基地＋屠宰加工企业＋线上线下销售"的产业化开发模式，协调优质猪全产业链各环节的利益联结机制，共同打造优质猪品牌，发挥市场品牌效应，提升配套系猪的品牌竞争力。

第四章　湘沙猪育种与繁殖技术

第一节　湘沙猪育种技术

一、育种目标

培育湘沙猪（配套系），首先要确定育种目标，明确选育方向。

（一）母系育种目标

湘沙猪配套系母系猪以繁殖性能和生长性能为主选性状，兼顾肉质性状。通过选育，母系猪达到繁殖力高、母性好、肉质优良的目标。

（二）父系育种目标

湘沙猪配套系父系猪以育肥性能和瘦肉率为主选性状，兼顾繁殖性能和体形。通过选育，父系猪达到生长快、瘦肉率高的目标。

（三）商品代育种目标

湘沙猪配套系商品猪的育种目标是：体形一致，被毛白色，30～100 kg 平均日增重 700 g，料重比 3.4 以下，胴体瘦肉率 56％以上，肌内脂肪 2.8％以上，肉质优良。

二、测定性状

（一）生长发育

后备猪日增重和饲料利用率；6 月龄体重、背膘厚及体尺（如体高、体长、胸围、腿臀围等）等。

（二）繁殖性状

总产仔数、产活仔数、初生重、21 日龄窝重、35 日龄窝重、乳头数等。后备母猪初情期、发情期、性周期及公猪性成熟期、精液品质等。

（三）育肥性状

日增重、料重比等。

（四）胴体性状

屠宰率、瘦肉率、背膘厚、皮厚、胴体长、眼肌面积、后腿比等。

（五）肉质性状

肉色、大理石纹、系水力、pH 值、剪切力、肌内脂肪等。

三、亲本选择

配套系育种，亲本的选择非常重要。研究表明，地方猪种适合作杂交母本，而引进的国外瘦肉型猪种适合作杂交父本。

（一）母系母本的选择

沙子岭猪具有繁殖性能好、肉质优、耐粗饲、适应性广、抗病力强等优良遗传特性，是杂交利用生产优质猪肉的优秀母本品种。为充分利用地方品种沙子岭猪的优良遗传特性，选择沙子岭猪作为湘沙猪配套系的母系母本。

（二）母系父本的选择

根据母系猪的育种目标，母系父本的选择要综合考虑繁殖性能和生长性能，兼顾肉质性状。巴克夏猪被毛黑色，并有"六白"特征，属于肉脂兼用型品种，以盛产雪花猪肉而闻名。20 世纪 80 年代，巴克夏猪作为父本与我国地方猪进行杂交，在我国地方猪的品种改良中发挥了重要作用。长白猪体形好、产仔多、生长快、饲料转化率高、瘦肉率高，在养猪生产中既可作母本，也可作父本。杜洛克猪生长速度快，胴体品质好，瘦肉率高，通常作为父本进行杂交利用，以达到提高生长性能和瘦肉率的目的。汉普夏猪是著名的肉用型猪品种之一，全身被毛主要为黑色，肩部到前肢有一条白带环绕，其体型大，生长速度快，瘦肉率高，通常作为父本进行杂交利用，杂交的后代具有胴体长、背膘薄和眼肌面积大的优点。

在湘沙猪配套系的培育过程中，分别选择了美系巴克夏猪、杜洛克猪和汉普夏猪作为母系父本，开展杂交组合试验。

（三）终端父本的选择

大约克夏猪、长白猪、巴克夏猪和杜洛克猪均是国外瘦肉型猪的典型代表，在我国均被用作二元杂交父本或终端父本开展杂交利用研究。根据湘沙猪配套系父系猪的育种目标，在湘沙猪配套系的培育过程中，分别选择美系大约克夏猪、长白猪、巴克夏猪和杜洛克猪作为终端父本，开展杂交组合试验。

四、选种技术

(一) XS3 系

初选：在仔猪断乳时进行，采用窝选加个体选择的方法进行选择。选留或淘汰的主要依据是遗传缺陷情况、仔猪本身的生长发育表现及母猪的繁殖成绩。对出现隐睾、阴囊疝、脐疝、瞎乳头等遗传缺陷的整窝仔猪予以淘汰，其他核心群后代全部留下，一般每窝至少选留 2♂3♀。选择标准为：符合沙子岭猪体形外貌特征，生长发育良好，断奶体重较大，皮毛光亮，背腰平直，四肢粗壮结实，乳头 7 对以上且排列整齐。

二选：在保育期结束时进行，根据仔猪生长发育情况进行选择。将保育期间表现遗传缺陷的个体及同胞全部淘汰。对无遗传疾患的同窝仔猪，淘汰体质弱小、健康状况差的仔猪，选择生长发育正常、体质结实、健康状况良好、同窝中体重较大的仔猪，其余转入待售猪群或阉割处理。一般每窝至少选留 1♂2♀进入后续性能测定。

三选：猪只在 5～6 月龄时，对其生长性能进行测定，主要测定达 50 kg 体重日龄和活体背膘厚。性能测定时，以电子笼秤对体重在 40～60 kg 范围内的后备种猪称重，利用 B 超测定猪的活体背膘厚，记录个体号、性别、测定日期、测定体重、背膘厚、测定人员、测定设备型号等信息。利用公式将其校正为达 50 kg 体重日龄 (d) 和活体背膘厚，根据制订的 XS3 系综合选择指数公式计算综合选择指数，再根据综合选择指数排序，并结合外貌评分由高到低进行选留。XS3 系外貌评分标准见表 4 - 1。

表 4 - 1　XS3 系外貌评分标准 (6 月龄)

类别	说　明	标准评分
一般外貌	"点头墨尾"特征明显。具体要求，头部黑斑越耳根在 6 cm 以内。左右对称，额前白星大小适中。臀斑呈圆形或椭圆形，大小适宜。体质结实健壮，各部位发育匀称，肥瘦适中，性情温驯，行动稳健。被毛光洁，皮下充实。	30
头颈	头中等大小，嘴筒齐。上下唇吻合良好，眼大明亮，面微凹。耳中等大，形如蝶，耳根硬；颈长短适中，肌肉发达，颈肩结合好。	5
前躯	肩宽、胸深宽。发育良好。肩胸结合好，肌肉丰满。肩后无凹陷。	15

续表

类别	说　　明	标准评分
中躯	背平直或微凹，长度中等。肌肉丰满，胸腹线弧度适中（腹大不拖地），乳头排列均匀，发育良好，有效乳头 14 个以上。	20
后躯	臀宽展平直或稍斜，大腿丰满，尾根粗，公猪睾丸发育均匀，左右对称。母猪外阴正常，后躯与前躯基本发育均等。	15
四肢	四肢粗壮结实，后肢开张、正直，高度适中，步行稳健。	15
合计		100

四选：在配种阶段进行。对 6 月龄后无发情征兆、在一个发情期内连续配种 2 次均未受胎的后备母猪及性欲低、爬跨能力弱的后备公猪予以淘汰。其余后备猪进入育种核心群繁殖下一代。

（二）XS2 系

初选：在仔猪断乳时进行，主要采用窝选加个体选择。选留或淘汰的主要依据是母猪的繁殖成绩、仔猪本身的生长发育表现及遗传缺陷的出现情况。对于出现遗传缺陷的整窝仔猪予以淘汰，其他的核心群后代可全部留下。一般每窝至少选留 2♂3♀。选择的依据为：符合本品种体形外貌标准，生长发育好，断奶体重较大，皮毛光亮，背部宽长，四肢结实有力，乳头数在 6 对以上且排列整齐。

二选：在保育期结束时进行，根据仔猪生长发育情况进行选择。将保育期间表现遗传缺陷的个体及同胞全部淘汰。对无遗传疾患的同窝仔猪，淘汰体质弱小、健康状况差的仔猪，选择生长发育正常、体质结实、健康状况良好、同窝中体重较大的仔猪，其余转入待售猪群或阉割处理。一般每窝至少选留 1♂2♀进入后续性能测定。

三选：后备猪在 5～6 月龄时，对其生长性能进行测定，主要测定的指标是达 100 kg 体重日龄和活体背膘厚。以电子笼秤对体重在 85～130 kg 范围内的后备种猪称重，记录个体号、性别、测定日期、测定体重、测定人员、测定设备型号等信息。再利用以下公式将其校正为达 100 kg 体重日龄（d）：

$$达\ 100\ kg\ 体重日龄 = 实际日龄 + (100 - 实际体重) \times \frac{实际日龄 - A}{实际体重}$$

式中：A 在其计算过程中应考虑后备猪的性别。

A=55.289（公猪）；A=49.361（母猪）。

在测定体重的同时测定猪的活体背膘厚。采用 B 型超声波测定仪扫描测定猪倒数第 3～4 肋间处距背中线 5 cm 处的背膘厚，以毫米（mm）为单位。测定背膘时应在猪只自然站立的状态下进行，要求背腰平直。若受测猪猪毛较厚，在测定前应对测定点进行剪毛，之后在测定点上均匀涂上耦合剂，将探头与背中线平行置于测定位点处，用力不能太大，观察 B 超屏幕变化。待屏幕上背膘和眼肌分界明显、肋骨处出现一条亮线且图像清晰时即可冻结图像，使用操作面板上的标记（＋或×）对背膘上缘和下缘进行标记，记录 B 超自动计算出的背膘厚度。

测定后，按以下校正公式转换成 100 kg 体重活体背膘厚：

$$100 \text{ kg 体重活体背膘厚} = \text{实际背膘厚} + (100 - \text{实际体重}) \times \frac{\text{实际背膘厚}}{\text{实际体重} - B}$$

式中：B 在其计算过程中应考虑后备猪的性别。

B＝－6.240（公猪）；B＝－4.481（母猪）。

校正后目标体重日龄和背膘厚育种值估计模型：

$$y_{ijklm} = \mu_i + h_{yssij} + l_{ik} + g_{il} + a_{ijklm} + e_{ijklm}$$

其中，i——第 i 个性状（1＝达 100 kg 体重日龄，2＝达 100 kg 体重活体膘厚）；

y_{ijklm}——个体生长性能的观察值；

μ_i——总平均数；

h_{yssij}——出生时场年季性别固定效应；

l_{ik}——窝随机效应；

g_{il}——虚拟遗传组固定效应；

a_{ijklm}——个体的随机遗传效应，A 指个体间亲缘关系矩阵；

e_{ijklm}——随机剩余效应。

根据达 100 kg 体重日龄和活体背膘厚的估计育种值（EBV 值），制定 XS2 系的综合选择指数：

INDEX＝100＋［－4.2100×（目标体重日龄 EBV－均值）］＋［－14.1000×（背膘厚 EBV－均值）］

性能测定完成后，根据综合选择指数排序，并结合外貌评分由高到低进行选留。XS2 系外貌评分标准见表 4－2。

四选：母猪配种至头胎产仔阶段选择。对 7 月龄后还没有发情征兆、在一个发情期内连续配种 3 次未受胎的后备母猪及性欲低、爬跨能力弱、精液品质差的后备公猪予以淘汰。

表 4-2　XS2 系外貌评分标准

类别	说明	标准评分
一般外貌	体质：健康、结实、活泼。 毛色：六白，即嘴筒、四肢、尾尖毛色为白色，其余部分为黑色。	25
头颈	头要轻，脸的长度中等，面部微凹，下巴正，面颊要紧凑，目光温和有神，两眼间距宽，耳短、竖立，两耳间隔宽，颈稍短，宽度中等，很紧凑，向头和肩移转良好。	5
前躯	不重，很紧凑，肩附着良好，向前肢和中躯移转良好，胸部深、充实，前胸宽。	15
中躯	背腰长度中等，向后躯移转良好，背部微带弯曲，健壮，背要宽，肋开张好，腹部深，很紧凑，下肷部深、充实。	20
后躯	臀部宽、长，不倾斜，腿厚、宽，小腿很发达、紧凑，尾的长度、粗细适中。	20
乳房、生殖器	乳房形质良好，正常的乳头有 6 对以上，排列良好；乳房无过多的脂肪；生殖器发育正常，形质良好。	5
肢、蹄	四肢较长，站立端正，肢间要宽，飞节健壮。管部不太粗，很紧凑，系部要短，有弹性，蹄质好，左右一致，步态轻盈、准确。	10
合计		100

（三）XS1 系

初选：在仔猪断乳时进行，主要采用窝选加个体选择。选留或淘汰的主要依据是母猪的繁殖成绩、仔猪本身的生长发育表现及遗传缺陷的表现情况。对于出现杂毛、隐睾、锁肛、小肠疝、阴囊疝、脐疝、内翻乳头、瞎乳头、多趾、并蹄畸形、外翻腿、脑积水、怪尾、雌雄同体、前肢肥大等遗传缺陷的整窝仔猪予以淘汰，其他的核心群后代可全部留下，但限于测定设备、工作强度及后期公猪处置等多方面因素，一般每窝至少选留 2♂3♀。选择的依据是：符合本品种体形外貌特征，生长发育好，断奶体重较大，皮毛光亮，背部宽长，四肢结实有力，乳头数 7 对以上且排列整齐。

二选：在保育期结束时进行，根据仔猪生长发育情况进行选择。将保育期间表现遗传缺陷的个体及同胞全部淘汰。对无遗传疾患的同窝仔猪，淘汰体质弱小、健康状况差的仔猪，选留生长发育正常、体质结实、健康状况良好、同窝中体重较大的仔猪，其余转入待售猪群或阉割处理。一般每窝至少选留1♂2♀进入后续性能测定。

三选：后备猪在5～6月龄时，对其生长性能进行测定，主要测定达100 kg体重日龄和活体背膘厚。性能测定以电子笼秤对体重在85～130 kg范围内的后备种猪称重，记录个体号、性别、测定日期、测定体重、测定人员、测定设备型号等信息。再利用以下公式将其校正为达100 kg体重日龄（d）：

$$达100 kg体重日龄＝实际日龄＋（100－实际体重）\times \frac{实际日龄－A}{实际体重}$$

式中：A在其计算过程中应考虑后备猪的性别。

A＝50.775（公猪）；A＝46.415（母猪）。

在测定体重的同时测定猪的活体背膘厚，其测定方法与XS2系相同。

测定后，按以下校正公式转换成100 kg体重活体背膘厚：

$$100 kg体重活体背膘厚＝实际背膘厚＋（100－实际体重）\times \frac{实际背膘厚}{实际体重－B}$$

式中：B在其计算过程中应考虑后备猪的性别。

B＝－7.277（公猪）；B＝－9.440（母猪）。

四选：母猪配种至头胎产仔阶段选择。对于到7月龄后无发情征兆、在一个发情期内连续配种3次未受胎的后备母猪及性欲低、爬跨能力弱、精液品质差的后备公猪予以淘汰。剩余个体使用育种软件计算达100 kg体重日龄、背膘厚和总产仔数的育种值，然后根据综合选择指数进行排序选留。

总产仔数育种值估计模型：

$$y_{ijk}＝\mu＋h_{ysi}＋l_j＋a_{ijk}＋p_{ijk}＋e_{ijk}$$

其中，y_{ijk}——总产仔数的观察值；

μ——总平均数；

h_{ysi}——母猪产仔时场年季固定效应；

l_j——母猪出生的窝效应，服从（0，$I\sigma_l^2$）分布；

a_{ijk}——个体的随机遗传效应，服从（0，$A\sigma_\alpha^2$）分布，A指个体间亲缘关系矩阵；

p_{ijk}——母猪永久环境效应，服从（0，$I\sigma_p^2$）分布；

e_{ijk}——随机剩余效应，服从（0，$I\sigma_e^2$）分布。

根据达 100 kg 体重日龄、背膘厚和总产仔数的育种值计算综合选择指数：

INDEX＝100＋[－2.5400×(日龄 EBV－均值)]＋[－10.3000×(背膘厚 EBV－均值)]＋[34.9000×(总仔数 EBV－均值)]

性能测定完成后，根据综合选择指数排序，并结合外貌评分由高到低进行选留。XS1 系外貌评分标准见表 4-3。

表 4-3　XS1 系外貌评分标准

类　别	说　明	标准评分
一般外貌	大型，发育良好，有足够的体积，全身呈长方形；头、颈轻，身体富有长度、深度和高度，背线和腹线外观大体平直，各部位结合良好，身体紧凑；性情温驯有精神，性征表现良好，体质强健；毛白色，毛质好有光泽，皮肤平滑无皱褶，无斑点。	25
头颈	头要轻，脸稍长，面部稍凹下，鼻端宽，下巴正，面颊紧凑；目光温和有神，两眼间距宽，耳朵大小中等，稍向前方直立，两耳间隔宽；颈不太长，宽度中等紧凑，向前和肩移转良好。	5
前躯	不重，紧凑，肩附着良好，向前肢和中躯移转良好；胸部深、充实，前胸宽。	15
中躯	背腰长，向后躯移转良好，背平直，健壮，宽背，肋开张好，腹部深、丰满紧凑，下肷部深、充实。	20
后躯	臀部宽、长，尾根附着高，腿应厚、宽，飞节充实、紧凑，尾的长度、粗细适中。	20
乳房、生殖器	乳房形质良好，正常的乳头有 7 对以上，排列良好，乳房无过多的脂肪；生殖器发育正常，形质良好。	5
肢、蹄	四肢较长，站立端正，肢间距宽，飞节强健。管部不太粗，很紧凑，系部要短、有弹性，蹄质好，左右一致，步态轻盈准确。	10
合计		100

五、优势杂交组合筛选

筛选最佳杂交配套组合是配套系育种过程中最重要的技术环节。湘沙猪配套系育种先后开展了 12 个杂交组合试验。

（一）母系猪杂交组合筛选

分别以美系巴克夏猪、杜洛克猪和汉普夏猪作为父本与沙子岭猪进行杂交，记录杂交后代的体形、毛色，测定其生长性能、繁殖性能和胴体品质，并进行比较分析。

1. 对外貌一致性的统计分析

巴沙组合：毛色以黑色为主的占 83.17%，有背花的占 16.83%。

杜沙组合：毛色均为黑色。

汉沙组合：毛色均为花色。

在分析不同组合毛色差别的基础上，继续对 3 个杂交组合的繁殖性能、育肥性能和胴体品质进行测定和比较（表 4-4、表 4-5、表 4-6、表 4-7）。

表 4-4　沙子岭母猪及二元杂交繁殖性能比较（一）

母本	数量/窝	产活仔数/头	21 d 成活数/头	35 d 成活数/头	35 d 成活率/%
沙子岭	41	9.2±2.5^a	8.1±2.1^a	7.7±2.0^b	83.28
巴×沙	24	8.0±2.0^b	7.5±1.8^b	7.3±1.8^b	91.19
杜×沙	18	8.1±2.6^b	7.5±2.6^b	7.5±2.6^b	92.31
汉×沙	32	9.4±2.3^a	8.6±2.5^a	8.5±2.3^a	90.70

注：同列数据右上角英文字母相同表示差异不显著（$P>0.05$），大写英文字母不同表示差异极显著（$P<0.01$），小写英文字母不同表示差异显著（$P<0.05$）。下同。

表 4-5　沙子岭母猪及二元杂交繁殖性能比较（二）

母本	数量/窝	初生个体重/kg	初生窝重/kg	21 d 个体重/kg	21 d 窝重/kg	35 d 个体重/kg	35 d 窝重/kg
沙子岭	41	0.9±0.1^b	8.0±2.4^b	3.9±0.7^b	31.1±9.5^B	6.6±1.2^b	50.5±15.9^{Bb}
巴×沙	24	1.1±0.2^a	8.6±2.1	4.8±0.8^a	36.0±10.2^A	7.7±1.4^a	56.7±15.7^{Ab}
杜×沙	18	1.0±0.2^a	8.6±3.6^b	4.3±0.9^{ab}	33.5±15.3^B	6.7±1.4^b	52.4±23.8^{Bb}
汉×沙	32	1.1±0.2^a	10.5±2.9^a	5.0±0.9^a	45.0±13.3^A	8.0±1.3^a	68.5±21.4^{Aa}

表 4-6　沙子岭猪与巴×沙、汉×沙杂交猪育肥性能比较

项　目	巴×沙	汉×沙	沙子岭
始重/kg	27.8±2.9	28.6±2.1	29.5±1.9

续表

项　目		巴×沙	汉×沙	沙子岭
中重/kg		55.0±4.7	53.0±4.4	49.3±1.9
终重/kg		118.9±6.3	117.1±6.7	94.3±1.0
日增重/g	前期	477.2±31.3^a	429.0±45.5^a	348.1±15.7^b
	后期	702.6±30.6^A	704.6±29.3^A	494.5±17.3^B
	全期	615.8±27.0^A	598.4±33.6^A	437.8±10.4^B
料重比	前期	2.92	3.20	3.89
	后期	3.67	3.54	4.35
	全期	3.44	3.45	4.23
每增重 1 kg 饲料成本/元		8.22	8.24	10.10

注：同行数据右上角英文字母相同表示差异不显著（$P>0.05$），大写英文字母不同表示差异极显著（$P<0.01$），小写英文字母不同表示差异显著（$P<0.05$）。下同。

表 4 - 7　沙子岭猪与巴×沙、汉×沙杂交猪胴体品质比较

项　目		巴×沙	汉×沙	沙子岭
宰前活重/kg		123.3±8.3	130.6±7.6	90.5±2.1
胴体重/kg		91.5±5.9	98.8±6.5	66.6±1.7
屠宰率/%		75.7±0.4	77.2±0.8	75.1±0.5
后腿比/%		26.4±0.2	27.6±0.6	24.2±1.9
眼肌面积/cm²		33.24±2.06^A	36.51±2.52^A	21.43±0.78^B
胴体组成/%	肉	47.2±0.8^A	48.1±0.1^A	41.1±1.5^B
	脂	32.0±1.2^B	33.8±0.6^B	38.7±1.7^A
	皮	11.6±0.5	9.8±0.4	12.2±0.4
	骨	9.2±0.5	8.4±0.2	7.2±0.2
肉色评分/分		3.0±0.0	2.8±0.3	3.0±0.0
大理石纹/分		3.1±0.2	2.6±0.1	3.3±0.2

2. 对繁殖性能、育肥性能及胴体品质的测定分析

巴沙组合：背腰较平直、腹部稍大、臀部丰满；平均初产活仔数 8.0 头，初生重 1.1 kg；日增重 615 g（$n=24$），料重比 3.44；胴体瘦肉率 47.2%。

杜沙组合：背腰较平直、腹部稍大、臀部丰满；平均初产活仔数 8.1 头，初生重 1.0 kg。

汉沙组合：背腰较平直、肚稍大、臀部丰满；平均初产活仔数 9.4 头，初生重 1.1 kg；日增重 598.4 g，料重比 3.45；胴体瘦肉率 48.1%。

通过对巴沙组合、汉沙组合和杜沙组合的体形外貌、繁殖性能、育肥性能及胴体品质综合比较，发现巴沙组合繁殖性能较好、生长较快，瘦肉率较高，外貌一致性好，且适应性较强，即确定以巴沙组合作为母系猪参与培育湘沙猪配套系。

（二）商品代猪杂交组合筛选

1. 第一轮筛选

分别以巴沙、汉沙、杜沙为母系猪，以美系巴克夏猪和杜洛克猪为终端父本，开展巴杜沙、杜杜沙、杜汉沙、巴巴沙、巴汉沙、杜巴沙 6 个杂交组合的育肥和胴体品质测定试验及肉质分析。根据各组合育肥性能、胴体品质与肉质指标进行综合评价，杜巴沙组合（日增重 826 g，料重比 3.11：1，胴体瘦肉率 57.0%，肉色评分 3.1 分，大理石纹 3.3 分）优于其他杂交组合，但杜巴沙组合毛色一致性差，分离出了黑色、黑白花、棕色等多种毛色（表 4-8、表 4-9、表 4-10）。

2. 第二轮筛选

开展了三个杂交组合（长汉沙、大汉沙、大巴沙）的筛选试验。为了得到体形外貌一致、生产性能优秀的杂优组合，以汉沙、巴沙为母系猪，分别以美系大约克夏猪和长白猪作终端父本，对大汉沙、长汉沙和大巴沙三个杂交组合进行饲养试验和屠宰测定。结果表明，大巴沙组合全期日增重为 613 g（中等），全期料重比最低为 3.15、屠宰率最高为 73.2%，胴体瘦肉率 58.7%，滴水损失和失水率较低，肉色（3.1 分）和大理石纹（3.3 分）正常，主要指标较理想，表明大巴沙是培育湘沙猪配套系的一个较理想的配套杂交组合，同时大巴沙组合被毛为白色，适合于标准化规模生产优质猪肉。

两轮杂交试验筛选出两个优势组合杜巴沙和大巴沙，经综合分析确定大巴沙为湘沙猪配套系最佳组合（从育肥、胴体、肉质及体形 4 个方面

表 4-8　沙子岭猪及杜巴沙、杜汉沙、巴汉沙等杂交组合育肥性能

项　目		沙子岭	巴杜沙	杜杜沙	杜汉沙	巴巴沙	巴汉沙	杜巴沙
数量/头		20	20	20	20	20	20	20
体重/kg	始重	20.2±1.8	29.2±2.3	24.1±2.7	23.5±2.3	24.4±2.9	27.4±2.3	25.3±2.8
	中重	48.3±4.5	71.3±6.4	65.6±10.0	69.4±9.5	64.6±9.8	72.9±4.9	73.9±4.5
	终重	79.5±6.8	114.1±6.9	110.9±12.8	108.2±14.9	111.7±13.3	106.6±14.1	121.1±8.5
日增重/g	前期	475±56^{Bc}	709±89^{Ab}	704±75^{Ab}	778±95^{Aa}	714±78^{Ab}	771±81^{Aa}	821±53^{Aa}
	后期	547±51^{Bc}	733±84^{Ab}	793±96^{Aa}	681±86^{Ab}	782±56^{Aa}	591±75^{Bc}	875±69^{Aa}
	全期	511±53^{Bc}	730±63^{Ab}	748±80^{Ab}	730±72^{Ab}	751±62^{Ab}	683±76^{Ab}	826±58^{Aa}
料重比	前期	3.63	3.04	3.09	2.90	2.78	2.70	2.70
	后期	4.21	4.05	4.02	4.05	3.64	4.21	3.52
	全期	3.93	3.45	3.46	3.48	3.21	3.46	3.11

注：同行数据右上角英文字母相同表示差异不显著（P＞0.05），大写英文字母不同表示差异极显著（P＜0.01），小写英文字母不同表示差异显著（P＜0.05）。下同。

表 4-9　沙子岭猪及杜巴沙、杜汉沙、巴汉沙等杂交组合胴体品质

项　目	沙子岭	巴杜沙	杜杜沙	杜汉沙	巴巴沙	巴汉沙	杜巴沙
数量/头	4	4	4	4	4	4	4
宰前活重/kg	78.2±5.4	108.2±10.80	98.9±5.0	101.9±7.7	97.1±1.4	103.2±6.8	108.9±6.0
胴体重/kg	53.3±3.3	79.0±8.0	72.0±4.0	72.0±5.1	69.4±1.3	74.3±4.2	75.7±3.5
屠宰率/%	69.4±1.2	73.8±1.0	73.2±1.6	71.4±3.0	71.6±1.6	73.1±0.7	70.4±1.5
后腿比/%	21.9±0.8^{B}	29.5±2.0^{A}	30.3±1.6^{A}	29.6±1.4^{A}	29.4±0.5^{A}	28.4±1.9^{A}	28.5±2.5^{A}

续表

项　目		沙子岭	巴杜沙	杜杜沙	杜汉沙	巴巴沙	巴汉沙	杜巴沙
眼肌面积/cm²		16.73±1.77[Bc]	39.67±2.62[Ab]	36.08±2.81[Ab]	42.75±7.99[Ab]	32.0±3.47[Ab]	34.01±2.58[Ab]	38.84±6.44[Ab]
胴体组成/%	肉	38.9±0.8	53.1±1.6	55.3±3.2	55.9±3.5	54.7±1.1	54.7±3.8	57.0±0.8
	脂	37.7±2.7	28.0±3.9	26.5±3.8	23.3±5.7	25.4±3.9	25.8±3.9	22.5±2.1
	皮	13.3±0.9	8.6±0.5	8.3±1.0	8.4±1.2	9.3±0.2	8.2±0.4	8.7±1.0
	骨	10.1±1.9	11.2±1.8	10.0±0.8	12.0±2.2	11.2±0.9	11.3±0.4	11.8±1.2
肉色评分/分		2.75±0.29	3.25±2.90	3.00±0.41	3.00±0.00	3.13±0.25	3.0±0.41	3.13±0.25
大理石纹/分		2.9±0.3	3.1±0.3	2.6±0.3	2.9±0.5	3.4±0.3	2.9±0.5	3.3±0.3

表 4 - 10　沙子岭猪与杜巴沙、杜汉沙、巴汉沙等杂交组合肌肉肉质

组合	头半棘肌 pH₁	背最长肌 pH₁	24 h 嫩度/(kg·f)	熟肉率/%	滴水损失/%	失水率/%
沙子岭猪	6.71±0.06	6.22±0.19	2.9±1.0	66.42±2.67[ABab]	1.84±0.60	14.82±4.10[ABab]
杜巴沙	6.67±0.28	6.40±0.10	2.8±0.4	63.27±1.88[Bb]	1.49±0.16	16.67±5.11[Bb]
巴巴沙	6.61±0.18	6.36±0.15	2.4±0.4	69.06±4.61[Aa]	1.34±0.22	12.22±8.28[Aa]
杜杜沙	6.74±0.10	6.31±0.12	3.0±0.5	63.73±1.49[b]	1.65±0.48	11.85±1.93[ABb]
巴杜沙	6.60±0.13	6.47±0.29	2.6±0.7	64.77±1.28[b]	1.53±0.27	10.92±3.02[ABb]
杜汉沙	6.63±0.21	6.21±0.28	2.9±0.7	62.94±1.96[Bb]	2.00±0.80	17.08±3.94[Bb]
巴汉沙	6.78±0.21	6.29±0.24	3.0±0.4	64.30±2.83[b]	1.25±0.18	15.38±4.73[ABb]

注：同列数据右上角英文字母相同表示差异不显著（$P>0.05$），大写英文字母不同表示差异极显著（$P<0.01$），小写英文字母不同表示差异显著（$P<0.05$）。

综合考虑）。该组合日增重 613 g、料重比 3.15、胴体瘦肉率 58.7%，肉质优良。三个杂交组合育肥性能和胴体品质比较分别见表 4-11、表 4-12。

表 4-11 三个杂交组合育肥性能比较

项 目		大汉沙	长汉沙	大巴沙
始重/kg		24.6±4.4	26.9±3.5	25.1±5.1
中重/kg		73.0±11.4	71.7±3.5	71.9±6.1
终重/kg		104.3±13.3	102.3±14.5	101.7±8.1
日增重/g	前期	576.2±89.6	533.3±91.0	557.9±48.9
	后期	762.4±121.9	746.3±118.6	725.6±145.7
	全期	637.3±84.0	603.2±89.1	612.9±56.1
料重比	前期	2.73	2.69	2.52
	后期	3.41	3.32	3.38
	全期	3.37	3.26	3.15

表 4-12 三个杂交组合胴体品质比较

项 目		大汉沙	长汉沙	大巴沙
数量/头		4	4	4
宰前活重/kg		100.2±3.4	107.98±9.32	104.53±9.19
胴体重/kg		71.0±4.0	77.9±7.7	75.3±8.6
屠宰率/%		71.8±1.9	73.1±1.0	73.2±1.8
后腿比/%		32.4±3.3	30.5±2.0	30.6±1.4
眼肌面积/cm²		48.13±3.42[b]	55.25±9.09[a]	47.72±8.03[b]
肉色评分/分		2.9±0.3	2.8±0.5	3.1±0.3
大理石纹/分		2.8±0.3	2.6±0.5	3.3±0.3
胴体组成/%	肉	61.2±2.8	63.8±4.6	58.7±4.9
	脂	21.8±4.2	19.6±5.7	22.1±5.8
	皮	6.0±0.6	5.8±0.4	7.2±2.2
	骨	11.0±1.3	10.9±1.4	12.0±1.1

注：同行数据右上角英文字母相同表示差异不显著（$P > 0.05$），大写英文字母不同表示差异极显著（$P < 0.01$），小写英文字母不同表示差异显著（$P < 0.05$）。

六、专门化品系选育

湘沙猪配套系由三个专门化品系组成。XS3 系：母系母本，以沙子岭猪为育种材料，通过选优提纯建立；XS2 系：母系父本，以巴克夏猪为育种材料，通过选优提纯建立；XS1 系：终端父本，以大约克夏猪为育种材料，通过选优提纯建立。

各专门化品系的育种基础群均采用开放核心群、群体继代选育法进行选育，要求一年一个世代。通过纯系个体性能测定和系间配合力测定获取纯种和杂种的生产性能信息，采用综合选择指数评定个体种用价值，快速提高纯化育种群，形成性能稳定、各具特色的专门化品系。

（一）XS3 系选育

1. 选育目标

①体形外貌符合沙子岭猪品种特征；②经产母猪总产仔数 11 头以上，产活仔数 10 头以上；③达 50 kg 体重日龄公猪为 195 d，母猪为 190 d；50 kg 体重时公猪背膘厚 16 mm，母猪背膘厚 18 mm；胴体瘦肉率 40% 以上，料重比 4.5∶1 以下；④群体规模：公猪 6 个家系以上，基础母猪 300 头以上。

2. 选育方法

（1）选育技术路线

采用群体继代选育法进行纯种选育，以繁殖力和生长速度为选育重点，重点选择产仔数、达 50 kg 体重日龄和背膘厚，根据综合选择指数高低结合体形外貌评分留种。选育过程中逐步将基础母猪扩群至 300 头以上。

（2）基础群组建

从沙子岭猪保种群体中选择生长发育正常、雄性特征明显的 10 头公猪（10 个家系）和繁殖性能好的 146 头母猪组成育种基础群。

（3）种猪的选留

在断奶、保育、5～6 月龄和配种前后 4 个阶段进行选留种。仔猪断奶时进行初选，初选的依据是个体本身体形外貌、生长发育情况和母猪的繁殖成绩。在保育阶段进行二选，二选的依据是个体生长发育情况；在 5～6 月龄时对其生长性能进行测定，测定指标主要有：6 月龄体尺、达 50 kg 体重日龄和活体背膘厚。再利用以下公式将其校正为达 50 kg 体重日龄（d）和活体背膘厚：

后备公猪达 50 kg 体重日龄校正公式：

$$t_{50} = t_{实} \times 65.19 \times \left(\frac{1 - 0.004566w_{实}}{w_{实}} \right)$$

后备母猪达 50 kg 体重日龄校正公式：

$$t_{50} = t_{实} \times \left(1 + \frac{50 - w_{实}}{1.408w_{实}} \right)$$

后备公猪达 50 kg 体重活体背膘厚校正公式：

$$Bf_{校正} = Bf_{实} \times \left(\frac{17.206}{0.328w_{实} + 1.016} \right)$$

后备母猪为 50 kg 体重活体背膘厚校正公式：

$$Bf_{校正} = Bf_{实} \times \left(\frac{132.0827}{82.0827 + w_{实}} \right)$$

上述四个公式中，t_{50} 指达 50 kg 校正日龄；$t_{实}$ 指测定时的实际日龄；$w_{实}$ 指测定时的实际体重；$Bf_{校正}$ 指 50 kg 体重校正的活体背膘厚；$Bf_{实}$ 指测定时的实际活体背膘厚。

按达 50 kg 体重日龄、活体背膘厚和总产仔数的相对重要性 40%、30%和 30%，制定沙子岭猪综合选择指数如下：

$$I = 200 - 76.27 \times \frac{P_1}{\overline{P_1}} - 46.05 \times \frac{P_2}{\overline{P_2}} + 22.33 \times \frac{P_3}{\overline{P_3}}$$

其中 $\overline{P_1}$、$\overline{P_2}$、$\overline{P_3}$ 分别表示达 50 kg 体重日龄、50 kg 体重活体背膘厚、总产仔数的群体平均值。

性能测定完成后，计算出综合选择指数，根据综合选择指数高低排序，并结合体形外貌评分由高到低进行选留。

在配种前后进行四选，依据生长发育情况、母猪发情表现、公猪性欲及精液质量等进行选留。

（4）选配方法

采用"各家系尽可能都留种、特别优秀家系多留"的留种原则进行扩群繁殖，实施各公猪家系间轮流交叉配种，繁殖性能特别优秀的少数种猪允许跨代使用，即实施适度世代重叠的选配制度。

3. 选育结果

（1）体形外貌

体形外貌符合沙子岭猪品种特征，毛色为"点头墨尾"，即头部和臀部为黑色，其他部位为白色，个别猪背腰部有隐花。头短而宽，嘴筒齐，面微凹，耳中等大、蝶形，额部有皱纹，背腰较平直，腹大不拖地。腿臀欠丰满，四肢粗壮，后肢开张。乳头数 7 对以上。

（2）选育结果

2012—2018 年，通过 6 年 5 个世代的持续选育。XS3 系经产母猪总产仔数达到 11.18 头，产活仔数 10.3 头；达 50 kg 体重日龄：公猪193.9 d，母猪 185.7 d；达 50 kg 体重日龄背膘厚：公猪 15.6 mm，母猪 17.9 mm；胴体瘦肉率 42.9%，料重比 4.05；公猪 10 个家系，母猪 300 头以上。

（3）主选性状的表型进展

XS3 系猪主选性状总产仔数、达 50 kg 体重日龄和 50 kg 体重背膘厚的表型进展见图 4-1、图 4-2 和图 4-3。如图 4-1 所示，初产母猪总产仔数年度表型进展最大为 0.2 头，累计表型进展为 0.6 头；经产母猪总产

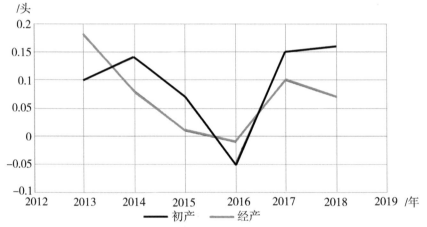

图 4-1　XS3 系母猪总产仔数表型进展

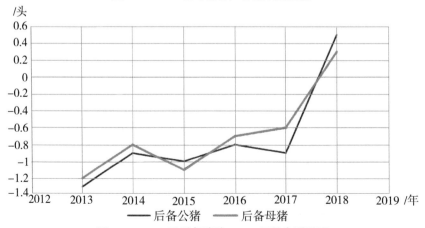

图 4-2　XS3 系后备猪达 50 kg 日龄表型进展

图 4 - 3　XS3 系后备猪达 50 kg 体重活体背膘厚表型进展

仔数年度表型进展最大为 0.2 头，累计表型进展为 0.4 头。如图 4 - 2 所示，后备公猪达 50 kg 日龄年度表型进展最大为 -1.3 d，累计表型进展为 -4.4 d；后备母猪达 50 kg 日龄年度表型进展最大为 -1.2 d，累计表型进展为 -4.1 d。如图 4 - 3 所示，后备公猪达 50 kg 体重活体背膘厚年度表型进展最大为 -0.7 mm，累计表型进展为 -1.3 mm；后备母猪达 50 kg 体重活体背膘厚年度表型进展最大为 -0.5 mm，累计表型进展为 -1.6 mm。

（二）XS2 系选育

1. 选育目标

①体形外貌符合巴克夏猪品种特征；②经产母猪总产仔数 10 头以上，产活仔数 9.5 头以上；③达 100 kg 体重日龄公猪 170 d，母猪 172 d；100 kg 体重背膘厚公猪 13 mm，母猪 14 mm；胴体瘦肉率 59% 以上，料重比 3:1 以下；④群体规模：公猪 6 个家系以上，基础母猪 300 头以上。

2. 选育方法

（1）选育技术路线

以生长速度和瘦肉率为主选性状，兼顾繁殖性能和肉质；严格按照种猪性能测定标准，开展性能测定和选种选配，经多个世代选育，获得生产性能高、遗传性能稳定的新种群。选育过程中逐步将基础母猪扩群至 300 头以上。

（2）基础群组建

育种基础群以引进的巴克夏原种猪及其后代组成，其中公猪 11 头（6 个家系）和母猪 80 头。

（3）种猪的选留

在断奶、保育、5~6 月龄和配种前后 4 个阶段进行选留种，仔猪断奶时进行初选，初选的依据主要是父母代育种值及体形外貌；保育阶段进行二选，二选的依据主要是个体生长发育情况等；5~6 月龄开展性能测定：测定指标主要有达 100 kg 体重日龄和活体背膘厚，根据测定的结果，利用 BLUP 法计算各性状的估计育种值，并计算综合选择指数，主要依据父系指数的高低并结合体形外貌评分综合选留后备猪；在配种前后进行四选，主要依据种猪发情情况和生产性能等进行选留。

（4）选配方法

采用"各家系尽可能都留种、特别优秀家系多留"的留种原则进行扩群繁殖，实施各公猪家系间轮流交叉配种，繁殖性能特别优秀的少数种猪允许跨代使用，即实施适度世代重叠的选配制度。

3. 选育结果

（1）体形外貌

体形外貌符合巴克夏猪品种特征，全身被毛黑色（仅嘴筒、尾和四肢末端为白色），整体毛色呈"六白"特征，头短小，嘴筒短，颜面稍凹，两耳竖立微前倾，颈粗短，胸深宽，背腰平直，四肢短而有力，躯体形似圆筒状。乳头数 6 对以上。

（2）选育结果

2012—2018 年，通过 6 年 5 个世代的持续选育。XS2 系经产母猪总产仔数达到 10.2 头，产活仔数 9.8 头；达 100 kg 体重日龄：公猪 168.8 d，母猪 169.7 d；达 100 kg 体重日龄背膘厚：公猪 12.5 mm，母猪 13.5 mm；胴体瘦肉率 63.4%，料重比 2.91：1；公猪 9 个家系，母猪 312 头。

（3）主选性状的遗传进展

XS2 系在 2013—2018 年目标体重日龄、背膘厚和总产仔数 EBV 值见表 4 - 13。从图 4 - 4 可以看出，目标体重日龄 EBV 值和背膘厚 EBV 值在 2014 年以后均逐渐降低，总产仔数 EBV 值变化不大，说明经过 6 年的选育，XS2 系生长性能遗传进展明显，而繁殖性能无明显遗传进展。

表 4 - 13　XS2 系主选性状的遗传进展

年份	日龄 EBV	背膘厚 EBV	总产仔数 EBV
2013	0.2686	0.1792	−0.0146
2014	0.4913	0.0644	0.1063
2015	0.5246	−0.0523	−0.1129
2016	0.3437	−0.1440	0.0892
2017	0.1032	−0.2701	−0.0096
2018	0.0041	−0.3058	0.0123

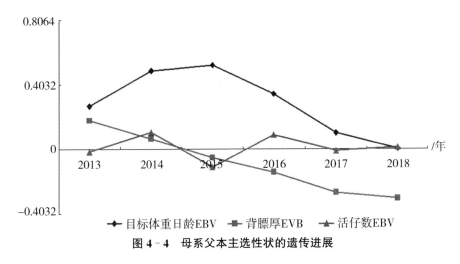

图 4-4　母系父本主选性状的遗传进展

（三）XS1 系选育

1. 选育目标

①体形外貌符合大约克夏猪品种特征；②达 100 kg 体重日龄公猪 166 d，母猪 168 d；100 kg 体重背膘厚公猪 10 mm，母猪 11 mm；胴体瘦肉率 65% 以上，料重比 2.6∶1 以下；③群体规模：公猪 6 个家系以上，基础母猪 300 头以上。

2. 选育方法

（1）选育技术路线

以生长速度和瘦肉率为主选性状，严格按照种猪性能测定标准，开展性能测定和选种选配，经多个世代选育，获得生产性能高、遗传性能稳定的新种群。

（2）基础群组建

育种基础群以引进的大约克夏原种猪及其后代组成，其中公猪 15 头（8 个家系）和母猪 300 头。

（3）种猪的选留

在断奶、保育、5～6 月龄和配种前后 4 个阶段进行选留种，仔猪断奶时进行初选，初选的依据主要是父母代育种值及体形外貌；保育阶段进行二选，二选的依据主要是个体生长发育情况等；5～6 月龄开展性能测定：测定指标主要有达 100 kg 体重日龄和活体背膘厚，并结合总产仔数结果，利用 BLUP 法计算各性状的估计育种值和综合选择指数，主要依据母系指数的高低并结合体形外貌评分综合选留后备猪；在配种前后进行四选，主要依据种猪发情情况和生产性能等进行选留。

（4）选配方法

采用"各家系尽可能都留种、特别优秀家系多留"的留种原则进行扩群繁殖，实施各公猪家系间轮流交叉配种，繁殖性能特别优秀的少数种猪允许跨代使用，即实施适度世代重叠的选配制度。

3. 选育结果

（1）体形外貌

体形外貌符合大约克夏猪品种特征，体型大，毛色全白，头长直，中等大小，颜面宽呈中等凹陷，耳大直立。背腰平直，腹线平直，四肢粗壮结实，肌肉附着紧凑，前躯宽、后躯丰满。乳头数 7 对以上。

（2）选育结果

2012—2018 年，通过 6 年 5 个世代的持续选育。XS1 系经产母猪总产仔数达到 11.8 头，产活仔数 11.4 头；达 100 kg 体重日龄：公猪 165.4 d，母猪 166.5 d；达 100 kg 体重日龄背膘厚：公猪 9.9 mm，母猪 10.8 mm；胴体瘦肉率 69.9%，料重比 2.59 ∶ 1；公猪 8 个家系，母猪 906 头。

（3）主选性状的遗传进展

表 4 - 14 为 XS1 系 2013—2018 年目标体重日龄、背膘厚和总产仔数 EBV 值。从图 4 - 5 可以看出，XS1 系目标体重日龄和背膘厚整体呈下降趋势，总产仔数 EBV 值在 2014 年以后呈上升趋势，说明经过 6 年的选育，XS1 系生长性能和繁殖性能遗传进展明显。

表 4 - 14　XS1 系主选性状的遗传进展

出生年份	日龄 EBV	背膘厚 EBV	总产仔数 EBV
2013	0.1956	0.0274	0.0279
2014	0.1845	0.0190	−0.0092
2015	0.0573	−0.0139	−0.0710
2016	0.1818	−0.0376	0.1550
2017	0.0787	−0.0381	0.1949
2018	−0.1188	−0.0326	0.1628

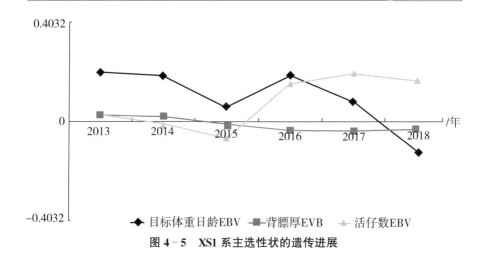

图 4-5　XS1 系主选性状的遗传进展

七、配合力测定

为确定 XS1 系、XS2 系在配套系中的位置，课题组对 XS2×（XS1·XS3）、XS1×（XS2·XS3）两个配套杂交组合进行了配合力测定。

（一）品系组合

试验选择体重 30 kg 左右、生长发育正常的配套系亲本 XS1 系和 XS2 系各 20 头，XS3 系及杂交组合 XS2×（XS1·XS3）、XS1×（XS2·XS3）各 30 头，共 130 头，按照品系及杂交组合不同分为五组。即 XS1 系组、XS2 系组、XS3 系组、XS2×（XS1·XS3）组和 XS1×（XS2·XS3）组。

（二）试验设计

试验采用单因子试验设计，所有试验猪在相同日粮营养水平条件下进行饲养试验和屠宰测定。

（三）效果评估

XS1×（XS2·XS3）组合全期日增重（816.3 g）高于 XS2×（XS1·XS3）组合（747.1 g）；料重比（3.01）低于 XS2×（XS1·XS3）组合（3.18）。XS1×（XS2·XS3）组合屠宰率（71.1%）高于 XS2×（XS1·XS3）组合（70.5%），瘦肉率（61.6%）高于 XS2×（XS1·XS3）组合（52.5%）。XS1×（XS2·XS3）组合日增重的杂交优势率为 10.56%，比 XS2×（XS1·XS3）高 6.4%；XS1×（XS2·XS3）组合料重比杂交优势率为−0.90%，优于 XS2×（XS1·XS3）（2.08%）；平均背膘厚，XS1×

（XS2·XS3）组合有较强的负向杂交优势（－13.52%），而 XS2×（XS1·
XS3）有较强的正向杂交优势（16.57%）；肋骨对数，XS2×（XS1·
XS3）和 XS1×（XS2·XS3）的杂交优势均为 1.69%；瘦肉率，XS1×
（XS2·XS3）杂交优势率为 4.95%，而 XS2×（XS1·XS3）为－7.53%。

综合以上说明：XS1×（XS2·XS3）组合表现优秀，品系间配合力
好，与 XS2×（XS1·XS3）组合相比，XS1×（XS2·XS3）组合具有生长
快、饲料报酬高、背膘薄、瘦肉率高、肉质佳等特点，主要育肥和胴体
性状杂交优势明显，是湘沙猪配套系的最佳配套组合（表 4－15、表 4－
16、表 4－17）。

表 4－15　XS2×（XS1·XS3）和 XS1×（XS2·XS3）育肥性状表型值与杂交优势率

项　　目		XS1	XS2	XS3	XS2×（XS1·XS3）	XS1×（XS2·XS3）
试验猪数/头		20	20	30	30	30
试验天数/d		85	85	75	75	75
始测体重/kg		31.6	32.9	32.5	33.4	35.3
终测体重/kg		102.5	97.0	71.3	89.4	96.5
日增重/g		840.0	755.8	517.5	747.1	816.3
料重比		2.59	2.91	4.05	3.18	3.01
杂交优势率/%	日增重				4.16	10.56
	料重比				2.08	－0.90

表 4－16　XS2×（XS1·XS3）和 XS1×（XS2·XS3）胴体性状表型值与杂交优势率

项　　目	XS1	XS2	XS3	XS2×（XS1·XS3）	XS1×（XS2·XS3）
测定头数/头	6	6	6	6	6
宰前活重/kg	101.5±2.8	101.5±8.8	82.5±8.0	93.0±4.5	100.0±3.3
胴体重/kg	73.7±5.5	71.2±2.0	56.3±5.8	65.5±3.5	71.0±1.8
屠宰率/%	72.7±1.1	70.2±2.3	68.2±1.6	70.5±1.9	71.1±3.5
肋骨对数/对	15.0±0.8	15.0±0.5	14.0±0.4	15.0±0.5	15.0±0.8
眼肌面积/cm²	45.58±3.55	38.24±2.83	18.80±0.74	31.77±3.8	38.97±3.59
腿臀比例/%	34.2±1.0	33.0±1.5	27.7±0.8	30.6±1.0	31.6±0.7
瘦肉率/%	66.8±2.2	59.3±2.6	41.6±1.7	52.5±4.7	61.6±2.8

续表

项　目		XS1	XS2	XS3	XS2×(XS1・XS3)	XS1×(XS2・XS3)
胴体性状杂交优势率/%	屠宰率				−0.47	0.28
	肋骨对数				1.69	1.69
	眼肌面积				−9.78	5.18
	腿臀比例				−4.36	−2.07
	瘦肉率				−7.53	4.95

表 4−17　XS2×(XS1×XS3) 和 XS1×(XS2・XS3) 肉质性状表型值与杂交优势率

项　目		XS1	XS2	XS3	XS2×(XS1・XS3)	XS1×(XS2・XS3)
测定头数/头		6	6	6	6	6
肉色评分/分		3.5±0.0	3.5±0.0	3.5±0.2	3.5±0.0	3.5±0.0
大理石纹/分		2.1±0.4	3.8±1.0	3.0±0.4	3.2±0.4	2.8±0.3
pH_1 值		6.25±0.08	6.28±0.08	6.29±0.13	6.21±0.07	6.23±0.08
滴水损失$_{48h}$/%		2.22±0.27	2.34±0.32	2.20±0.30	2.31±0.33	3.05±0.73
失水率/%		4.68±0.60	4.37±0.65	4.78±0.52	4.31±0.99	4.55±0.58
系水力/%		93.68±0.80	94.03±0.90	93.48±0.72	94.14±1.33	93.83±0.78
肌内脂肪/%		2.04±0.36	3.68±0.99	3.21±0.43	3.20±0.38	2.91±0.36
肉质性状杂交优势率/%	肉色评分				0	0
	大理石纹				−0.3	0
	pH_1 值				−1.04	−0.6
	滴水损失				1.54	3.59
	失水率				−5.27	−1.67
	系水力				0.36	0.05
	肌内脂肪				1.51	6.11

八、中间试验

按照配套系育种技术规定，选育的湘沙猪配套系必须进行中间试验

（以下称中试），中试效果好才能进行推广应用。为此，课题组根据湘牧渔函〔2016〕37号《关于同意开展湘沙猪配套系中间试验的批复》，于2015年至2018年进行了中试和示范推广。

（一）试验地点

在湘潭市所属5个县（市、区）及湖南省内周边地市开展中试推广。选择湘潭飞龙牧业有限公司、湘潭县龙湖清农业发展有限公司、湘潭其利养殖有限公司、湘潭县梅林桥镇合龙养殖场、湘乡龙兴农牧有限公司为中试单位，开展中试试验。中试试验由课题组派技术人员到现场指导，按相对一致的饲养标准配制饲料，及时做好饲料消耗及称重等试验记录，邀请专家现场进行屠宰测定；湘沙猪配套系推广过程中，重点是明确推广任务、组织技术培训，发放养殖技术资料，要求养殖场户按照饲养管理和疫病防控技术规范做好日常管理和数据记录工作，确保生产正常稳定，专人负责收集统计数据资料。

（二）效果评估

中试结果表明，湘沙猪配套系体形外貌一致性强，各项性能优良；父母代母猪乳头数平均14个，初产母猪产仔数11.3头，经产12.6头；湘沙猪配套系商品代30～100 kg育肥期间，日增重（709.5±37.56）g，料重比3.19∶1；100 kg左右屠宰，屠宰率（72.26±1.75）%，瘦肉率（60.52±2.57）%，眼肌面积（39.89±4.15）cm²，后腿比例（31.06±1.22）%；肌肉pH₁值6.49±0.18，系水力为（93.18±1.39）%，储存损失（1.87±0.34）%，肌内脂肪（3.08±0.86）%；肉色评分3.21±0.29、大理石纹评分3.30±0.64，处于正常范围。

中试单位及养殖场（户）反映，湘沙猪配套系适应性好，耐粗饲，抗病力强，容易饲养，营养水平要求不高；母猪发情明显，容易配种，受胎率高，产仔多；育肥猪生长快，饲料转化率较高，肉质优良，以其加工的中乳猪和毛氏红烧肉口感好，深受消费者青睐。

第二节　湘沙猪繁殖技术

一、生殖生理

公猪性成熟是指公猪生殖器官及其功能已发育完全，具备正常繁殖能力。湘沙猪配套系选用外来品种为终端父本，公猪一般在8～10月龄具备繁殖的生理基础。公猪达到初情期后，在神经和激素的支配和作用下，表现性欲冲动、求偶和交配三方面的反射，统称为性行为。公猪发育到初情期时，随着性器官和性功能的发育，能在生殖激素的作用下，通过神经如嗅、视、触、听等接受刺激，而对母猪发生性反射，并以性行为表现出来。

母猪性成熟是指母猪生殖器官及其功能已发育完全，具备正常生殖能力。母猪性成熟后，会出现各种发情表现：几乎所有母猪表现为阴户肿胀，60.0%的母猪表现为有食欲，80.0%的母猪表现为鸣叫，26.7%的母猪表现为阴户流黏液，26.7%的母猪表现为尿频，接受爬跨的母猪占 67.0%。发情期接受爬跨的持续时间为 2 d 左右。

二、初情期与初配日龄

公猪的初情期是指公猪第 1 次射出成熟精子的年龄。湘沙猪配套系中 XS3 系公猪的生殖器官及副性腺在其 30 日龄前发育缓慢，30 日龄到 90 日龄发育较快，其后发育减慢；在公猪 90 日龄时，血浆中睾丸酮明显升高，所以公猪在 60 日龄已进入初情期。初情期公猪的生殖器官及其功能还未发育完全，一般不宜此时参加配种，否则会降低受胎率与产仔数，并影响公猪生殖器官的正常生长发育。XS3 系公猪在 30 日龄即有爬跨行为，55～60 日龄能伸出阴茎，100 日龄已有配种能力，5 月龄可正式配种。

母猪的初情期是指母猪初次发情排卵的年龄。此时的生殖器官及其功能还未发育完全，发情周期往往也不正常，一般不宜参加配种，否则会使受胎率与产仔数降低，并影响生殖器官的正常生长发育。湘沙猪配套系中 XS3 系母猪第 1 次发情的平均日龄为 106 d，最早为 71 d。组织学观察发现，母猪 60 日龄时有早期成熟卵泡，90 日龄有成熟卵泡，初产母猪平均排卵数 10.25 个，经产母猪平均排卵数 19 个；XS3 系母猪最早有 123 日龄配种受胎的。XS3 系母猪第 3 次发情即可配种，此时体重约 25 kg。

研究表明，湘沙猪配套系父母代母猪初次发情日龄为 181.30～182.65 d，初情期体重为 81.60～84.85 kg，初次发情持续时间 3.60～3.80 d。

三、发情表现

母猪的发情周期大致可分为 4 个时期，即发情前期、发情期、发情后期和间情期。在发情前期，母猪举动不安，外阴红肿，阴道有黏液分泌，此时的母猪不允许公猪爬跨；在发情期，母猪外阴肿胀且红色开始消退，阴道分泌物变浓稠，黏度增加，此时按压母猪背部会有呆立反应，母猪双耳竖起向后且后肢紧绷，同时可能伴有追赶饲养员的行为，此时是配种的最佳时机；在发情后期，母猪外阴逐步恢复正常，对公猪失去兴趣，不再允许公猪爬跨；间情期，母猪完全恢复正常状态。

四、发情鉴定

通过发情鉴定，可以判断母猪的发情阶段，预测排卵时间，以确定适宜配种期，及时进行配种或人工授精，从而达到提高受胎率的目的。同时还可以观察母猪发情是否正常，以便发现问题，及时加以解决。常用的发情鉴定方法有以下几种。

（一）时间鉴定法

湘沙猪配套系母猪发情明显，发情持续时间一般为 3～5 d，在此范围内，发情持续时间因母猪年龄、体况等不同而有差异。一般在母猪发情后 20 h 内配种容易受胎。老龄母猪发情时间较短，排卵时间会提前，应提前配种；青年母猪发情时间长，排卵期相应往后移，宜晚配，中年母猪发情时间适中，应该在发情中期配种。所以母猪配种就年龄来讲，应遵守"老配早、小配晚、不老不小配中间"的原则。

（二）精神状态鉴定法

母猪开始发情时对周围环境十分敏感，会出现兴奋不安、食欲下降、嚎叫、拱地、两前肢跨上栏杆、两耳耸立、东张西望的现象，随后性欲趋向旺盛。在群体饲养的情况下，母猪还会爬跨其他猪，随着发情高潮的到来，上述表现愈来愈频繁，随后母猪食欲由低谷开始回升，嚎叫频率逐渐减少，呆滞，愿意接受其他猪爬跨，此时配种最佳。

（三）外阴部变化鉴定法

母猪发情时外阴部明显充血、肿胀，而后阴门充血、肿胀更加明显，阴唇内黏膜随着发情盛期的到来，变为淡红或血红色，黏液量多而稀薄。随后母猪阴门变为淡红色、微皱、稍干，阴唇内黏膜血红色开始减退，黏液由稀转稠，此时母猪进入发情末期，是配种的最佳时期。简而言之，母猪外阴由硬变软再变硬，阴唇内黏膜颜色由浅变深再变浅，正是配种最佳时期。

（四）爬跨鉴定法

母猪发情到一定程度，不仅接受公猪爬跨，同时愿意接受其他母猪爬跨，甚至主动爬跨别的母猪。用公猪试情，母猪极为兴奋，头对头地嗅闻，公猪爬跨时则静立不动，正是配种良机。

（五）按压鉴定法

用手压母猪背腰后部，如母猪四肢前后活动，不安静，又哼叫，这表明尚在发情初期或已到了发情后期，此时不宜配种；如果按压后母猪不哼不叫，四肢叉开，呆立不动，弓腰，出现"静立反射"现象，这是母猪发情最旺的阶段，是配种最佳时期。

五、配种方式

湘沙猪配套系是利用沙子岭猪与引进品种经多年选育而成的三系配套优质猪。生产中按交配时的亲缘关系不同，配种方式可分为纯繁配种和杂交配种两种。

（一）纯繁配种

用同一品种或品系内的公、母猪进行交配繁殖，称为纯繁配种。同一品种或品系的公母猪，具有基本相同的基因，它们交配繁殖后，一般可以保持与亲本相同或相似的遗传性状。在纯种配种的范围内，有近亲配种、远亲配种和品系配种三种方法。

（二）杂交配种

将不同品种或品系的公母猪进行交配叫杂交配种。由于杂交配种的公母种猪生殖细胞染色体内的基因有很大的差异，杂种后代的遗传基础得到丰富和扩大，不仅可以在优良的表现型性状方面兼有父母亲本的特征，而且还可以兼有父母亲本的非表现型性状。

此外，配种方式也可分为本交（自然配种）和人工授精两种方式。

六、人工授精

目前，人工授精技术已广泛应用于养猪生产中。猪人工授精就是利用器械采集公猪精液，经科学处理后，再输入母猪的生殖道内，使母猪妊娠受胎。猪人工授精技术是以种猪的培育和商品猪的生产为目的而采用的最简单有效的方法，是进行科学养猪、实现养猪生产现代化的重要方式。采用人工授精，可将公猪精液进行处理保存一定时间，携带方便，经济实惠，并能保证质量和适时配种，从而促进养猪业经济社会效益的提高。同时也可克服公猪、母猪体型大小差异不易交配的困难。该项技术操作简单，容易推广普及。目前，猪的精液常温保存技术已经相当成功，为这项技术的推广提供了技术保障。猪人工授精一般包括以下几个环节。

（一）调教公猪

XS1 系、XS2 系后备公猪一般 6～7 月龄开始采精调教，XS3 系后备公猪一般 5 月龄开始采精调教。每次调教时间不超过 15 min，一旦采精获得成功，分别在第 2～3 d 再采精 1 次。方法是将成年公猪的精液、包皮内分泌物或发情母猪尿液涂在假母猪上，将公猪引至假母猪旁训练其爬跨，每天调教 1 次，调教公猪要有耐心，还要注意公猪和调教人员的安全。

（二）人工采精

采精应在采精室内进行。采精室应清洁卫生，安静无干扰，地面平坦不滑。操作人员一手戴胶手套，另一手持保温提锅（内装已消毒的烧杯）用于精液收集，用 0.1% 高锰酸钾溶液清洗公猪腹部和包皮，再用温水清洗干净，避免残留药液对精子的伤害。挤出包皮内的积尿，按摩包皮，刺激其爬跨假母猪，待公猪爬跨假母猪并伸出阴茎，脱去外层手套，用手（大拇指与龟头相反方向）握住伸出的阴茎螺旋状龟头，顺其向前冲力将阴茎的"S"状弯曲拉直。握紧阴茎龟头防止其旋转。待公猪射精时用滤纸过滤收集全部精液于保温提锅中的烧杯内，最初射出的少量（5 mL 左右）精液不接取，直到公猪射精完毕，一般射精时间为 5～7 min。

采精频率以单位时间内获得最多的有效精子数来决定。做到定时、定点、定人。成年公猪每周采精不超过 3 次，青年公猪每周 1 次。即使不需要精液，所有采精公猪每周也应采精 1 次，以保持公猪性欲和精液的质量。

（三）精液品质的检查

通常检测精液的颜色、气味、pH 值、精子活力、精子密度、精子畸形率等指标。

正常的精液颜色是乳白色或浅灰白色，精子密度越高，色泽越浓，其透明度越低。如带有绿色或黄色是混有尿液，若带有淡红色或红褐色是含有血液，这样的精液应舍弃不用。猪精液略带腥味，如有异常气味应废弃。猪精液 pH 值正常范围为 6.8～7.5。

精子活力是指呈直线运动的精子所占的百分率，在显微镜下观察。检查精子活力时要求载玻片和盖玻片都在 37℃ 预热。

精子密度是指每毫升精液中所含的精子数，是确定稀释倍数的重要指标，要求用专用精液密度仪测定。

精子畸形率是指异常精子的百分率，一般要求畸形率不超过 18％，其测定可用普通显微镜，但需伊红或吉姆萨染色，公猪使用过频或高温环境会出现精子尾部带有原生质滴的畸形精子。畸形精子种类很多，如巨型精子、短小精子、双头或双尾精子，顶体膨胀或脱落、精子头部残缺或尾部分离、尾部变曲。要求每头公猪每两周检查一次精子畸形率。

（四）精液的稀释与保存

青年公猪射精量一般为 80～150 mL，成年公猪为 100～350 mL，用精子密度仪、血细胞计数板或目测法测定原精密度后，当精子活力在 70％ 以上，畸形率小于 20％ 时，应计算精液稀释份数，如原精 200 mL，密度为每毫升 20 亿个，按每次输入 80 mL，含有 40 亿个精子计算，则添加稀释液为（200 mL×20 亿)/(40 亿×80 mL)－200 mL＝600 mL 即可。在稀释时，要特别注意精液与稀释液及容器温差在 0.5℃ 以内，稀释液与原精按 1：(1～2) 等量分批缓慢用玻璃棒引流至精液中，并轻轻搅匀后再次测定精子活力，待合格后进行分装，并在精液瓶上填写好公猪号和品种。分装好后在室温下放置 1h 或用毛巾包严后直接放入 17℃ 恒温箱中，每天早、晚各摇匀 1 次，减少精子凝聚死亡。稀释精液保存应根据稀释液保存期限决定，一般应在 2～3 d 用完。

（五）精液运输

精液运输过程控制得好，运到千里之外，仍可做到精子活力强，使用效果好，受胎率和产仔数不受影响。精液运输中要做好保温和防震工作。高温天气，应在双层泡沫箱中放入恒温胶（17℃ 恒温），再将精液放入后进行运输。严寒季节，在保温箱内用恒温乳胶或棉絮等保温。精液运输过程中，还要特别注意防震。精液运输到猪场后，不同品种精液应分开放置，及时详细填写"精液配送表"。

（六）适时输精

准确判定母猪发情是提高受胎率的基础。在后备母猪达到适配年龄和母猪断奶后，应早、晚各进行 1 次发情观察。每天检查发情的次数越多，判断母猪的发情情况越准确。最合适的输精时间应在母猪静立发情开始后 18～30 h 进行。一般情况下，上午发现呆立反应的母猪，下午应输精 1 次，第 2 d 下午再进行第 2 次输精；下午发现呆立反应的母猪，第 2 d 上午输精 1 次，第 3 d 上午再进行第 2 次输精。

输精时，先用自来水清洗母猪阴户，最好再用高锰酸钾溶液消毒，将输精管涂以少许稀释液或精液使之润滑，再将输精管先稍斜向上方，然后水平方向插入阴户，边旋转边插入，待遇到阻力后，稍停顿，轻轻刺激子宫颈 10～20 s，感觉到子宫颈口已张开，输精管可继续向内深入，直至插入子宫内不能前进为止，然后向外拉动一点，输精员右手持注射器，缓慢将精液注入子宫内，输精时间持续 3～10 min。为了防止精液倒流，输完精后，不要急于拔出输精管，将精液瓶或袋取下，而应将输精管尾部打折，插入去盖的精液瓶或袋孔内。一般母猪一个发情期应输精 2 次，每次输入精子数不少于 40 亿个，两次间隔 8～12 h。输精后应立即填写配种记录，做好配种卡片。

七、妊娠诊断

妊娠诊断是母猪繁殖管理的一项重要内容。配种后，应尽早检出空怀母猪，及时补配，防止空怀。这对于保胎、缩短胎次间隔、提高繁殖力和经济效益具有重要意义。母猪早期妊娠诊断技术很多，现将具有实际应用价值的早期妊娠诊断技术介绍如下。

（一）超声诊断法

超声诊断法是利用超声波的物理特性，将其和动物组织结构的声学特点密切结合的一种物理学诊断法。其原理是利用孕体对超声波的反射来探知胚胎的存在、胎动、胎儿心音和胎儿脉搏等情况来进行妊娠诊断。目前用于妊娠诊断的超声诊断仪主要有 A 型、B 型和 D 型。

（二）激素反应观察法

1. 孕马血清促性腺激素（PMSG）法

母猪妊娠后有许多功能性黄体抑制卵巢上卵泡发育。功能性黄体分泌孕酮，可抵消外源性 PMSG 和雄激素的生理反应，母猪不表现发情即可判为妊娠。方法是于配种后 14～26 d 的不同时期，在被检母猪颈部注射 700 IU 的 PMSG 制剂，以判定妊娠母猪并检出妊娠母猪。判断标准：以被检母猪用 PMSG 处理，5 d 内不发情或发情微弱及不接受交配者判定为妊娠；5 d 内出现正常发情，并接受公猪交配者判定为未妊娠。渊锡潘等的研究显示，在 5 d 内妊娠与未妊娠母猪的确诊率均为 100%。且认为此方法不会造成母猪流产，母猪产仔数及仔猪发育均正常，具有早期妊娠诊断和诱导发情的双重效果。

2. 己烯雌酚法

对配种 16~18 d 的母猪，肌内注射己烯雌酚 1 mL 或 0.5% 丙酸己烯雌酚和丙酸睾丸酮各 0.22 mL 的混合液，如注射后 2~3 d 无发情表现，说明已经妊娠。

3. 人绝经期促性腺激素（HMG）法

HMG 是绝经后妇女尿中提取的一种激素，主要作用与 PMSG 相同。据报道，使用南京农业大学生产的母猪妊娠诊断液，在广东数个猪场试用 1000 胎次，诊断准确率达 100%。

（三）尿液检查法

1. 尿中雌酮诊断法

用 2 cm×2 cm×3 cm 的软泡沫塑料，拴上棉线作阴道塞。检测时从阴道内取出，用一块硫酸纸将泡沫塑料中吸纳的尿液挤出，滴入塑料样品管内，于 −20℃ 储存待测。尿中雌酮及其结合物经放射免疫测定（RIA），小于 20 mg/mL 为非妊娠，大于 40 mg/mL 为妊娠，20~40 mg/mL 为不确定。

2. 尿液碘化检查法

在母猪配种 10 d 以后，取其清晨第一次排出的尿放于烧杯中，加入 5% 碘酊 1 mL，摇匀，加热、煮开，若尿液变为红色，即为已妊娠；如为浅黄色或褐绿色说明未孕。本法操作简单，准确率高。

（四）血小板计数法

血小板显著减少是早孕的一种生理反应，根据血小板是否显著减少就可对配种后数小时至数天内的母猪作出超早期妊娠诊断。该方法具有时间早、操作简单、准确率高等优点。尤其是为胚胎附植前的妊娠诊断开辟了新的途径，易于在生产实践中推广和应用。

在母猪配种当天和配种后 1~11 d 从耳缘静脉采血 20 μL 置于盛有 0.4 mL 血小板稀释液的试管内，轻轻摇匀，待红细胞完全破坏后再用吸管吸取一滴充入血细胞计数器内，静置 15 min 后，在高倍镜下进行血小板计数。配种后第 7 d 是进行超早期妊娠诊断的最佳时间，此时血小板数降到最低点 $[(250\pm91.13)\times10^3/mm^3]$。试验母猪经过 2 个月后进行实际妊娠诊断，判定与血小板计数法诊断时妊娠符合率为 92.59%，未妊娠符合率 83.33%，总符合率 93.33%，马群山等试验符合率为 89.53%，李玉龙等的试验所得总符合率为 93.85%。

该方法虽有检出时间早、准确率高等优点，但应排除某些疾病所导致的血小板减少。例如，肝硬化、贫血、白血病及原发性血小板减少性紫癜等。

（五）其他方法

1. 公猪试情法

配种后 18～24 d，用性欲旺盛的成年公猪试情，若母猪拒绝公猪接近，并在公猪 2 次试情后 3～4 d 始终不发情，可初步确定为妊娠。

2. 阴道检查法

配种 10 d 后，如阴道颜色苍白，并附有浓稠黏液，触之涩而不润，说明已经妊娠。也可观看其外阴户，母猪配种后如阴户下联合处逐渐收缩紧闭，且明显向上翘，说明已经妊娠。

3. 直肠检查法

要求为大型的经产母猪才可使用此方法。操作者把手伸入直肠，掏出粪便，触摸子宫，妊娠子宫内有羊水，子宫动脉搏动有力，而未妊娠子宫内无羊水，弹性差，子宫动脉搏动很弱，很容易判断是否妊娠。但该法操作者体力消耗大，又必须是大型经产母猪，所以生产中较少采用。

除上述方法外，还有血或乳中孕酮测定法、EPF（早孕因子）检测法、红细胞凝集法、掐压腰背部法和子宫颈黏液涂片检查等。母猪早期妊娠诊断方法有很多，它们各有利弊，临床应用时应根据实际情况选用。

第五章 湘沙猪营养与饲料

第一节 消化代谢特点

一、机体消化代谢特性

湘沙猪与其他猪品种的消化系统一样。食物在消化道内的消化起自口腔，依次经过咽、食管、胃、小肠（包括十二指肠、空肠及回肠）、大肠（包括盲肠、结肠及直肠），最后止于肛门。消化腺包括唾液腺、胃腺、肝脏、胰腺和肠腺等。由于猪的消化道容量有限，化学消化作用占有非常重要的地位。猪舌头表面上有不规则的舌乳头，大部分舌乳头有味蕾，故猪采食有选择性，能辨别口味，喜爱酸甜食物。

(一) 口腔

口腔的消化包括对食物的摄取、咀嚼及吞咽，以及唾液淀粉酶将部分淀粉分解为麦芽糖及糊精。采食饲料后，经过口腔细致地咀嚼和唾液混合，形成食团。猪平时只分泌少量唾液，保护和湿润口腔黏膜，采食时分泌量才显著增加。腮腺只在进食时才分泌。每昼夜分泌的唾液量平均在 10～15 L，唾液含水量约 99%，其余由蛋白质、无机盐、淀粉酶以及溶菌酶组成。由于饲料在口腔停留的时间很短，故对淀粉的消化作用很弱，经过吞咽进入胃内，受到胃液的作用。

(二) 胃

胃的主要功能是暂时储存食物，使食物与胃液充分混合，形成一种半流质的混合物——食糜，然后以最适宜于小肠消化和吸收的速度推动食糜经过幽门进入十二指肠。胃液是胃黏膜各腺体所分泌的混合物，凝乳酶可促使乳汁凝固，延长乳汁在胃内的停留时间，增加胃液对乳汁的消化作用。盐酸除可提供酶所需的环境、激活胃蛋白酶原外，还可抑制和杀灭胃内细菌。黏液含有蛋白质、糖蛋白和糖胺聚糖等，黏液覆盖于黏膜表面，可润滑食物，中和胃酸，保护黏膜，免除粗硬食物的损伤和抵抗化学因子对胃黏膜的侵蚀。食物在胃壁平滑肌的收缩和蠕动运动中逐渐向小肠移动，同时胃的蠕动可使食物与胃液充分混合，形成食糜，以利于消化酶发挥作用。

（三）小肠

小肠是消化道最长的部分，食物停留在这里时间最久，含消化酶最丰富，是各种营养物质消化为最终产物的场所，在整个消化过程中占有极重要的地位。食物经胃消化后，变成流体或半流体的酸性食糜，逐渐进入小肠，开始在小肠的碱性环境中继续消化。食糜在小肠内受到胰液、胆汁和肠液的化学性消化作用和小肠运动的机械性消化作用。小肠的运动主要是促进化学性消化吸收，并将不能消化和吸收的食物残渣推进大肠。食物在小肠的停留时间，因饲料的性质而不同。

（四）大肠

大肠前接回肠后通肛门，包括盲肠、结肠和直肠三部分。食糜经小肠消化和吸收后，残余部分逐渐经回盲口进入大肠。由于大肠黏膜中的腺体分泌碱性、黏稠的消化液，其中含有的消化酶很少，所以大肠内的消化主要靠食糜带来的小肠消化酶和微生物的作用，因而大肠在整个消化过程中的重要性也随饲料的性质不同而有差异。在大肠的内容物中，还有不少未被消化的营养物质，如纤维素、蛋白质和糖类等，在微生物及随食糜带来的小肠消化酶的作用下继续分解消化。猪对饲料中粗纤维的消化几乎完全靠大肠内纤维素分解菌的作用，纤维素及其他糖类被细菌分解产生有机酸，并被肠壁吸收。大肠的主要功能是吸收水分、电解质以及在小肠未被吸收的物质。

二、饲料营养利用特点

湘沙猪既有国外猪种基因，又有地方猪血统，消化器官和对营养物质的耐受力介于国外品种和沙子岭猪之间。因此，日粮能量、蛋白水平不宜太高，以配合饲料为主，适当添加青绿饲料辅助。育肥猪日粮粗蛋白14%～16%即可满足需要。如简单地参考国外猪种的日粮标准，消化能达到13 MJ～14 MJ（约等于每千克3300 kcal），粗蛋白达到17%，可能会造成吃不下、吃不多，并出现严重拉稀等消化不良症状，时间长了反而造成湘沙猪营养不良或死亡。有人曾就土猪和外三元猪调查发现，饲喂同一种配合饲料，外三元猪养得很好，而土猪则经常发病死亡或非常消瘦。在另外一些猪场，因为饲料配制不当，也出现了较多的土猪剩料和拉稀现象。从湘沙猪选育及推广饲养过程来看，其蛋白需要量低于外三元猪，高于沙子岭猪。因此，饲喂湘沙猪应该依据其营养标准合理配料。适当降低饲料中高能量的玉米和高蛋白的豆粕比例，添加适量的粗糠、麦麸或新鲜的青草、蔬菜，降低饲料营养浓度，保证猪只的正常健康生长。

第二节　常用饲料及其特点

一、能量饲料

(一) 玉米

1. 营养特点

（1）能量高，猪的消化能为 14.27 MJ/kg。非蛋白氮（NFN）含量高（74%～80%），且主要是淀粉，粗纤维（CF）少，仅 2.0%，消化率高。

（2）粗蛋白含量低，仅为 7.2%～8.9%，且品质差，赖氨酸、色氨酸、蛋氨酸含量低。

（3）含有较高脂肪（3.5%～4.5%），亚油酸含量在 2%左右，是谷物类饲料中最高的，若玉米占日粮 50%的比例，可完全满足亚油酸的需要量。

（4）黄玉米含有胡萝卜素和叶黄素，也是维生素 E 的良好来源，B族维生素中除硫胺素含量丰富外，其他维生素含量很低，不含维生素 D。

（5）钙含量低，磷含量虽然高，但大部分以植酸磷的形式存在，猪利用率低。

2. 使用注意事项

（1）饲喂前要粉碎，但不易久储，1 周内喂完为好。

（2）禁止饲喂霉变玉米，注意玉米脱毒〔主要是黄曲霉毒素（<0.02 mg/kg）和赤霉烯酮，黄曲霉毒素具有致癌作用，赤霉烯酮可使卵巢病变，抑制发情，减少产仔数，使初产母猪流产，公猪性欲降低〕。现常在配合料中加脱霉剂。

（3）不宜过量使用，否则会导致猪过肥，出现软脂。一般用量在50%～60%。

（二）小麦麸

小麦麸又称麸皮，是小麦加工的副产品，主要由种皮、糊粉层、少量胚和胚乳组成。小麦麸的营养价值主要取决于面粉质量，生产上等面粉时，有相当一部分胚乳与胚、种皮等组成麦麸，这种麦麸的营养价值高。如果对面粉质量要求不高，不仅胚乳在面粉中保留较多，甚至糊粉层也进入面粉，这样的麦麸营养价值低。因此，麦麸的营养价值差别较大，粗纤维含量为8.5%～12%，粗蛋白质含量为12.5%～17%，氨基酸组成优于小麦。由于麦粒中B族维生素多集中在糊粉层和胚中，故麦麸中B族维生素含量高，麸皮中钙少磷多，钙与磷比例极不平衡。由于粗纤维含量较高，因此能量较低（消化能为10.5 MJ/kg～12.6 MJ/kg），常用来调节日粮能量浓度。

通常湘沙猪生长育肥期日粮麸皮占15%～25%，断奶仔猪日粮用量过大会引起拉稀，一般不超过10%，妊娠母猪日粮占20%～30%。由于含适量粗纤维和硫酸盐类，具有轻泻作用，产后母猪喂给适量的麸皮粥可以调节消化道功能。

（三）米糠

米糠是糙米加工成白米时分离出的种皮、糊粉层、胚三种物质混合物。与麸皮一样，其营养价值与白米加工程度有关，加工米越白，胚乳中物质进入米糠越多，米糠能量越高。米糠粗蛋白质含量为12.8%，粗脂肪含量为16.5%，粗灰分含量为7.5%。因米糠粗脂肪中含不饱和脂肪酸多，储存时间长脂肪会酸败；育肥猪日粮中比例过高会使猪体脂肪松软；饲喂幼龄仔猪易发生腹泻。一般生长猪日粮中米糠用量在10%以下。米糠榨油后所得米糠饼，含油量下降，能值也降低，其他养分基本与米糠相似，储存期可比米糠久。稻壳粉和少量米糠混合称统糠，常见的有"二八糠"和"三七糠"，属于粗饲料。

二、蛋白质饲料

蛋白质饲料主要是指粗纤维含量在18%以下，干物质中粗蛋白含量达到20%及以上的饲料，特点是蛋白质含量高，钙磷丰富且易于吸收。

（一）豆饼（粕）

大豆饼粕是所有饼粕类蛋白质饲料中公认质量最好的。蛋白质含量为40%～50%，赖氨酸含量为2.45%～2.70%，豆饼（粕）是所有饼、粕类饲料中赖氨酸含量最高者，但其蛋氨酸含量少，适口性好；粗纤维含量为5%左右，能值较高；富含烟酸与维生素B_2，胡萝卜素与维生素D含量少；钙不足。大豆和生豆饼、生豆粕中含有胰蛋白酶抑制因子、凝集素、致甲状腺肿物、皂角素等抗营养因子。大豆饼粕在日粮中用量一般在20%左右。

（二）菜籽饼（粕）

菜籽饼蛋白质含量为34%～38%，蛋氨酸含量（0.58%）仅次于芝麻饼（0.81%），在饼粕类饲料原料中名列第二，精氨酸含量（1.75%）在饼粕类饲料中最低，然而硒的含量在植物性饲料中最高。

油菜籽、甘蓝、白菜和芥菜等十字花科的种子含有硫葡萄糖苷，种子破碎后在一定水分和温度的条件下，经芥子酶（存在于菜籽和肠道某些细菌）作用，被水解成有害物质硫氰酸盐和异硫氰酸盐，部分异硫氰酸盐形成噁唑烷硫酮。

湘沙猪饲养过程中，一般妊娠母猪、哺乳母猪日粮中尽量不用菜籽饼，即使要用也不要超过3%，生长育肥猪使用量不超过8%；若是白菜型品种菜籽饼，在日粮中可适当提高用量，生长育肥猪可提高到15%。

（三）花生饼（粕）

脱壳后的花生饼代谢能水平是饼粕类饲料中最高者，蛋白质含量达50%，适口性好，精氨酸含量为5.2%，在目前广泛应用的动、植性饲料中最高；赖氨酸和蛋氨酸很低，分别为1.35%、0.39%。容易变质，不宜久储，易发霉，易产生黄曲霉毒素，对幼猪毒害最甚。用量：生长育肥猪不超过10%，哺乳仔猪最好不用，其他阶段猪不超过4%。

（四）鱼粉

鱼粉是以全鱼或鱼类食品加工后所剩的下脚料为原料，经过干燥、脱脂、粉碎，或者经蒸煮、压榨、干燥、粉碎而制成。因原料不同其营养价值有很大差别。秘鲁、智利进口鱼粉蛋白质为62%～65%，且品质好，硫氨基酸含量为2.5%，赖氨酸含量为4.9%；脂肪含量不超过8%；维生素A、维生素D和B族维生素含量高，特别是维生素B_{12}含量高；矿物质量多质优，钙含量为4.0%，磷含量为2.85%。食盐含量低于4%；还含有未知生长因子。

鱼粉使用的注意事项：

1. 使用优质鱼粉：金黄色，鱼松状，芳香鱼腥味，不带霉变味、焦味。

2. 用量：2%～8%，不超过10%。

3. 避免鱼粉中毒。

4. 鱼粉的高不饱和脂肪酸含量高，易酸败，引起幼猪腹泻；同时生长育肥猪后期应不用或少用，否则会产生软脂，应在屠宰前 1 个月停喂，以防肉质出现异味。

5. 注意鱼粉掺假。

三、矿物质饲料

矿物质饲料包括提供钙、磷等常量元素的矿物质饲料以及提供铁、铜、锰、锌、硒等微量元素的无机盐类等。常用的矿物质饲料有石灰石粉、贝壳粉、骨粉、磷酸氢钙等。

（一）食盐

补充钠与氯，提高适口性。用量为 0.2%～0.5%。

（二）石粉

钙的含量要求在 35% 以上，镁不得超过 0.5%，砷不超过 2 mg/kg、铅不超过 10 mg/kg、汞不超过 0.1 mg/kg、镉不超过 0.75 mg/kg、氟不超过 2000 mg/kg。

（三）磷酸氢钙

钙磷比例约为 3∶2，接近动物需要平衡比例。其钙含量为 23% 以上，磷含量为 16% 以上。

四、青绿饲料

（一）常见青绿饲料

青绿饲料通常是指可以用作饲料的植物新鲜茎叶。从古至今，湘潭农民饲养沙子岭猪都是以青鲜饲料为主，稻谷、玉米、麦麸等精料为辅。常见的青鲜饲料，比如萝卜、甜菜、苦荬菜、籽苋、苣荬、薯芋类等，都是耐瘠薄、抗干旱、抗病虫害、富含淀粉纤维蛋白和多种维生素的优质农作物，还有如葛藤叶、覆盆叶、柘树叶、桑叶、杜仲叶、水草等，都可供采集利用。由于青绿饲料单位重量的营养价值不是很高，因此不能用作主料，应该合理搭配使用，以求达到最佳的利用效果。沙子岭猪生长育肥期一般可替代精料的 10%～15%（以干物质计算），母猪饲喂效果较好，可替代精料 20%～25%，常用的有青菜、萝卜、甘薯藤、苣荬等。营养特点是含水量高；蛋白质含量较高且品质较好；粗纤维含量低；维生素含量丰富；易消化，适口性好。

（二）饲喂注意事项

1. 正确选择

选择用来饲喂湘沙猪的青绿饲料，品质一定要好，而且必须干净，严防霉烂、变质、结团，严防掺入其他杂物。储存时不要堆积，以免产生大量的亚硝酸盐引起猪中毒。

2. 清洁去毒

青绿饲料一般会被污水粪尿污染，直接饲喂易患病菌病和寄生虫病，为防止猪感染寄生虫，使用生饲料喂猪时要认真洗净、消毒生饲料。可用石灰水或高锰酸钾溶液浸泡消毒，种植饲料作物的农田最好不施用未经堆积发酵的粪便，以防虫卵污染。含有某些毒素的鲜木薯、荞麦等，须经粉碎、浸水、发酵或青贮等方法，待毒素去除后方可生喂，其喂食量应控制在不超过日粮干物质的5%。

3. 精青分喂

为提高饲料利用率，精饲料和青绿饲料应分开添加饲喂。因精饲料营养全、粗纤维少，适口性好，易消化，故应先喂精料，再喂青绿饲料。如精青料混合喂，由于青绿料的体积大，水分多，会降低精料的消化率和利用率。

4. 用量适宜

饲喂青绿饲料时应根据猪的不同生长阶段和生产性能确定饲喂量，饲喂量也要逐步过渡，由少到多，不可一步到位。否则容易导致猪的食欲下降或暴食，会使猪发生胃肠疾病，影响生长发育。

5. 定期驱虫

青绿饲料中可能混有多种寄生虫卵，如肝片吸虫、蛔虫、线虫等，容易感染寄生虫，所以还要定期驱虫健胃，一般每3个月左右驱虫1次，只要在饲料里定期拌上驱虫药物，就可防止感染寄生虫病。

五、粗饲料

凡干物质中粗纤维含量在18%以上的饲料均属粗饲料，包括青干草、秸秆、秕壳等。粗饲料的一般特点是含粗纤维多，质地粗硬，适口性差，不易消化，可利用的营养较少。不同类型粗饲料的质量差别较大，一般豆科粗饲料优于禾本科，嫩的优于老的，绿色的优于枯黄的，叶片多的优于叶片少的。秕壳类如小麦秸、玉米秸、稻草、花生壳、稻壳、高粱壳等，粗纤维含量高，质地粗硬，不仅难以消化，而且还影响猪对其他饲料的消化，因此在饲养中尽量不用。花生秧、大豆叶、甘薯藤等，粗纤维含量低，一般在 18%～30%，木质化程度低，蛋白质、矿物质和维生素含量高，营养全面，适口性好，较易消化，在日粮中搭配具有良好效果。

在生产中的某些环节，日粮添加适量的优质草粉，具有特殊的作用。例如，在繁殖母猪的饲料中加入 5%～10%的优质草粉，可防止母猪过肥；在育肥后期的饲料中加入 3%～4%的草粉，能控制猪对饲料的采食量，使猪膘不至于过厚。幼猪饲料中加 2%的草粉，可防止拉稀。同时草粉还有利于肠道的蠕动，利于排便。

猪的胃和小肠内没有分解粗纤维素的微生物，几乎全靠大肠内微生物的分解作用，故猪对含有粗纤维多的饲料利用率差，而日粮中粗纤维含量越高，猪对日粮的消化率也就越低。因此，猪日粮中的粗纤维含量应适当。对于 20 kg 的生长猪，粗纤维饲料的含量最高为 5%～6%；到育肥后期可以适当高些，但不宜超过 8%。对于母猪，日粮中的粗纤维可达 10%～12%。需要强调的是，传统养猪中有一种不恰当的说法："猪吃百样草。"因此，有些人把猪当草食动物来养，每天花大力气上山割草，特别是割禾本科的草来喂猪；还有些养猪户把麦秸、玉米秸秆粉碎后喂猪，而且在日粮中的比例还加得很大，这是不可取的。

常见的粗饲料有花生秧、黄豆叶、食用菌废菌料等。

1. 花生秧

花生秧含蛋白质 12%左右、粗脂肪 2.78%左右、无氮浸出物 43%左右、粗纤维 30%左右；含消化能 8380 kJ/kg；含钙 0.89%、磷 0.13%。微量元素除锌含量低于营养标准外，铁、铜、锰等元素含量均超过猪的营养标准，是一种营养比较全面的粗饲料。

可直接在田间将花生秧晒干（最好是阴干），然后进行粉碎，这样便可添加到日粮中喂猪；也可将鲜秧去除杂质后打浆，拌入饲料中喂猪；还可让猪自由采食鲜秧，缺点是浪费较多。花生秧经晒干粉碎后在日粮中的添加量为：仔猪 5%～10%、种猪 10%～15%、育肥猪 15%～20%。若将其进行发酵和降解处理，饲喂效果可与精饲料相媲美。

2. 黄豆叶

黄豆叶含水分 71.8%、粗蛋白质 6.1%（干物质则含粗蛋白质 18%左右）、无氮浸出物 14.8%、粗脂肪 1.8%、粗纤维 4.1%；每千克黄豆叶含钙 9.3 g、磷 0.7 g。3 kg 黄豆叶中的粗蛋白含量就相当于 1 kg 豆饼。

黄豆叶最好是在黄豆的成熟期采集。原因是此时豆叶营养价值高、品质好、粗纤维含量较少。

黄豆叶的饲喂方式有 3 种：一是将采集的鲜叶除去杂质异物，洗净切碎拌入猪日粮中；二是加工成豆叶粉，方法是将采集到的豆叶置于干燥通风处，阴干至含水量 30% 左右后，再迅速晒干到含水量 10% 以下，粉碎储存备用；三是进行半干青贮，由于黄豆叶糖分含量较低、蛋白质含量较高，适于半干青贮。方法是先将豆叶风干至含水量 50% 左右，切碎后装入塑料袋进行青贮，优点是便于存放和运输，品质较好，养分含量与鲜叶相似，并带有果香味，能提高饲料的适口性。

黄豆叶（粉）可占猪日粮的 20%～30%，并能促进猪的生长发育，提高日增重。因其粗纤维含量高、无氮浸出物中非淀粉多糖比例高，若用发酵和降解的方法进行处理后饲喂，可显著提高其营养价值和消化吸收率。

3. 食用菌废菌料

食用菌具有较强的纤维分解能力，栽培食用菌后的废料中粗纤维降低了 50%，木质素降低了 30%。因废料中含有大量菌体蛋白，所以粗蛋白的含量由原来的 2% 增加到 6%～7%，脂肪含量也增加 1 倍左右。利用废菌料饲喂育肥猪，比喂米糠效果好，可替代部分玉米等饲料，降低成本，提高经济效益。

据分析，菌糠中含粗蛋白 6.15%～10.92%、粗脂肪 0.2%～1.4%、粗纤维 3.25%～11.63%，粗蛋白含量略高于细米糠的水平，而粗纤维的含量则低得多，有利于锌、铁、钙、磷等元素的吸收，尤其是锌的吸收，可增强猪体的免疫功能、提高抗病力，改善猪对营养物质的消化、代谢，促进生长和发育。用 1/3 菌糠与其他饲料配合养湘沙猪，可节约饲料，猪的瘦肉率也有所提高。废菌料残渣可放在青饲料打浆机中，再掺入其他饲料；也可不经加工直接与其他饲料混合。经过晒干的菌糠饲料，可整块存放，使用时再加以粉碎。剩余废菌料应挖去感染杂菌的部分，晒干后放阴凉干燥处保存，不要淋雨，以防发生霉变。

六、生物发酵饲料

生物发酵技术在饲料添加剂企业已经广泛应用，但在猪饲养上的直接应用尚处于初级阶段。合理利用生物发酵饲料饲养湘沙猪，在改善其肠道功能、提高消化率、减少环境异味等方面有较好的作用。

（一）作用与效果

1. 减少腹泻

由于发酵饲料中益生菌含量较高，大剂量添加后可迅速改善动物肠道菌群结构，提高饲料消化率，降低肠道营养物质浓度，增加后肠微生物多样性，所以能预防或在一定程度上治疗营养性、细菌性腹泻，而且效果明显。

2. 改善母猪便秘

发酵饲料适口性好、富含有机酸，可提高母猪采食量，同时降低肠道 pH 值，刺激肠道蠕动，加快排便速度，通过调查数据发现，使用未烘干的发酵饲料在 1 周内可明显改善妊娠、哺乳期母猪的便秘情况。

3. 改善环境

通过添加发酵类饲料可提高动物整体的消化吸收率，降低粪便中营养物质浓度，从而减少氨、硫的排放，一般添加 2～3 d 可观察到养殖环境中异味减少。使用发酵垫料则可以节约养殖成本、节省人力物力、减少废弃物的排放。发酵垫料（即发酵床生产技术）的原理是利用微生物菌种，按一定比例混合秸秆、锯末屑、稻壳粉和粪便（或泥土）进行微生物发酵繁殖形成一个微生态发酵工厂，并以此作为养殖场的垫料。再利用动物的翻扒习性作为机器加工，使粪便和垫料充分混合，通过发酵垫料中微生物的分解发酵，使粪便中的有机物质得到充分地分解和转化，达到无臭、无味、无害化的目的。因此，发酵垫料养殖是一种无污染、无排放、无臭气的新型环保生态养殖技术，具有成本低、耗料少、易操作、效益高、无污染等优点。同时，发酵的垫料又是一种腐熟的营养全面的有机肥。

（二）制作方法

1. 基本配方

统糠或草粉 55%、麦麸 16%、玉米 15%、饼粕 10%、糖蜜或红糖 2%、微生物制剂 2%。

2. 制作步骤

（1）按照上述配方分别称取原料，粉碎后过筛（1 mm 孔），然后搅拌均匀备用。

（2）有益微生物制剂有固体型和液体型两种，若使用固体型有益微生物制剂，则可将其直接加入到上述原料中搅拌均匀即可；若使用液体型有益微生物制剂，则可先将其倒入无漂白粉的自来水或深井水中溶解后，再将红糖或糖蜜掺入，制成均一的含糖菌水。

（3）将含糖菌水或糖水（指用固体型有益微生物制剂者）均匀喷洒在发酵料中，边拌边洒，使发酵料的含水量达到手捏成团、落地即散的程度，一般料、水重量比为1：0.4左右为宜。

（4）将拌好的发酵饲料装于塑料桶或陶瓷缸内，稍将料压实后，用直径2～3 cm的木棒在发酵饲料中打孔，且将孔打到底，孔距为5～10 cm。然后用木板或薄膜盖好，让其自然发酵。一般气温在25℃以下时，发酵时间为4～5 d，气温在25℃以上时，则为2～3 d。

（5）发酵后，pH值达到4～5，并有浓郁的酒香味，即为发酵成功。

第三节　饲料的加工调制

为了便于消化，去除某些有毒、有害物质，饲料在饲喂前一般都要进行调制。常用的加工调制方法主要有粉碎、制粒、膨化、焙炒、熟化、发酵、青贮、打浆等。

一、粉碎

用于各类籽实饲料及块状饲料。其目的主要是减少咀嚼，增加与消化液的接触面，从而提高饲料养分的利用率。粉碎的粗细因猪的生理阶段不同有一定差异，仔猪消化能力差，而限饲的母猪由于吃得快，咀嚼不充分，饲料宜粉碎得较细。此外，粉碎的细度对饲料消化率的影响很大；细粉碎与粗粉碎相比，饲料消化率可提高10%左右，比整粒饲喂的饲料消化率可提高20%以上。对于早期断奶仔猪，特别是第一周，则粉碎得越细越好。玉米粉碎粒度从1000 μm 降至300 μm，每减少100 μm，增重效果可提高约5.5%。

二、制粒

制粒可改善饲料的适口性，提高养分的消化率，避免猪挑食，减少饲料浪费。制粒后的饲料，可提高猪对饲料的采食量和饲料利用率。

在制粒过程中，一般要经过蒸汽、热和压力的综合处理，这可使淀粉类物质糊化、熟化，改善饲料的适口性，使养分更容易消化、吸收，从而提高其利用率。

制粒并经冷却的颗粒料，水分低于14%，不易霉变，易于保存。制粒后，体积变小，便于储存、运输；也不像粉料那样，在运输中经过抖动，易分层而破坏饲料组分的均匀度，降低适口性和饲料的营养价值。

为保证制粒的质量，通常需注意下面几个问题。

1. 原料成分的黏结性

制粒时，成粒性要好，应加入适量的淀粉。淀粉是影响颗粒黏结性最重要的饲料因素。制粒时，由于蒸汽和温、热作用使淀粉糊化而产生黏结性，有利于饲料成分黏结在一起。因此，饲料中含淀粉越多黏结性越好。不同来源的淀粉其黏结性也不一样，小麦、大麦所含淀粉的黏结性比玉米强。豆粕类由于含脂肪少，黏结性较好。仔猪料制粒时，若含有奶粉、乳清粉、蔗糖或葡萄糖，也可提高饲料的黏结性，如成粒性差，可适当增加次粉或小麦粉的用量。

2. 原料粉碎粒度

原料越细，淀粉越易糊化，颗粒的成粒性越好。对于猪饲料一般要求筛孔直径在 1 mm 以下，早期断奶仔猪可细到 0.3 mm。

3. 水分、温度和蒸汽压力

水分和温度是淀粉糊化和黏结的必要条件，也是影响糊化和黏结的重要因素。制粒时，水分含量超过 8%～10%，硬度增加。一般制粒时蒸汽的供给量按饲料供给量 3%～6% 通入，使总的水分含量在 16%～17%。

温度太低，淀粉的糊化不充分，都会降低制粒效果；温度太高则使饲料中的某些养分损失，特别是维生素损失较严重。一般制粒温度要求不超过 88℃，根据成粒性和冷却后水分的含量，可变动于 82℃～88℃ 之间。

蒸汽压力与水分和温度直接相关，蒸汽压力合适，制粒效果好。蒸汽压力愈大，蒸汽通入量也愈大，温度也较高。

如果采用冷压，即没有蒸汽通入，直接从模孔中压出的粒料称生颗粒料。显然，此种生颗粒料没有熟化过程，成粒性较差，粉化率较高，适口性和饲料的利用率略低于经蒸汽调制的颗粒料。

三、膨化

膨化是将饲料加温、加压和加蒸汽调制处理，并挤压出模孔或突然喷出容器，使之骤然降压而实现体积膨大的加工过程。饲料膨化处理有比制粒更好的效果，但成本较高。

对于猪饲料，主要用于膨化大豆，膨化的优点主要有：一是饲料淀粉的糊化程度比制粒更高，可破坏和软化纤维结构的细胞壁，使蛋白质变性，脂肪稳定，而且脂肪可从粒料内部渗透到表面，使饲料具有一种特殊的香味。因此，经膨化处理的饲料更容易消化吸收。二是膨化的高温处理几乎可杀死所有的微生物，从而减少饲料对消化道的感染。三是膨化大豆代替豆粕，可使早期断奶的仔猪饲喂全脂膨化大豆，也可取得较快的生长速度和较好的饲料转化率。

四、焙炒熟化

焙炒可使谷物等籽实饲料熟化，一部分淀粉转变糊精而产生香味，也有利于消化。豆类焙炒可除去生味和有害物质，如大豆的抗胰蛋白酶因子。焙炒谷物籽实主要用于仔猪诱食料和开口料，气味香也利于消化。通常焙炒的温度为 130℃～150℃，加热过度可引起或加重猪消化道（胃）的溃疡。

烘烤类似焙炒，只是加热较均匀，不像焙炒，一些籽实可能加热过度，降低其营养价值。

五、发酵

发酵是将饲料按 0.5%～1% 接种酵母菌，保持适当水分，一般以能捏成团，松开后能散裂开为准，温度关系很大，温度偏低，时间延长。发酵后如不需烘干，原料湿一点也不影响发酵的效果。

通过发酵可提高猪对饲料的消化率，减少猪的肠道疾病。

六、青贮

青贮是将饲料加工成一定细度（长度），在一定水分和厌氧条件下，经乳酸菌发酵而成。可长期保存、保鲜。发酵好的青贮饲料有一股酸香味，适口性也不错。一般用于处理青绿饲料。

七、打浆

打浆主要用于各种青绿饲料和各种块茎饲料。将新鲜干净的青绿或块茎饲料投入打浆机中，搅碎，使水分溢出，变成稀糊状。含纤维多的饲料打成浆后，还可以用直径 2 mm 的钢丝网过滤除去纤维等物质。打浆后的饲料应及时与其他饲料混合后饲喂，不宜长时间存放，特别是夏季，以免变质。

第四节　饲料添加剂应用

饲料添加剂是指添加到饲粮中的少量或微量物质，用量很少但作用显著。与能量饲料、蛋白质饲料和矿物质饲料共同组成配合饲料。主要作用有强化基础饲料营养价值，提高动物生产性能，保证动物健康，节省饲料成本，改善肉品质等。可分为营养性和非营养性饲料添加剂。

一、营养性添加剂

对天然饲料中已有营养物质的补充或强化，例如氨基酸、维生素以及各种微量元素等。

维生素添加剂：添加量甚少，仅占万分之几。但作用极为显著，常用单一维生素或复合维生素。

微量元素添加剂：容易缺乏的主要有铁、铜、锌、锰、碘、硒等。猪配合饲料中需另外添加微量元素。常用的原料主要有无机矿物质、有机酸矿物盐、氨基酸矿物盐。

氨基酸添加剂：主要包括赖氨酸、蛋氨酸、色氨酸和苏氨酸。赖氨酸为猪饲料第一限制性氨基酸，主要使用 L - 赖氨酸盐酸盐；蛋氨酸主要使用 DL - 型蛋氨酸，猪常用蛋氨酸＋胱氨酸。

二、非营养性添加剂

非营养性添加剂是真正的添加剂，它不是饲料内的固有营养成分，而是天然饲料中没有的物质。非营养性饲料添加剂种类很多，共同点是根据其自身的优势来提高饲料的利用率。大致可分为生长促进剂、驱虫保健剂、生物活性剂、中草药饲料添加剂、饲料保存剂、其他添加剂等。

生长促进剂：主要作用是刺激生长，增进健康，改善饲料利用率，提高生产能力，节省饲料费用的开支。包括抗生素、抗菌药物、激素、酶制剂等。

驱虫保健剂：是重要的饲料添加剂，主要分为抗球虫剂和驱蠕虫剂两类。

生物活性剂：包括酶制剂、寡糖、酵母及酵母培养物。

中草药饲料添加剂：包括芒硝、大蒜、党参叶、麦饭石、野山楂、橘皮粉、刺五加、苍术、益母草等。

　　饲料保存剂：指抗氧化剂和防霉剂。由于籽实颗粒被粉碎以后，失去了种皮的保护，暴露出来的内容物极易受到氧化作用和霉菌污染。因而抗氧化剂和防霉剂的作用不可小视。

　　其他添加剂：主要是酸化剂、着色剂、调味剂、黏结剂、乳化剂等。

三、应用技术要点

　　1. 注意使用对象，重视生物学效价。
　　2. 正确选用产品，确定适宜的添加量。
　　3. 注意理化特性，防止配伍颉颃。
　　4. 重视配合比例，提高有效利用率。
　　5. 加强技术管理，采用科学生产工艺。
　　6. 注意储运条件，及时使用产品。

第五节　配合饲料配制

　　配合饲料是根据饲料配合方案，把各种单一饲料和饲料添加剂混合在一起，以适应不同生理阶段的猪对营养的需要，通常除水以外，不需加任何东西，即可维持猪的生命活动，并能达到预定的生产水平。用配合饲料喂湘沙猪，既能提高生长速度、瘦肉产量，又能降低生产单位肉脂产品的饲料消耗，增加经济收益。所以，饲喂配合饲料，是科学养猪的一项主要内容。

一、配合饲料的种类

　　按营养成分可分为添加剂预混合料、浓缩饲料和全价配合饲料。

　　1. 添加剂预混料

　　添加剂预混料简称预混料，是指用一种或多种微量添加剂如氨基酸、维生素、微量元素以及抗生素等，加上一定量的载体或稀释剂经混合而成的均匀混合物。按添加剂种类的多少，预混料又分为单一预混合料（如某种或多种维生素预混料，微量元素预混料）和复合预混合料（指由营养性添加剂和非营养性添加剂中两类或两类以上的成分组成）。由于添加剂在全价配合饲料中所占比例很小，很难配料准确与混合均匀，因此专业厂家生产的预混合料，作为中小型饲料厂或养猪场生产全价配合饲料的原料，有利于在全价配合饲料生产过程中准确配料与均匀混合。预混料在全价配合饲料中起到补充和平衡营养的作用，不能直接用来喂猪。预混料在全价配合饲料中用量较小，占1%～6%。

2. 浓缩饲料

将添加剂预混料与蛋白质饲料按一定配比混合生产出的产品。浓缩饲料的特点是蛋白质含量高，一般为30%～45%。浓缩饲料也不能直接喂猪，养猪场（户）只要再往浓缩饲料中加入一定比例的能量饲料，便可成为全价配合饲料。浓缩饲料在全价饲料中所占比例较大，一般为25%～40%。浓缩饲料的生产不仅可以减少运送大量全价配合饲料的费用，而且可以解决某些地区蛋白质饲料缺乏等问题。

3. 全价配合饲料

全价配合饲料简称配合饲料，是指用预混料加入能量饲料和蛋白质饲料，或浓缩饲料加上能量饲料后，配成的营养完全、均匀一致的混合物。配合饲料是直接饲喂的饲料形式。

按饲养对象分类，猪的配合饲料可分为仔猪料、幼猪料、育肥猪料、母猪料、哺乳料和公猪料。按饲料形状分类，配合饲料可分为粉料和颗粒料。粉料是大多数配合饲料所采用的形式，生产工艺简单，适用于初级配合饲料。颗粒饲料是全价粉状料在蒸气压力作用下生产出来的一种饲料，是近年来迅速发展和广泛应用的一种配合饲料形式。与粉料比较，颗粒料有许多优点：①可以避免挑食，减少饲喂损失。②改善了饲料的适口性。由于在压制过程中，使得淀粉糊化，酶的活性增强，纤维素和脂肪的结构形式有所变化，从而改善了适口性，提高了饲料的消化率。③便于储运。在制粒过程中有杀菌作用，可以降低饲料霉变的可能性。同时还可增加饲料密度，方便运输，减少风吹等自然损失。④不会分级。容量大的组分如矿物质等，不会产生偏析分级。

二、配合的原则

1. 符合饲养标准

猪的饲养标准也称营养需要量，是设计配合饲料的重要依据。我国已制定了瘦肉型猪的饲养标准，地方猪、配套系的营养需要也可参考。在实际生产上按每100 kg百分含量表示养分的需要量，是最简单的配制方法，这样配制而成的饲料即为饲粮。

2. **注意营养成分**

设计配合饲料时，必须合理掌握饲料的营养成分及营养价值。饲料的营养成分值要尽可能具有代表性，不能过高过低。各种饲料的营养成分值也不是一成不变的，理想的做法是在设计配方之前，分析所用的每一种饲料的营养成分。但实际生产上往往不具备这样的条件，比较实用的方法是参考饲料成分及营养价值表，可查阅《中国饲料成分及营养价值表》一书，根据近似值来设计配方。

3. 注意安全性

选用饲料必须安全可靠，尽量选择新鲜、无霉变、无毒素、无酸败和无污染的饲料，不符合质量规定的饲料不能使用。若饲料含有黄曲霉毒素和金属铅、汞、砷等有毒、有害物质，则不能超过其各自的规定限量。如棉籽饼、菜籽饼等饲料因含有抗营养因子，需要控制一定的喂量。

4. 兼顾性价平衡

配合饲料占生产成本的70%以上。如果只追求生产性能高，过多使用优质饲料，使养猪成本提高，其经济效益不一定好。因此，既要考虑提高猪的生产性能，又要考虑价格适当，尽可能选用营养丰富、价格低廉、来源充足的饲料。要以最少的投入，换取最佳的经济效益。

5. 注意适口性

设计配方时，应选择适口性好、无异味的饲料。血粉、菜籽饼等，虽营养价值高，但适口性差，需限制其用量。此外，选择饲料种类时，要考虑控制粗纤维含量。

三、配合的方法

一般通过 Excel 或配方软件进行设计计算，计算迅速，便于维护。试差法是最常用的一种方法，是根据经验粗略地拟出各种原料的比例，然后乘以每种原料的营养成分百分比，计算出配方中每种营养成分的含量，再与饲养标准进行比较。若某一营养成分不足或超量时，通过调整相应的原料比例再计算，直至满足营养需要为止。如能量比饲养标准略低，粗蛋白质高于饲养标准，则要降低粗蛋白质含量，增加能量，减少豆粕配比量、增加玉米配比量。

四、浓缩饲料的应用

浓缩料或预混料在养殖生产中应用很普遍，特别是浓缩料在中小型养殖户中应用较多。在实践当中，应注意不要片面夸大浓缩料的作用而导致使用效果的不理想。好的饲料产品必定是根据动物的营养需求和各种饲料原料的特点进行科学合理配比生产出来的，基本上可以满足正常的生产和生命活动的需求。有些养殖户在使用预混料或浓缩料过程中，简单地认为加大添加比例会提高生产水平，实际上恰好相反。这样做不仅造成了物质的浪费，提高了饲养成本，而且由于破坏了饲料中各种养分的平衡，还可能会引起生产水平的下降。特别是额外添加一些添加剂，可能会使某些微量营养成分（包括微量元素、维生素、氨基酸以及一些保健药物等）在短时间内高出正常水平很多倍而引起不良反应，而且增加的成分通过动物的排泄也加大了对环境的污染。因此，建议养殖户按厂家说明或标签标示的使用方法科学使用。

第六节　营养需要

一、种公猪营养需要

要根据体重大小、配种强度、圈舍、环境条件等进行适当调整。湘沙种公猪能够保持其生长和原有体况即可，不能过肥。过于肥胖的体况会使公猪性欲下降，还会产生肢蹄病。体重 75 kg 以下的后备公猪饲养管理与生长猪相同；体重 75 kg 以上的后备公猪逐步改喂公猪料。种公猪的营养需要与妊娠母猪相近，在良好的环境条件下，种公猪日粮营养成分含量为：消化能 12.55 MJ/kg、蛋白质 15.0％、赖氨酸 0.5％、钙 0.95％和磷 0.80％。

二、种母猪营养需要

（一）营养对母猪生产力的影响

1. 优质日粮的重要性

在营养上妊娠与泌乳期是整个养猪生产周期的关键时期。因此，试图通过缩减种猪日粮质量来降低饲养成本，并期望母猪发挥它的遗传潜力，是不可能和极端错误的。只有给予高质量的日粮，提供足够的养分，才能满足胎儿生长、子宫生长、乳房发育、身体生长、奶的生产和哺乳期体况的补充。

2. 营养缺乏或过剩的影响

明显的养分不足或过剩都会影响种猪的繁殖性能。饲料中能量和蛋白质的不足很难鉴别，它们常与其他养分不足相伴，一起作用。如母猪哺乳期间的能量摄入受到限制，背膘的储存就会减少，加剧体重的下降，影响母猪的受胎率，延长再配的时间。维生素和矿物质的明显不足或过剩，也会降低繁殖性能，例如维生素 A 不足，将导致母猪吸收胎儿或生产病弱、畸形仔猪。

（二）不同阶段母猪营养需要特性

1. 后备母猪

培育好后备母猪是养猪生产中的重要环节，日粮营养水平过高过低均不利于后备母猪正常生长发育和发情排卵。后备母猪发育时期，饲喂含有全价蛋白质和平衡氨基酸的饲料是非常重要的。需提供生长发育所需的能量、蛋白质，注意氨基酸平衡，增加钙、磷用量，补充足量的与生殖活动有关的维生素 A、维生素 E、生物素、叶酸、胆碱等。

日粮消化能 12.96 MJ/kg，粗蛋白 15%（最好 16%）、赖氨酸 0.7%、钙 0.95% 和磷 0.80%。为了使后备母猪更好地生长发育，有条件的猪场可补充饲喂优质的青绿饲料。

80～90 kg 的后备母猪，通常能量摄取水平限制在 25.12 MJ/d。还应限制饲喂量并加强维生素和矿物质的供给。

2. 妊娠母猪

一般来说，母猪的饲养应采用低妊娠高哺乳的营养供给模式，特别是对含地方猪血统的湘沙母猪更应如此。

能量标准参考：妊娠前期体重小于 90 kg，每天应摄入能量 17.57 MJ；90～120 kg，每天应摄入能量 19.92 MJ；120～150 kg，每天应摄入能量 22.26 MJ。妊娠后期体重小于 90 kg，每天应摄入能量 23.43 MJ；90～120 kg，每天应摄入能量 25.77 MJ；120～150 kg，每天应摄入能量 28.12 MJ。

蛋白质及其他营养物质：一般认为，妊娠期湘沙母猪日粮中的粗蛋白质最低可降至 13%。但考虑到生产实际，建议在 14% 左右。钙、磷、锰、碘等矿物质和维生素 A、维生素 D、维生素 E 也都是妊娠期不可缺少的。妊娠母猪的饲粮中应搭配适量的粗饲料，最好搭配品质优良的青绿饲料或粗饲料，使母猪有饱感，防止异食癖行为和便秘，还可降低饲养成本。

3. 哺乳母猪

营养需要特点：除维持需要外，每天还要产奶，若供给的营养物质不足，就会导致母猪的失重超出正常范围，影响泌乳、断奶后再发情和连续利用。

"低妊娠高哺乳"的营养观点：妊娠期营养水平过高，母猪体脂肪储存较多，是一种很不经济的饲养方式。因为母猪将饲粮蛋白合成体蛋白，又利用饲料中的淀粉合成体脂肪，需消耗大量的能量，到了哺乳期再把体蛋白、体脂肪转化为猪乳成分，又要消耗能量。因此，主张降低或取消泌乳储备，采取"低妊娠高哺乳"的饲养方式。哺乳期日粮消化能为13.2 MJ/kg，粗蛋白 16.2%。

4. 空怀母猪

能量对排卵数的影响：研究表明，发情母猪采食量与排卵数之间存在着正相关，采食量大，营养摄入量高，排卵数多。同时，配种前营养水平可影响卵母细胞的质量及其发育能力，提高营养水平可改善卵母细胞的质量，提高早期胚胎的成活率，因此母猪配种前必须进行充分饲喂，以提高排卵数和卵母细胞的质量。过肥母猪在配种前应采取减膘措施；瘦弱母猪应采取加料增膘，通过短期优饲增强内分泌活动与生殖系统功能。

蛋白质的供给：既考虑数量，又考虑品质，建议不低于 14%。

矿物质：母猪对钙的不足极为敏感，缺钙时会造成受胎率低，产仔数少。

维生素：应保证维生素 A、维生素 D、维生素 E 的供给。另外，泛酸、烟酸、维生素 B_{12} 也是不可缺少的。

三、湘沙猪父母代营养需要

根据对湘沙猪父母代营养需要的研究，结合其营养需要的特性，制定了父母代各类猪群的营养需要标准（表 5-1）。

表 5-1 湘沙猪父母代营养需要

种类	阶段	消化能/(MJ/kg)	粗蛋白/%	赖氨酸/%	盐/%	钙/%	磷/%
父母代	5～15 kg	13.5	18	0.90	0.30	0.80	0.65
	16～30 kg	13.4	17	0.82	0.30	0.80	0.65
	31～60 kg	12.3	15	0.82	0.30	0.79	0.64
	61 kg 至配种前	12.3	13	0.71	0.30	0.77	0.61
	妊娠母猪	12.0	13	0.59	0.30	0.65	0.56
	哺乳母猪	13.0	16	0.88	0.40	0.72	0.58

　　课题组研究了父母代后备母猪适宜的营养需要。选择 30 头出生日期相近、生长发育正常、体重 32.87 kg 左右的湘沙猪父母代后备母猪，随机分为 3 组，每组 10 头，分别饲喂高中低 3 种不同能量蛋白水平的日粮。试验结果表明，30～94 kg 期间，高中低 3 组后备母猪生长发育正常，日增重为 472.38～493.17 g，料重比 3.90～3.95；后备母猪发情正常，初次发情日龄为 181.30～182.65 d，初情期体重为 81.60～84.85 kg，初次发情持续时间 3.60～3.80 d。通过综合分析，认为湘沙猪父母代后备母猪前、后期采用低、中营养水平，即前期低营养水平日粮消化能为 11.64 MJ/kg、粗蛋白含量为 12.25%，前期中营养水平日粮消化能为 14.20 MJ/kg、粗蛋白含量为 15.02%；后期低营养水平日粮消化能为 11.64 MJ/kg、粗蛋白含量为 12.25%，后期中营养水平日粮消化能为 12.30 MJ/kg、粗蛋白含量为 13.00% 是合适的。

　　课题组研究了父母代后备母猪适宜的粗蛋白营养需要。选择体重 35 kg 左右的父母代后备母猪 48 头，随机分成 4 组，每组 2 个重复，每重复 6 头猪。4 个处理分别饲喂 4 种不同蛋白水平的日粮，试验期 104 d。试验结果表明：日粮不同蛋白水平对父母代后备母猪的日增重、料重比、胴体品质等性能指标无明显影响。综合分析认为，父母代后备母猪 35～60 kg 和 65～100 kg 阶段可采用低蛋白水平日粮，适宜蛋白质需要量分别为 14.03% 和 13.03%。

　　课题组还研究了不同粗蛋白水平饲粮对父母代肉质的影响。选择体重 35 kg 左右的父母代 48 头，随机分成 4 组，每组 6 个重复，每重复 2 头猪，试验分前期（体重 35～65 kg）和后期（体重 65～90 kg）两个阶段。试验前期饲粮粗蛋白质水平分别为 14.03%、14.53%、15.03%、15.53%，试验后期饲粮粗蛋白质水平分别为 13.03%、13.53%、14.03%、14.53%。试验期 104 d。饲养试验结束后每组选 3 头猪（1 公 2 母）进行屠宰测定。测定了猪肉品质、肌肉化学成分、氨基酸、脂肪酸和微量元素含量。试验结果表明：不同蛋白水平饲粮对父母代的熟肉率、储存损失、失水率、肉色等级、大理石纹等肉品质，干物质、粗蛋白、粗脂肪、粗灰分等肌肉化学成分指标无明显影响；前期饲喂粗蛋白质水平 14.53% 的饲粮，后期饲喂粗蛋白质水平 13.53% 的饲粮，父母代背最长肌中丝氨酸、丙氨酸、亮氨酸、脯氨酸、甘氨酸、缬氨酸、风味氨基酸含量显著提高；父母代背最长肌中硬脂酸、花生酸含量显著降低，而亚油酸、γ-亚麻酸、二高-γ-亚麻酸、花生四酸、多不饱和脂肪酸含量显著提高，同时微量元素 Zn 显著提高。综合分析认为，饲粮中不同蛋白质水平对父母代肉品质有明显影响，而中等蛋白质水平饲粮（前期为14.53%，后期为13.53%）可获得较好的肉品质。

父母代妊娠期和哺乳期能量及蛋白营养需要。湘沙猪配套系父母代母猪生产性能高低直接关系到养猪场户的经济效益，研究确定母猪妊娠期和哺乳期日粮中适宜的能量和蛋白质水平对提高母猪繁殖性能和经济效益意义重大。选择胎次相近的湘沙配套系父母代经产母猪，在妊娠期和哺乳期分别饲喂3种不同能量蛋白水平（妊娠期高中低组消化能、粗蛋白水平分别为 12.29 MJ/kg、13.65%，11.70 MJ/kg、13%，11.12 MJ/kg、12.35%；哺乳期高中低组消化能、粗蛋白水平分别为 13.60 MJ/kg、17.5%，12.92 MJ/kg、16.63%，12.24 MJ/kg、15.75%）的日粮。结果发现，妊娠期和哺乳期饲喂不同能量蛋白水平饲粮对母猪总产仔数、产活仔数和初生窝重均无显著影响；而中能中蛋白饲粮则有利于提高反映母猪繁殖性能的综合指标35日龄的断奶窝重（高达78.48 kg），并获得较高的经济效益（中能中蛋白饲粮每窝仔猪毛收入最高达 4 774.47元）。这一试验结果提示，湘沙配套系母猪妊娠期和哺乳期采用中能中蛋白日粮（即消化能分别为 11.70 MJ/kg 和 12.92 MJ/kg、粗蛋白分别为13.00%和16.63%）可以获得最佳的繁殖性能和经济效益。

四、湘沙猪商品代营养需要

（一）商品代猪营养需要

根据对湘沙猪商品代营养需要的研究，结合其营养需要的特性，我们制定了湘沙猪商品代各类猪群的营养需要标准（表5-2）。

表5-2　湘沙猪配套系商品代营养需要

种类	阶段	消化能/(MJ/kg)	粗蛋白/%	赖氨酸/%	盐/%	钙/%	磷/%
商品代	5～15 kg	13.5	19	0.90	0.30	0.80	0.65
	16～30 kg	13.4	18	0.75	0.35	0.75	0.65
	31～60 kg	13.3	16	0.72	0.35	0.70	0.55
	61～100 kg	13.5	14	0.71	0.35	0.70	0.55

课题组研究了不同蛋白质水平饲粮对商品代生长性能、胴体品质的影响。选择体重25 kg左右的商品代36头，随机分成3组，每组2个重

复，每个重复 6 头，公母比例一致。试验分前期（25～60 kg）和后期
（60～100 kg）两个阶段。高蛋白质组前期和后期蛋白质水平分别为
16.00％和 14.02％，中蛋白质组分别为 15.00％和 13.02％，低蛋白质组
分别为 14.00％和 12.02％。结果表明，与中蛋白质组、低蛋白质组相比，
高蛋白质组全期日增重分别提高 5.47％和 10.31％，全期料重比分别降低
3.28％和 11.72％；3 点平均背膘厚分别提高 0.56 cm 和 0.29 cm；眼肌
面积分别提高 7.85％和降低 3.45％；整个试验期每千克增重成本分别降
低 0.23 元和 1.05 元。育肥试验结束后每组随机抽取 4 头（2 公 2 母）进
行屠宰测定和肉质分析。结果表明，饲粮不同蛋白质水平对商品代猪的
熟肉率、储存损失、失水率、pH 及 L（肉的亮度）、a（肉的红度）、b
（肉的黄度）值等肉质性状无显著影响。与低蛋白质组相比，高蛋白质组
肌肉中水分含量降低 5.82％，锌含量提高 12.08％；中蛋白质组显著提高
肌肉中苏氨酸、缬氨酸、苯丙氨酸、异亮氨酸、赖氨酸及必需氨基酸含
量。综合考虑，商品代饲粮适宜的粗蛋白质水平为前期 15.00％～
16.00％、后期 13.02％～14.02％。

生长育肥猪的生长发育规律是前期长肉（沉积蛋白质）、后期长膘
（沉积脂肪）。因此，前期日粮蛋白质水平要高于后期，而能量水平则后
期应高于前期。实际生产中可利用这一规律降低养殖饲料成本，在育肥
前期适当添喂青粗饲料。

（二）商品代猪生长发育与饲料利用率

为掌握湘沙猪商品代的生长发育及饲料转化特性，为养殖场户科学
养殖配套系猪提供依据。试验选择 30 头湘沙猪商品代断奶仔猪，在相同
饲养管理条件下，从 35 日龄开始，每日记录采食量，每周定时称重，计
算每周日增重和每周料重比。从表 5-3 可以看出：湘沙猪商品代 35～

表 5-3 湘沙猪配套系生长性能与饲料转化率

日龄/d	平均个体重/kg	周日增重/g	累计日增重/g	周料重比	累计料重比
35	9.27±1.33	—	—	—	—
42	10.22±1.37	135.3	135.3	2.92	2.92
49	12.00±1.89	254.9	195.1	1.66	2.10
56	15.13±1.98	352.4	272.5	1.65	1.77
63	18.06±3.14	219.0	311.9	3.19	1.72
70	22.37±3.22	517.0	384.1	1.90	1.77

续表

日龄/d	平均个体重/kg	周日增重/g	累计日增重/g	周料重比	累计料重比
77	25.60±3.56	461.6	397.0	1.81	1.78
84	31.64±4.40	863.4	463.6	1.54	1.71
91	33.13±4.54	212.5	432.3	4.73	1.90
98	39.41±5.23	897.3	483.9	1.64	1.85
105	42.48±5.34	438.4	479.4	3.50	2.00
112	48.44±6.05	850.9	513.1	2.42	2.06
119	54.85±6.88	916.1	546.7	2.50	2.12
126	60.28±7.98	775.9	564.4	3.22	2.24
133	66.43±8.64	878.6	586.8	2.85	2.30
140	69.56±8.49	446.4	577.4	5.60	2.47
147	75.47±9.79	844.6	594.1	2.99	2.52
154	78.29±9.06	402.7	582.9	7.51	2.72
161	84.40±9.57	873.2	599.0	2.86	2.73
168	86.86±8.70	350.9	585.9	7.12	2.87
175	91.60±9.32	677.7	590.5	4.00	2.94
182	95.31±8.96	529.5	587.6	5.40	3.04
189	101.72±10.11	916.1	602.6	3.12	3.05

189 日龄期间日增重总体符合先慢后快的生长发育规律，特别是在 112～119 日龄和 182～189 日龄这 2 周的生长速度（日增重）最快，均达 916.1 g，说明湘沙猪配套系具有高速生长的潜力，这为生产中阶段精准投料提供了科学依据。测定期间，有部分周日增重较慢，这可能与测定期间的采食量及环境天气变化有关。

（三）构树发酵饲料养殖技术

湘沙猪是三系配套优质瘦肉型猪，商品代猪具有生长快、耗料少、瘦肉率高、肉质好等优点，生产中既要充分发挥其高产遗传潜力，又要降低生产成本。为此，研究了构树饲料替代部分精料及增重与料重比之间的关系，为科学饲养提供依据。

研究表明，构树叶中粗蛋白质含量为 21.30％～22.97％，粗纤维含量为 9.07％～15.40％，具有较高的饲料营养价值。试验利用整株构树（株高 80～110 cm）粉碎后经微生物发酵制成构树发酵饲料（含水量32％左右），研究构树发酵饲料对湘沙猪商品代生长育肥性能的影响。试验选用平均体重 32.79 kg 的湘沙猪商品代仔猪 72 头，随机分为 3 个组。对照组饲喂基础饲粮，试验Ⅰ组前期和后期分别添加 20％和 30％的 1 号构树发酵饲料，试验Ⅱ组前期和后期分别添加 20％和 30％的 2 号构树发酵饲料。结果表明：试验全期试验Ⅰ组、试验Ⅱ组平均日增重比对照组略有降低，但差异不显著（$P>0.05$）；屠宰测定表明，日粮中添加构树发酵饲料有改善胴体品质和肉质的趋势。本项研究说明前后期日粮中添加 20％、30％构树发酵饲料对湘沙猪商品代生长性能无显著影响，也说明构树发酵饲料替代部分全价配合饲料饲喂是可行的，能降低部分全价配合饲料成本。

第七节　营养调控

随着人们生活水平的不断提高，人们对优质猪肉的需求逐渐增大，优质猪肉市场前景广阔。为保持和进一步提高湘沙猪的肉质风味，课题组应用营养调控机制，通过在日粮中添加肉质调理剂、微生物调理剂、灵芝和猴头菇菌糠、杜仲灵芝散、构树发酵饲料等营养调控手段改善猪肉品质。

一、肉质调理剂

通过在日粮中添加复合型肉质调理剂、中草药调理剂等来改善和提高猪肉品质和风味。

复合型肉质调理剂主要选用黄芪、党参、白术、香附、杜仲、陈皮、乌梅、甘草等中草药配方，经微粉化处理，用草分枝杆菌 sq-1（mycobactcriu m phlei sq-1）及枯草芽孢杆菌 ASI. 892（bacillus subtilis ASI. 892）两次发酵而成。在湘沙猪日粮中添加 1％中草药微生物发酵复合型肉质调理剂，改善了湘沙猪的肉质。与对照组相比，肌肉 pH、失水率、熟肉率、储存损失等肉质指标及肌肉营养成分均处于正常范围，且失水率有降低、熟肉率有提高的趋势，重金属汞、砷、铅、镉的残留量远低于农业农村部 NY5029—2008《无公害食品　猪肉标准》。对肌肉中

16 种氨基酸及总氨基酸、必需氨基酸、风味氨基酸含量没有明显影响，但显著降低了肌肉中甲硫氨酸的含量。同时，提高了肌肉中棕榈酸含量，降低了花生三烯酸、花生四烯酸、珍珠酸、亚油酸的含量，显著提高了肌肉中微量元素钙的含量。

中草药调理剂的主要成分为肉桂、小茴香、姜、羌活、杜仲、陈皮、党参、甘草等。通过在湘沙猪日粮中添加 1％中草药调理剂，改善了湘沙猪的肉质。与对照组相比，肌肉 pH、失水率、熟肉率、储存损失等肉质指标及肌肉营养成分均处于正常范围，且失水率有降低、熟肉率有提高的趋势，重金属汞、砷、铅、镉的残留量远低于农业农村部 NY5029—2008《无公害食品　猪肉标准》。对肌肉中 16 种氨基酸及总氨基酸、必需氨基酸、风味氨基酸含量没有明显影响，但显著降低了肌肉中甲硫氨酸的含量。提高了肌肉中棕榈酸含量，降低了花生三烯酸、花生四烯酸的含量，显著提高了肌肉中微量元素钙的含量。

二、微生物添加剂

通过在湘沙猪日粮中添加微生物添加剂、复合微生物添加剂等多种微生物调理剂，改善和提高猪肉品质风味，改善肉质。微生物制剂含有大量的需氧性和厌氧性益生菌，这些益生菌进入消化道能发挥以下作用：一是快速繁殖并直接参与肠道微生物防御屏障结构，起到占位，争夺营养和互利共生，阻止病原菌的侵入，从而抑制致病菌繁殖的作用。二是需氧性益生菌在其生长繁殖过程中消耗肠道内大量氧气，造成局部厌氧环境，促进有益厌氧菌的生长，同时抑制需氧和兼性厌氧病原菌的繁殖，达到调节肠道微生态平衡，维护机体健康，降低发病率的目的。三是需氧性和厌氧性益生菌在繁殖过程中分解肠内的淀粉、粗蛋白质和粗纤维，提高饲料消化吸收率，达到提高生长速度的目的。

微生物添加剂的主要菌种有乳酸杆菌、酵母菌、芽孢杆菌等。日粮中添加微生物添加剂，能提高湘沙猪的日增重和饲料利用率，改善胴体品质，使其肉的肉色、大理石纹、pH、失水率、熟肉率、储存损失均处于正常范围，并有利于提高湘沙猪肌肉中丝氨酸、组氨酸、苏氨酸、酪氨酸、蛋氨酸、亮氨酸、苯丙氨酸的含量，改善猪肉品质；未造成湘沙猪肌肉中砷、铜、铅的残留超标。

三、灵芝和猴头菇菌糠

灵芝和猴头菇是高端食用菌，培养基原料为玉米、麦麸、玉米芯、花生藤和红薯藤等，灵芝和猴头菇菌糠是收获食用菌后剩余的培养基废料。菌糠的主要成分是菌丝体和食用菌，能不同程度分解纤维素、半纤维素、木质素等，富含氨基酸、菌类多糖及多种矿物质元素。经测定，菌糠含蛋白质 5.64%、脂肪 0.42%、水分 43%，消化能 1.72 Mcal/kg，并含有大量的真菌菌丝，因而具有一定的营养价值和保健功效，能够改善猪的免疫功能。

湘沙猪基础日粮中添加 15%~30% 的灵芝和猴头菇菌糠，能降低肌肉失水率，提高肌肉中谷氨酸、蛋氨酸、α-亚麻酸含量，并降低汞含量，从而有效改善猪肉的品质。

四、杜仲灵芝散

杜仲灵芝散主要含杜仲、灵芝、甘草、桂皮等多味中草药。灵芝含有多种生物活性成分，如灵芝多糖类、三萜类、多肽类、核苷类等，灵芝对于增强人体免疫力、调节血糖、控制血压，辅助肿瘤放疗和化疗，保护肝脏，促进睡眠等均有显著效果。杜仲是我国名贵的滋补药材，从杜仲中提取的化学成分按其结构可分为木质素类、环烯醚萜类、黄酮类、苯丙素类、萜类、多糖类等，杜仲具有降血压、降血脂和降血糖，抗肿瘤、抗菌、抗病毒、抗炎、抗氧化等药理作用。

在基础日粮中添加 1% 杜仲灵芝散，能有效改良湘沙猪肉质，有增加猪肉大理石纹并能提高猪肉中总氨基酸、风味氨基酸和必需氨基酸含量的趋势，同时，肌肉中的砷、汞、镉、铅含量很低。在基础日粮中添加 1% 灵芝粉，能显著提高猪肉中的粗蛋白质、苯丙氨酸和钾元素含量。

五、构树发酵饲料

构树发酵饲料是以农村收割的新鲜构树全株（株高 80~120 cm）作为主要原料，将其切断打碎，添加少量玉米、豆粕及发酵微生物（酵母菌和乳酸菌）和酶制剂（纤维素酶）后装袋发酵。构树粗纤维含量高、蛋白质结构复杂，单胃动物难以消化，可通过青贮、发酵处理后达到更好的饲用效果。

在湘沙猪前期和后期日粮中分别添加 20% 和 30% 的构树发酵饲料，

能有效改良猪肉品质。同时能显著增加肌内脂肪及背最长肌中氨基酸、肌苷酸和月桂酸含量，促进氨基酸平衡，有助于改善肌肉品质和风味。

第八节　猪场饲料管理

养猪场所用饲料，一部分是采购全价料进行直接饲喂，如教槽料、乳猪料、小猪料等；另一部分也是大多数猪场（一般配套建有饲料加工厂房）直接采购玉米、麦麸、豆粕、菜粕、鱼粉、浓缩饲料、预混料、添加剂等配制成小、中、大猪及母猪饲料。由于饲料占猪场生产成本的70%以上，因此加强猪场饲料的采购、保存、使用等环节的管理是提高猪场经济效益的关键措施。

一、配合饲料的采购管理

全价配合饲料出厂前受原料品质、配方设计、加工工艺等诸多因素的影响，因此，如果猪场无条件自行生产全价配合饲料，那就要坚定不移选择有品牌、重品质、讲信誉的中大型饲料生产供应厂商，且尽量不随意更改。众所周知，猪有着超强的嗅觉，对饲料适口性和口味变化非常敏感，尤其是原料及饲料配方发生变化，即使饲料质量好，也会在一定时期和一定程度上影响猪的采食量。而质量控制手段单一、管理粗放的饲料厂，由于原料选择受限，设备简陋，加工工艺要求低，加之考虑生产成本，随意调整饲料配方，造成配合饲料质量不稳定，用这样的配合饲料喂猪，肯定会对猪群造成不可逆的影响，如果猪群健康状况不好，更会雪上加霜。因此，全价配合饲料的采购管理主要是选择合适可靠的生产厂家。

二、饲料原料的采购管理

要选择质量可靠、货源稳定的饲料原料生产厂家或供应商，供需双方要签订合同，内容包括原料产地、名称、规格、等级、价格、运输质量保证、违约责任等。原料入库前，要进行抽检，观察色泽是否正常，有无杂质，是否结块霉变，饱满度、均匀性是否正常。常见的有麦麸中掺统糠，豆粕中掺泥沙，鱼粉中掺羽毛粉、血粉等。在感官鉴定合格的基础上，要进一步进行理化检验，玉米、豆粕、麦麸、鱼粉要进行水分含量测定，豆粕、鱼粉等蛋白质饲料要检测粗蛋白含量，矿物质饲料如磷酸氢钙要检测磷、钙含量，而且每批原料都要留样。

三、饲料的保存管理

按猪场需要采购的全价料、饲料原料及自配饲料，要加强储存管理，防止污染、发霉、变质、虫蛀。

重视饲料保存环境，关注空气湿度变化。通风良好、防雨防湿是仓库的基本要求。在南方空气湿度较大，对仓库的湿度应建立监测登记制度，在高湿度的雨季，尽可能在仓库内存放适量生石灰控制湿度，要保证空气相对湿度控制在75％左右。饲料仓库内应垫木板和防潮性能好的物品，保持空气流通，防止饲料结块或水分过高，发霉变质。一般保存环境的相对湿度在65％以下，饲料水分低于14％，可抑制微生物的繁殖。

办理入库手续。饲料入库后要及时登记，标明品种、数量、生产日期及保质期。按照"先进先出"的原则用料，最好在加工后一个月内用完。饲料中最好添加防霉剂和抗氧化剂，如未添加，饲料应在半个月内使用完。

及时灭鼠杀虫。饲料加工车间及仓库内要定期投放老鼠药，减少老鼠对饲料造成污染、浪费。饲料仓库内还要定期杀虫，防止虫蛀造成饲料营养物质的损失。

做好饲料计划管理。饲料计划应及时，防止断料导致生产被动，也不能造成大量库存。

四、饲料的细节管理

1. 猪场饲养员节约意识淡薄，随意投料，或操作不熟练，饲料到处洒落，也没有采食量记录，饲养员对投料量概念模糊。

2. 没有科学的饲喂方法，投料不定时，投料量随意，改料或加量时太急、不过渡等，都会影响猪群采食，造成浪费。

3. 用料不合理，未及时根据猪的生理阶段换料，高价料使用时间过长，如一些猪场由于考核料肉比但是管理不到位，导致饲养员将仔猪教槽料用到断奶后3周之久，而保育料则用到猪20 kg左右，小猪料用到猪60 kg，哺乳料则从临产前1个月就开始用等。既造成浪费，又不符合猪的最佳营养需要。

4. 无效种猪多，且不进行处理，既降低了种猪利用效率，又需要大量饲料维持。无效种猪主要指长期不发情的母猪，多次返情的母猪，繁殖性能差的母猪（如产仔数很少），有肢蹄病不能配种的公猪，配种后受胎率低的公猪。对这些无效种猪应及时淘汰。

5. 僵猪不及时处理，肥猪不及时销售，造成浪费。僵猪应及时淘汰，可减少饲料浪费和存栏风险；肥猪在 100 kg 以上时生长速度变慢，体形外貌变差，这时要结合饲料成本、饲料效率和生猪销价，确定最佳销售体重，不可盲目喂大猪。

6. 不按饲料配方加工造成浪费。一些猪场加工饲料时原料不过称；缺少一种原料时，随意用另一种原料代替；还有用劣质原料配制饲料的，这些都会影响饲料的全价性、营养性及饲料的消化利用率。

7. 饲料配方不随气候的变化而变化，进而造成浪费。环境温度不同，猪的营养需要不同。冬季气温低，若采用低能高蛋白饲料配方会造成蛋白质的浪费；夏天气温高，若采用高能低蛋白饲料配方会造成能量的浪费。因此，猪场应根据气温和季节变化，随时调整日粮配方，提高饲料的转化效率。

8. 食槽不及时清理，尤其是高温季节饲料投放到食槽后，由于湿度大，剩余饲料 1 h 左右就会产生异味，1 d 左右霉败，春季饲料暴露在空气中也会霉败。因此尽量少量多餐，在投料前应清理食槽中变味的饲料及粪尿等，投料时观察猪的采食行为，采食后要及时清理食槽，剩余饲料转给其他猪吃，以免造成浪费，同时准确掌握猪的采食是否异常。条件允许时，要尽量使用自动料槽。

第六章　湘沙猪饲养管理

第一节　种公猪饲养管理

饲养种公猪是为了得到高质量的精液。农谚说："母猪好，好一窝；公猪好，好一坡。"这就说明了养好公猪的重要性。种公猪应选用符合本品种特征，从系谱、体形、种用要求多途径选用，选择性欲旺盛，配种能力强的公猪。并要合理加强种公猪的营养、日常管理、配种管理等，才能发挥种公猪最大的繁殖潜力。

一、种公猪的营养特点

公猪精液里蛋白质占 1.5%～2.0%，脂肪占 0.2%，水分占 90%～97%。公猪一次射精量一般为 150～500 mL，有的甚至达 600 mL。所以饲料中蛋白质的质和量对公猪精液的质量有很大影响，要使公猪体质健壮、性欲旺盛、精液品质好，就要从各方面保证公猪的营养需要。

在公猪日粮中，首先要满足蛋白质的需要，其次是钙、磷和维生素的搭配要合理，尤其还要注意补充适当的微量元素，铁、铜、锌、锰、碘和硒都不可缺少，硒缺乏时可引起睾丸退化，精液品质下降；长期缺乏维生素 A 可引起睾丸肿胀或萎缩，不能产生精子，失去繁殖能力；维生素 E 能提高种公猪的繁殖能力；维生素 D 对钙磷代谢有影响，间接影响精液品质。公猪每千克日粮中维生素 A 应不少于 3500 IU，维生素 E 应不少于 9 mg，维生素 D 应不少于 200 IU。公猪营养水平不宜过高或过低，如果日粮中蛋白质缺乏，对精子品质会有不良影响；如果长期饲喂蛋白质过多的日粮，同样会使精子活力降低，精子浓度减小且畸形精子增多。公猪过肥会造成配种能力下降，过瘦则精液品质差，会造成母猪受胎率低，所以应适时调整公猪的饲料配方和饲喂量。

二、种公猪的饲料配制

公猪日粮应营养全面，适口性好，易消化，保持较高的能量和蛋白质，并且钙磷平衡，同时满足维生素 A、维生素 D、维生素 E 及微量元素的需要。这样才能保证种公猪有旺盛的性欲和良好的精液品质。

公猪日粮中蛋白质含量为 14%～16%，而且要求动物性蛋白质和植物性蛋白质保持一定的比例，以保证饲料蛋白质具有较高生物学效价。日粮消化能应适当，消化能过高易沉积脂肪，造成公猪体质过肥，公猪性欲和精液品质下降。能量过低，公猪身体消瘦，精液量减少，精子浓度下降，影响受胎率。

可根据当地情况确定公猪日粮饲料种类，全价配合饲料、自配饲料都可以，前提是能够充分满足其营养需要。但在配制日粮中要注意粗饲料含量占比不能太多，因粗饲料体积大、营养价值低，如果日粮体积太大，就容易把肚子撑得太大，造成腹大下垂，影响配种。自行配制饲料可参考表 6-1。

表 6-1 湘沙猪公猪饲料配方

原料名称	公猪养殖阶段		
	小公猪	后备公猪	种公猪
玉米/%	56	60	60
豆粕/%	20	18	16
麦麸/%	20	18	20
预混料/%	4	4	4
合计/%	100	100	100

三、种公猪的饲养管理

通过规范种公猪饲养管理，确保种公猪健康和精液质量。要求公猪精液精子活力达到 85%以上，精子密度每毫升 2 亿个以上，精子畸形率 18%以下。后备公猪调教成功率≥90%。

(一) 种公猪的日常管理

1. 精细饲养

要使种公猪精液优良、性欲旺盛，就要加强对种公猪的饲养。种公猪每天喂 2 次，每头每天饲喂配合饲料 2.5 kg 左右，青饲料 2～3 kg。要注意每餐不要喂得过饱，以免公猪饱食贪睡，不愿运动造成过肥。

2. 合理运动

运动能使公猪的四肢和全身肌肉受到锻炼，使公猪体质健壮、精神活泼、食欲增加，提高性欲和精子活力。一般来说，公猪每天运动 2 h 为宜，上午和下午各 1 h。夏季应该早晚进行，冬季应在中午运动。如遇酷热或严寒、刮风下雨恶劣天气时应停止运动。若运动不足，公猪则会贪睡、肥胖、性欲降低，四肢软弱，影响配种效果。在配种采精频率较高时，应加强营养，适当减轻运动量。在配种采精频率较低时，可适当降低营养，增加运动量。对于肥胖的种公猪，应在饲料中减少能量饲料的数量或减少饲喂量，增加青饲料的数量，并将公猪放到栏外适量增加运动。

3. 调控环境

公猪舍要选择在地势高、地形宽敞和通风良好的地方，以避免阳光直射猪舍内。在猪舍周围可栽一些树，场区种植牧草，改善场区小气候。公猪舍应该清洁、干燥、舒适，温度控制在 14℃～18℃ 之间。高温是对种公猪保持生精能力和性欲最为不利因素，所以夏季应尽可能使公猪处于凉爽状态，经常喷水和通风降温，避免公猪受热应激影响精子成活率。其次要保持圈舍和猪体的清洁卫生，每天清扫圈舍 2 次，刷拭猪体 1 次。饲养、采精人员对种公猪态度要和蔼，严禁恫吓，应随时观察公猪健康状况。

4. 防止自淫

公猪自淫是受到不正常的性刺激，引起性冲动而爬跨其他公猪、饲槽或围墙而自动射精，容易造成阴茎损伤，公猪形成自淫后体质瘦弱、性欲减退，严重时不能配种。防止公猪自淫的措施是杜绝不正常的性刺激。首先公猪要单栏饲养，同圈饲养易引起公猪爬跨，后备公猪和非配种期公猪应加大运动量。其次对于成年公猪每星期至少配种或采精一次，也能避免自淫的发生。

（二）种公猪的配种管理

1. 种公猪的初配年龄

湘沙猪是利用沙子岭猪优良种质资源与引进品种经多年选育而成的三系配套优质猪。XS3 系公猪一般在 6～7 月龄、体重达到成年体重 50%～60% 时可以配种。XS1 系和 XS2 系公猪一般宜在 10～12 月龄、体重达 90～120 kg 时配种，过早初配，既影响生长发育，缩短使用年限，同时易造成后代头数减少、身体瘦弱、生长缓慢，也不利于育肥。因此，掌握种公猪的初配年龄，对提高利用率非常重要。

2. 种公猪的利用年限

种公猪的利用年限一般为 3～5 年，优秀个体可适当延长。种公猪的最适宜年龄为 2～4 岁，这一时期是配种最佳时期，猪群应保持合理的公母比例。本交情况下公母比例为 1∶（25～30），人工授精情况下公母比例为 1∶（100～150），要及时淘汰老公猪并做好后备公猪的培育。

3. 使用频率

影响种公猪繁殖力的重要因素之一是种公猪的配种频率。配种频率过高或过低都会降低公猪的繁殖力。公猪生产精子能力在其接近 10～12 月龄时，日产量迅速增多，并随年龄而增加，到 2 岁时达到顶峰水平，之后缓慢下降。配种采精过频会导致公猪精液精子减少和性欲减退。一般 1 岁以上成年公猪本交时建议配种频率为每周 3～5 次；人工授精公猪采精频率为每周 2～3 次，连续配种 5～6 d 后应休息 2～3 d，这样不仅能够保证精液质量，还能延长种公猪的使用年限。

4. 配种地点和采精时间

应设立专门的配种房和人工采精室，这样可以使公猪形成条件反射很快进入角色，既利于配种又利于人工采精。采精和配种最好选在早晚凉爽时进行，采出的精液要及时稀释装瓶避免污染，并储存在专用恒温箱。

5. 精液品质检查

种公猪精液的检查要常态化，一般公猪精液品质冬季最优，夏季最差。南方地区公猪采精量 5 月开始下降，8 月最低，9 月后开始慢慢回升；精液密度 1 月最大，9—11 月最小，说明炎热比寒冷对公猪精液的影响更明显。因此，夏季种公猪精液的检查尤为重要，每 3～4 d 要用显微镜检查一次精子活力与密度，作为调整饲料、运动时间和配种次数的依据，随时掌握精液的质量，以保证较高的受胎率。

6. 精液稀释及分装

取 1 L 的蒸馏水加入 1 包稀释粉（稀释比例按说明书），充分搅拌并静置半小时待用，使用前需放置于 37℃ 恒温水浴箱。原精储存不超过 30 min，精液采集后应尽快稀释，检查稀释后精液的活力，若无明显下降，按照稀释后每 80 mL 含有 40 亿个有效精子进行分装。

7. 精液的保存

精液稀释分装好后，应先置于 22℃～25℃的室温 1 h 后再放置于17℃冷藏箱中保存，或用 4 层干毛巾包好直接放在 17℃冰箱中。精液应平放，也可叠放。冰箱中必须放有灵敏温度计，随时检测温度。要减少恒温冰箱门开关次数，防止频繁升降温对精子打击。出现温度异常或停电，必须及时检查储存精液的品质。保存过程中要注意每 12 h 翻动一次，防止精子因沉淀而死亡。

8. 精液运输

精液运输中要做好保温和防震工作。高温的天气，在双层泡沫箱中放入恒温胶（17℃恒温），再将精液放入后进行运输，可防止温度过高而导致死精增多。严寒的季节，在保温箱内用恒温乳胶或棉絮等保温。精液运输过程中，还要特别注意防震。

9. 人工输精

（1）输精前对精液进行抽检，活力≥0.7 的精液才能使用。

（2）输精员剪除指甲后，用 0.7％～0.9％的盐水洗手，并用干净毛巾擦干。

（3）输精前先用清水清洁母猪外阴及臀部并抹干；再用 0.1％高锰酸钾清洗消毒、抹干外阴；接着用 37℃的 0.7％生理盐水按由上到下、由内及外的顺序将母猪外阴清洗干净。

（4）输精前检查海绵头是否松动（经产母猪用大号，后备母猪用小号），不允许直接用手检查海绵头；输精前在输精管顶端涂上少许润滑剂或少许精液，注意不能弄脏输精管（尤其是前 2/3 处）。

（5）输精

①精液从 17℃恒温箱取出后，应小心混匀或上下颠倒数次，不需升温直接用于输精。剪去瓶嘴，将精液瓶接上输精管，排出输精管中空气，准备输精。

②输精员倒骑在母猪背上，模拟公猪行为给母猪辅助刺激，用手按摩母猪后海穴、外阴、阴蒂，用脚摩擦其乳房、腹部，使母猪有舒适快感，刺激子宫收缩，防止精液倒流。

③当发情母猪处于静立时，打开母猪阴户，输精员左手心向上，食指和无名指托起母猪外阴户下锥端，再用大拇指和小指向上打开两边外阴唇；右手握输精管后 1/3 处，插入输精管，稍微用力让精液自然流入子宫内，当精液输完 2/3 时（约 2 min），用针头在瓶底扎一小孔，按摩

母猪乳房、外阴或压背，使子宫产生负压将精液吸纳，绝不允许将精液挤入母猪的生殖道内。

④经产母猪：轻缓地将输精管斜向上逆时针方向旋进母猪子宫颈第2~3个皱褶，感觉有阻力"弹回"时，输精管后退 1 cm 即可输精。

⑤初配母猪：因母猪阴道壁有阻力，逆时针方向旋转插入，当感到有阻力时，顺时针方向稍微退出，再将输精管缓缓插入，再次感觉有阻力"弹回"时，输精管后退 1 cm 即可输精。

（三）种公猪的防疫管理

必须重视猪舍内外的清洁卫生和消毒工作，对猪舍墙壁、运动场要定期清洗消毒，同时对猪体表也要定期刷洗消毒，每年应进行两次体内体外驱虫。猪场要严格进行猪瘟、口蹄疫、伪狂犬病、细小病毒病、乙型脑炎等的免疫注射。

第二节　种母猪饲养管理

一、阶段目标

在生产中，养好母猪就是要提高母猪年产胎次，降低非生产天数，使母猪提供尽可能多的断奶仔猪，达到效益最大化。表 6-2 为湘沙猪配套系母猪的生产指标。

表 6-2　湘沙猪配套系母猪的生产指标

项目	指标	项目	指标
妊娠期/d	114	母猪情期受胎率/%	90~95
哺乳期/d	35	母猪分娩率/%	90
断奶至受胎/d	5~7	母猪年产胎次	2.3
每头母猪年出栏商品猪/头	26	窝平均产仔/头	12.4

二、饲养特点

母猪的营养需要一般按后备母猪、妊娠母猪、哺乳母猪划分。繁殖母猪各阶段都是相互联系的，任何一个阶段的营养水平都将对以后的繁殖性能产生直接或间接的影响。

后备母猪对营养的要求比商品肉猪高，商品肉猪饲料是按最低成本达到最快生长速度为目的设计的，不适于承担长时间繁重繁殖任务的母猪，后备母猪营养既要控制其体型、体重、生长速度，还要促使正常发情，促进多排卵并为顺利配种做好准备。后备母猪饲养管理详见本章第三节。

三、管理方式

(一) 妊娠母猪

妊娠母猪的营养需要则是随妊娠天数的增加而增多，特别是产前二十多天需要量最多，其中以蛋白质、钙、磷的需要量最多。因此，在妊娠母猪的饲养上，一般把母猪妊娠期分为三个阶段，前 80～90 d 称为妊娠前期，后 20～30 d 称为妊娠后期，产前 3 d 为临产期，以便在饲养上予以不同的饲养，既要保证母体健康，又要保证胎儿得到充分发育。

1. 妊娠前期的营养需要

妊娠前期胚胎发育缓慢，需要的营养不多，精料喂得太多容易造成胚胎的早期死亡，同时产仔数也会减少。因此，一般采取空怀母猪的饲养标准。

2. 妊娠后期的营养需要

母猪妊娠后期营养控制做得不好，一会影响仔猪的初生重，二会影响母猪的基础营养储备。加料过早会影响母猪乳腺发育，加料太晚会使母猪过早消耗基础营养储备，导致仔猪初生重小，一般定在 80 d 改饲哺乳母猪料并开始逐步加料。

3. 产前的营养需要

母猪临产前 2～3 d 可将饲料喂量减少一半左右，减料的意义是让母猪提前活化动员储备的能量，由于母猪日采食量下降，胎儿还在快速生长，母猪不得不提前动员营养储备来补充胎儿快速生长需要的营养，这样母猪进入哺乳期后动员营养储备的能力就会提高。如果喂量高于标准，会使母猪失去自控能力，造成胎儿窒息，导致难产。

4. 饲喂量

妊娠母猪每天的饲喂量在有母猪饲养标准的情况下，可按标准的规定饲喂。在无饲养标准时，可根据妊娠母猪的体重大小，按百分比计算。一般来说，在妊娠前期喂给母猪体重 1.5%～2.0% 的配合饲料，妊娠后期可喂给母猪体重 2.0%～2.3% 的配合饲料。饲喂妊娠母猪青绿饲料时，最好将青绿饲料打成浆。无打浆条件的，一定要切碎，然后与精料掺拌一起饲喂，精料与粗料的比例可根据母猪妊娠时间递减。饲喂妊娠母猪的饲料应该含有较多的干物质，不能喂得过稀。妊娠母猪每头每天饲喂饲料量见表6-3。

表6-3　妊娠母猪每头每天饲喂饲料量

妊娠期	每头每天饲喂量/kg	饲料种类
配种后至妊娠3 d	1.0～1.5	妊娠母猪料
妊娠4～40 d	1.5～2.0	妊娠母猪料
妊娠41～80 d	2.1～2.3	妊娠母猪料
妊娠81～110 d	2.5～3.2	哺乳母猪料
妊娠111 d至分娩前2 d	2.0～2.7	哺乳母猪料
妊娠114 d（分娩当天）	0～1.0	哺乳母猪料

5. 日常管理

（1）母猪妊娠期间对饲料质量非常敏感，饲料种类不宜经常变换，不喂发霉、腐败、变质、冰冻或带有毒性和有强烈刺激性的饲料，否则会引起流产。

（2）妊娠母猪在前期可以多头群养，但在后期最好单圈饲养，地面要平坦、干燥、清洁，舍内要冬暖夏凉。

（3）加强对妊娠母猪检查，防止流产，夏季注意防暑，防止拥挤和惊吓。产前21 d打好仔猪黄白痢基因工程疫苗，每头母猪2头份肌内注射。

（4）在母猪妊娠后的第一个月内，应吃好、睡好、少运动，以便恢复体力和膘情，但在整个妊娠期应适当多运动，防止急转弯和在光滑路面上运动；在后期应减少运动量，雨天、雪天或过于寒冷的天气应停止运动，临产前1周应停止活动。

（5）严禁鞭打、粗暴驱赶妊娠母猪。

（6）如有流产预兆，应及时注射黄体酮。

（二）分娩母猪

1. 产前准备工作

（1）临产前7 d对产仔栏清洗消毒，消毒后第2～3 d将母猪赶入产仔栏，上产床前将母猪全身用温度适宜的消毒水擦洗干净，保持产床清洁卫生，减少初生仔猪感染疾病的风险。

（2）要求产房干燥（相对湿度 60％～75％）、保温（产房内温度 20℃～25℃）、阳光充足、空气新鲜。

（3）临产前将母猪的腹部、乳房及阴户附近的污物清除，再用 2％～5％来苏尔（或 0.1％高锰酸钾）消毒，然后用温水清洗擦干。

（4）产前准备好高锰酸钾、碘酒、干净毛巾、剪牙钳，冬季还应准备好保温箱、红外线灯或电热板等。

2. 母猪临产表现

母猪妊娠期平均为 114 d，范围是 110～118 d，临产前有行动不安、起卧不定、食欲减退、衔草做窝、乳房膨胀、能挤出奶水、频频排尿等表现。有了这些征兆，一定要有人看管，做好接产准备。

3. 接产技术要领

（1）产房安静、干燥、清洁卫生。

（2）仔猪产出后，接产人员应立即用消毒毛巾将仔猪的口、鼻黏液掏出，再用毛巾将全身黏液擦净。

（3）断脐。先将脐带内的血液向仔猪腹部方向挤压，然后在距离腹部 4 cm 处用手指把脐带掐断，断处用碘酒消毒。若断脐流血过多，可用手指捏住断头，直到不出血为止。

（4）仔猪编号。采用剪耳号的办法进行仔猪编号。

（5）仔猪应尽快吃上初乳，个别仔猪生后不会吃奶，应人工辅助。

（6）仔猪保温。夏季晚上和春秋季节全天都应给仔猪保温防凉，冬季在保温箱内加红外线灯，使箱内温度达到 34℃～36℃，同时应尽可能提高产仔舍室温（生火、暖风炉、地暖等）。

（7）假死仔猪的救治。仔猪出生后不呼吸但心脏仍然在跳动称为假死。假死的急救方法：一是用左手倒提仔猪的两条后腿，用右手拍仔猪腹部；二是使仔猪四肢朝上，一手托着仔猪肩部，另一手托着臀部，然后一屈一伸反复进行，直到仔猪发出声音为止；三是用药棉蘸上乙醇或白酒，涂抹仔猪的口鼻部，刺激仔猪呼吸。对救活的仔猪必须人工辅助哺乳，特殊护理 2～3 d。

（8）难产处理。母猪长时间剧烈阵痛，同时呼吸困难、心跳加快，但仔猪仍产不出，应实行人工助产。方法一：注射催产素，用量按每 50 kg 体重 1～1.5 mL，注射后 20～30 min 可产出仔猪，如果仍无效，可人工掏出。人工掏出需剪磨指甲，先用肥皂洗净双后，再用来苏尔洗净双手，消毒后涂润滑剂，同时将母猪后躯、肛门和阴户用 0.1％高锰酸钾溶液洗净，然后助产人员将左手五指并拢，成圆锥状，手心向上，沿着母猪努责间歇时慢慢伸入产道，摸到仔猪后随母猪努责慢慢将仔猪拉出，切勿损伤子宫，术后应给母猪注射抗生素以防感染。

（9）及时清理产房。产仔结束后，及时将产床打扫干净，排出的胎衣及时清理，以防母猪因吃胎衣而养成吃仔猪的恶癖。

4. 分娩母猪饲养管理

（1）临产前 5～7 d 应减少 15%～20% 精料，适当增加麦麸可防止便秘。分娩前 10～12 h 最好不喂料，分娩当天可喂 1.0～1.5 kg 日粮，但应满足饮水，分娩后逐渐加量，5～7 d 后达到哺乳母猪的标准饲喂量。

（2）母猪产后用 0.1% 高锰酸钾温水冲洗子宫 2～3 次，然后灌注抗生素生理盐水 20～50 mL（如青霉素 160 万 IU，链霉素 200 万 IU，生理盐水 30 mL），夏季高温季节，母猪产后连续 3 d 肌内注射青链霉素合剂，预防子宫炎。

（3）分娩后让母猪在安静环境中休息，让仔猪及时吃上初乳，在母猪有食欲时调喂少量稀料。

（三）哺乳母猪

1. 营养需要

哺乳母猪的物质代谢非常旺盛，所需要的营养物质较空怀时要高得多，对能量、蛋白质、矿物质和维生素的需要也要按哺乳仔猪头数的增加而增加，母猪在泌乳期的采食量往往很难被满足，为此，母猪不得不动用自身的体能储备，这是断奶母猪普遍失重的原因所在。因此，在哺乳期提供充足营养对于提高断奶窝重和断奶后母猪正常发情配种至关重要。母猪的饲料配制应严格按照饲养标准执行，饲料原料和饲料添加剂应符合规定，严禁在饲料中添加镇静剂、激素类等禁用品，不得使用发霉、变质饲料。湘沙猪配套系哺乳母猪日粮营养水平为消化能 13 MJ/kg、粗蛋白 16%、赖氨酸 0.88%、钙 0.72%、磷 0.58%、盐 0.4%。饲料配方可参考表 6-4。

表 6-4　湘沙猪配套系妊娠及哺乳母猪饲料配方

原料	母猪阶段	
	妊娠母猪	哺乳母猪
玉米/%	62	57
豆粕/%	12	16

续表

原料	母猪阶段	
	妊娠母猪	哺乳母猪
麦麸/%	22	20
进口鱼粉/%	—	3
预混料/%	4	4
合计/%	100	100

2. 饲养管理

（1）产后不宜喂料太多，并且应喂稀料，经 3～5 d 后逐渐增加用料量，7 d 后母猪采食正常时可放开饲喂，产后 10～20 d 日喂量应达 4.5～5 kg，每天饲喂 3～4 次，最后一餐在晚上 10 点饲喂，使母猪夜间有饱食感，减少起身寻食，减少压死、踩死仔猪，有利于母猪泌乳和母仔安静休息。必须避免分娩后 1 周内强制增料，否则有可能使母猪发生乳房炎，仔猪也会因吃过稠过量母乳而下痢。在母猪增料阶段，根据母猪乳房的变化和仔猪粪便情况，判断加料是否合理。为防止乳房炎和仔猪疾病发生，可在母猪分娩 7 d 内的饲料中添加抗生素预防。

（2）泌乳期饲料要相对稳定，不要突变饲料品种，不用霉变饲料，多添加青饲料，有条件的可喂打浆的南瓜、胡萝卜、甘薯等催乳料。

（3）猪舍保持温暖、干燥、卫生、空气新鲜，除每天清扫猪栏、冲洗排污沟外，每隔 2～3 d，用对猪无副作用的消毒喷雾对猪栏和走道进行消毒，注意保持栏舍安静。

（4）合理提高采食量。为提高母猪采食量，可实行时段式饲喂，利用早、晚凉爽时段喂料，充分刺激母猪食欲，增加采食量。不管是哪种饲喂方式都要注意确保饲料的新鲜卫生，切忌饲料发霉、变质。为了增加适口性可采取湿拌料的方法。

（5）供给充足清洁饮水。夏季哺乳母猪的饮水需求量很大，因此母猪的饮水应保证敞开供应。如果是水槽式饮水则应一直装满清水，如果是自动饮水器则要勤观察检查，保证畅通无阻，而且要求水流速度、流量达到一定程度。饮水应清洁，符合卫生标准。饮水不足或不洁会影响母猪采食量及消化泌乳功能。

3. 异常情况处理

（1）乳房炎

母猪精料喂得过多，缺乏青饲料，引起便秘、难产、发热等疾病，引起乳房炎，体温上升，乳汁停止分泌，多出现于分娩之后。处理方法：一是减少精料，增加青绿饲料；二是根据体温和乳房炎情况对症治疗；三是更换母猪哺乳。

（2）乳房肿胀

因仔猪中途死亡，个别乳房没有仔猪吮乳，或母猪断奶过急使乳房肿胀，或乳头损伤，细菌侵入引起乳房炎。处理方法：一是用手或温湿布按摩乳房，将残存乳汁挤出，每天挤 4～5 次，2～3 d 乳房出现皱褶，逐渐上缩即可；二是肌内注射抗生素或磺胺类药物。

（3）产褥热

母猪产后感染，体温上升到 41℃，全身痉挛，停止泌乳。处理方法：一是母猪产前减少饲料喂量，分娩前几天喂一些轻泻性饲料，减少母猪消化道负担；二是母猪停止泌乳，将仔猪寄养，对母猪进行及时治疗。

（4）产后奶少或无奶

常见的原因：一是母猪妊娠期间饲养管理不善，特别是妊娠后期营养水平太低，母猪消瘦，乳腺发育不良；二是母猪年老体弱，食欲不振，消化不良，营养不足；三是母猪过胖，内分泌失调。对于消瘦和乳房干瘪的母猪，可喂催乳饲料，如豆浆、小米粥、小鱼汤等，也可用中药催奶（药方：木通 30 g，茴香 30 g，王不留行 40 g，路路通 30 g，当归 30 g，一同水煮，拌稀粥分 2 次喂），对于过肥且无奶母猪，应减少饲料量，加强运动，多喂青绿饲料，同时用上述中药添加紫苏催奶。

4. 促进发情排卵的措施

地方品种和培育品种母猪一般能正常发情、配种、妊娠，特殊情况下可采取以下促进发情的方法：

（1）公猪诱情

用公猪追逐不发情的空怀母猪，或把公、母猪放在同一栏内，由于公猪爬跨和公猪分泌的外激素气味等刺激能引起母猪产生促卵泡激素，促进发情排卵。

（2）提前断奶

为减轻母猪哺乳负担，将仔猪提前到 21～28 d 断奶，母猪可提前发情。

（3）合群并栏

把不发情的空怀母猪合并到发情母猪的栏内饲养，通过爬跨等刺激，促进空怀母猪发情排卵。

（4）按摩乳房

对不发情的母猪，每天早晨喂料后，用手指尖端放在乳头周围皮肤上做圆周运动，按摩乳腺（不要触动乳头），依次按摩每个乳房，促使分泌排卵素。

（5）激素催情

对卵泡囊肿或持久黄体的母猪，用孕马血清促性腺激素（PMSG）和合成雌激素等注射，促进排卵效果好。

（6）药物冲洗

对子宫炎引起的配后不孕母猪，用1%食盐水或0.1%高锰酸钾水冲洗子宫，再用金霉素1g（或恩诺沙星）加蒸馏水100 mL注入子宫，间隔1～2 d再进行一次，同时肌内注射青链霉素合剂消炎，注射催产素促使子宫污物排出。

（7）营养调控

体膘过肥的母猪，停料1～2 d，只饮水，第2～3 d后限制用料，同时加强运动和用公猪诱情。体膘偏瘦的母猪，饲喂哺乳料3～5 d，并保证用量，同时用公猪诱情。

第三节　后备母猪饲养管理

一、阶段目标

湘沙猪配套系后备母猪不仅生存期长，而且还担负着周期性很强、几乎没有间歇、高强度的繁殖任务。因此后备母猪不要求生长太快，主要使其在配种时有一个良好的种用体况，以获得最佳的繁殖性能和使用年限。

二、饲养特点

（一）后备母猪的选择

体形外貌符合该品种特征和种用要求，骨架结构好，四肢强壮，有效乳头7对以上，没有瞎乳头和附乳头且排列均匀整齐，外阴大小适中，无畸形，后躯较丰满。

（二）后备母猪的选择时期

断奶阶段：主要是淘汰那些生长发育不良或者是有突出缺陷的个体。

保育阶段：保育阶段就是选留大窝中的好个体，是在父本和母本都是优良个体的相同条件下，从产仔头数多、哺乳率高、断奶和育成窝重量大的窝中选留发育良好的仔猪。

6 月龄阶段：母猪达 6 月龄时各组织器官基本发育完成，优缺点更加突出明显，此时可根据多方面的性能进行严格选择，淘汰不良个体。

配种前：后备母猪在初配前要进行最后一次挑选，淘汰性器官发育不理想、发情症状不明显的后备母猪。

（三）后备母猪的营养需要

后备母猪在不同阶段其营养需求不同，在营养设置时应充分考虑钙、磷比例和微量元素的平衡。湘沙猪配套系后备母猪营养需要参见表 6-5。

表 6-5　湘沙猪配套系后备母猪营养需要

	阶段/kg	消化能/（MJ/kg）	粗蛋白/%	钙/%	磷/%	食盐/%
后备母猪	30～50 kg	11.7	14	0.60	0.50	0.30
	51 kg 至配种前	12	13	0.65	0.56	0.30

三、管理方式

后备母猪每头占栏面积约 2 m²，既可单头单栏饲养也可多头混养，在大栏饲养的后备母猪要经常性地进行大小、强弱分群，最好每周 1 次，同时后备母猪应按日龄分批次做好免疫、驱虫和健胃。

后备母猪要建立发情记录，6 月龄后要划分发情区和非发情区，以便于达 7 月龄时对非发情区的后备母猪进行系统处理。

后备母猪每周运动 1～2 次，每次 1～2 h，每天 6～8 h 光照，可促进发情。6 月龄以上母猪可以用公猪诱情，同时也要让母猪与公猪有足够的接触时间。后备母猪和发情母猪并栏饲养，可刺激发情。限饲和优饲交替饲喂也可刺激发情。

6～7 月龄的后备母猪要以周为单位进行分批按发情日期归类管理，并根据膘情情况做好合理的限饲、优饲计划，配种前 10～14 d 要安排喂催情料，比正常料量要多，到下个情期发情即配。同时应建立后备母猪卡片，并悬挂于母猪所在栏舍的上方。后备母猪发情、配种记录参见表 6-6。

表 6 - 6　后备母猪发情、配种记录

母猪号	发情时间		配种			预产时间
	第一次	第二次	时间	公猪号	配种方式	

第四节　仔猪饲养管理

一、阶段目标

从出生至断奶前是仔猪培育的最关键环节，仔猪出生后的生存环境发生了根本性变化，仔猪从母体恒温到体外的变温，从被动获取营养和氧气到主动吮乳和呼吸空气来维持生命，导致哺乳期死亡率高于其他生理阶段。因此，减少仔猪死亡率和增加仔猪体重是养好哺乳仔猪的目的。

二、饲养特点

1. 调节体温功能不完善，体内能源储备有限

仔猪初生时的临界温度为 35℃，当环境温度低于 35℃时，体温就要靠提高体内物质代谢增加产热量，但由于仔猪体温调节功能发育不健全，加上初生仔猪体内能源储备有限，低温导致仔猪活力差、不能吃乳、体弱，甚至昏迷死亡。仔猪体温调节要从 9 日龄起才得到改善，20 日龄才能接近完善，所以哺乳仔猪保温和尽早吃上初乳是养好仔猪的重要措施之一。

2. 消化器官不发达，消化功能不完善

初生仔猪消化器官相对重量和容积较小，发育晚熟，导致消化系统发育较差，消化功能不完善，对饲料中的营养成分消化率很低。消化功能不完善的另一表现是食物通过消化道的速度快，排空时间短，所以仔猪吮乳次数多，以保证获得足够营养。

3. 缺乏先天免疫力，抵抗疾病能力差

初生仔猪体内没有免疫抗体，仔猪靠吃到初乳后把母体的免疫抗体传递给自己，并逐渐过渡到自身产生抗体而获得免疫力。母猪初乳中的蛋白质含量高于常乳，但初乳中的免疫球蛋白含量下降很快，母猪分娩 12 h 后球蛋白含量比分娩时下降 75%，因此仔猪出生后尽快地吃到初乳

才能达到有效的保护。

4. 生长发育迅速，新陈代谢旺盛

仔猪出生时体重相对较轻，但出生后生长发育迅速，新陈代谢旺盛，10 日龄时体重达到出生时体重的 2 倍以上，60 日龄时体重可达到初生重的 12 倍。因此，对营养物质的数量和质量都要求较高，对营养不良反应非常敏感。

三、管理方式

1. 及早吃足初乳，固定奶头

仔猪出生后随时放在母猪身边吃初乳，能刺激消化器官活动，促进胎粪排出，增加营养产热，提高仔猪对寒冷的抵抗力。及早吃上初乳能使仔猪获得免疫力，提高仔猪抗病力。初生仔猪有抢占奶头并在 2～3 d 固定的习性，奶头固定后，一般整个哺乳期就不再串位，每次吃奶时各就各位，有利于母猪泌乳，有利于仔猪均匀生长发育。中间和前面的乳头乳量较后面的乳头多（乳头泌乳量从强到弱分别为 2、3、1、4、5、6、7），应将体弱仔猪安排在前面（或是中间）乳头吮乳。

2. 仔猪保温防压

初生仔猪对于寒冷环境和低血糖极其敏感，自身调节体温能力差，其适宜的环境温度为 32℃～34℃，最好的办法是产栏内设置保温箱，箱旁有自由出入口，箱上面吊一只 250 W 的红外线灯泡，箱底垫麻袋或干草。开始时将仔猪放入保温箱，将出口封住，喂奶时将出口打开，调教几次后，仔猪会自动出入。

3. 剪犬齿与断尾

剪掉犬齿的目的是防止仔猪互相争乳时咬伤乳头，剪齿前剪钳要消毒，剪齿时不能损伤仔猪齿龈，断面要剪平。断尾的目的是预防育肥期间的咬尾现象，断尾一般与剪犬齿同时进行，方法是用专用剪尾钳直接在离尾根 3～5 cm 处剪断，然后涂上碘酒，防止感染，注意防止流血和并发症。

4. 补铁

新生仔猪对铁元素需要量大，母乳中含铁量很低，铁是血红素和肌红蛋白所必需的元素，是细胞色素酶类和多种氧化酶的成分，仔猪缺铁时导致营养性贫血症。补铁的方法很多，最好的方法是给仔猪肌内注射铁制剂，如硫酸亚铁针剂、右旋糖酐铁注射液等，一般在仔猪 2 日龄时

注射 100～150 mg。

5. 寄养与并窝

当母猪产后无奶或产活仔数超过有效奶头，或母猪因故死亡，需要将无奶吃的仔猪寄养给别的母猪。当有 1 头或几头母猪产仔数较少，可将两窝并成一窝，一头母猪哺乳，另一头母猪断奶提早发情配种。应注意：一是母猪产仔日期要尽量接近，最好不超过 3～4 d；二是仔猪一定要吃过初乳才能寄养或并窝；三是后产的仔猪往先产猪里寄养大的，先产的仔猪往后产猪里寄养小的。

6. 提早开食补料

仔猪的营养单靠母乳是不够的，早补料能刺激消化系统的发育与功能完善，能减轻断奶后营养性应激反应导致的腹泻。仔猪 5～7 d 即可诱食，诱食应投其所好，将料放在补料槽内，让仔猪自由采食，根据仔猪抢食和爱吃新鲜料的习性，每次投料要少，每天可多次投料。

7. 仔猪补水

仔猪生长发育迅速，代谢旺盛，母乳和补料中蛋白质含量较高，需要较多水分，及时给仔猪补喂清洁的饮水，能防止仔猪吃尿液或脏水导致下痢。

8. 预防仔猪腹泻

以下情况易发生仔猪腹泻：

（1）初产母猪体内缺乏某种特定的抗体。

（2）母猪患病或消化系统紊乱、泌乳不足，或母猪饲料脂肪过高、乳脂过浓，仔猪发生下痢。

（3）窝产仔数较多，部分仔猪吃不上初乳，未从母乳中获得抗体。

（4）分娩哺乳栏内卫生状况较差，仔猪发病及死亡率提高。

（5）栏舍内寒冷，仔猪抵抗力减弱，这是仔猪下痢的主要因素之一。

（6）感染其他疾病，均会与腹泻共同作用，导致仔猪死亡率提高。

预防仔猪腹泻必须采取综合措施，一是饲养好母猪，提高母猪的免疫力，使仔猪从初乳中获得特定的抗体；二是栏舍清洁卫生、干燥，室温合适，及时防寒防暑；三是产前给母猪注射针对性疫苗（传染性胃肠类，流行性腹泻苗、双价基因工程灭活苗等）；四是仔猪 2～4 日龄（未下痢前）时注射预防剂量的抗生素。仔猪发生腹泻时，及时根据发病原因进行治疗。

第五节　保育猪饲养管理

一、阶段目标

保育猪一般是指断奶至 70 日龄左右的仔猪。断奶仔猪日粮由液体奶变成固体饲料，生活环境由依靠母猪到独立生存，因此做好饲料、环境和管理过渡，减少应激，是养好保育猪的关键。

二、饲养特点

仔猪断奶时间一般在 21～28 日龄，采取一次性断奶。断奶过程中做好以下工作：一是断奶前对仔猪提前补料，减少母乳供给；二是断奶前减少母猪精饲料和青饲料量，减少泌乳，预防母猪乳房炎；三是断奶仔猪 1 周内仍喂哺乳仔猪饲料，最好喂稀料，每天喂 4～5 次，2 周后逐步过渡到喂保育猪饲料，每天 3～4 次，3 周后固定为每天 2 次；四是断奶时把母猪从产栏调出，仔猪留原栏饲养约 7 d 后，再将仔猪转群到网床上饲养。

三、管理方式

分群：保育猪数量较多时，要按仔猪性别、体重大小、体质强弱、采食快慢等分群，一般 1～2 d 可建立群居秩序，若群居咬伤严重时，可将强者调出另外合群。

创造适宜的环境：保育猪舍的适宜温度为 22℃～25℃，冬季继续用保温箱保温 7～10 d，高温季节防暑降温。

生活习惯的调教：对新转群仔猪进行采食、排粪尿、睡卧的调教。方法是将仔猪排出的粪便清扫到指定的排泄区，放置 1 d 后再清扫，对不到指定区排便的仔猪哄赶几次可形成定位。

保持栏内良好的环境卫生：保育猪栏舍每天清扫 2～3 次，保持栏舍干燥、清洁卫生、空气清新、冬暖夏凉。

供给充足的饮水：保育猪栏内安装自动饮水器，能让仔猪自由吮吸。用水槽盛水应经常清洗水槽以保持水的干净。

预防仔猪腹泻：一是加强饲养管理；二是在仔猪日粮中添加益生素或中草药进行预防；三是发现个别仔猪腹泻时及时进行治疗。

第六节　育肥猪饲养管理

一、阶段目标

保育结束后进入生长育肥阶段。饲养生长育肥猪是养猪生产的最后一个环节，生产中应该用最少的劳动力，在尽可能短的时间内，生产出数量多、质量优而成本低的肉猪。湘沙猪是通过三系配套生产的优质商品猪，具有生长更快、耗料更省、瘦肉率更高的优点。要求湘沙猪育肥期成活率在 98% 以上，料重比（30～100 kg 湘沙猪）在 3.2 以下，日增重（30～100 kg 湘沙猪）700 g 以上。

二、饲养特点

1. "吊架子" 育肥法

"吊架子" 育肥法也称 "阶段" 育肥法，是经济欠发达地区养猪户根据当地饲料条件所采用的一种方式，一般将整个育肥期划分为小猪阶段、架子猪（中猪）阶段和催肥阶段。小猪阶段饲喂较多精料；架子猪阶段采用低能量、低蛋白质的饲粮限制饲养（吊架子），以青粗饲料为主；催肥阶段提高饲粮中能量和蛋白质水平，快速育肥。这种方式饲养周期长、饲料消耗多、增重速度慢、出栏率和经济效益低。

2. 直线育肥法

根据猪不同生长发育阶段的特点，采用相应的营养水平和饲喂技术来满足猪的需要，并提供适宜的环境条件，充分发挥其生产潜力，以获得较高的增重速度、饲料利用率及优良的胴体（猪肉）品质。

3. 不同饲喂模式育肥法

不同饲喂模式育肥法包括自由采食和限制饲喂两种模式。限制饲喂可适当降低育肥猪的生长速度，获得理想的屠宰率和脂肪沉积，对猪肉品质有显著提升。

三、管理方式

1. 分群与群养密度

分群可以提高猪群的整齐度。在经过首次分群后，一般在猪群生长到 45～50 kg 时再次分群。因为这个阶段猪的生长速度已经定型，猪只的强弱可以明显分辨出来。这次分群合群时，为了减少相互咬斗而产生应激，应遵守"留弱不留强""拆多不拆少""夜并昼不并"的原则，可对并圈的猪喷洒药液（如来苏尔），清除气味差异，降低气味差异引起的猪只咬斗。另外，在每次转群前，要根据转入的头数和栏位的面积合理安排每个栏进猪的多少。尽量留有 2～3 个栏位，以供病弱猪使用。

生长育肥猪采用群养方式，以每栏 10～20 头为宜，并按体重大小、个体强弱组群。每头 15～50 kg 的生长育肥猪所需面积为 0.6～0.9 m²，每头 60 kg 以上的生长育肥猪所需面积为 1.0～1.2 m²。

2. 适宜的环境

（1）温度和湿度：生长育肥猪的适宜环境温度为 16℃～23℃，前期为 20℃～23℃，后期为 16℃～20℃，气温 20℃时猪的增重最快、饲料转化率较高。猪对湿度的适应力很强，但高温高湿时，猪的增重慢，猪舍内相对湿度以 50%～70% 为宜。

（2）栏舍卫生：清洁、干燥、空气对流的环境对猪的生长、健康有利。适度的太阳光照能加强猪体组织代谢，促进生长，提高抗病力。

3. 调教

生长育肥猪合群时，重点抓好两项工作，一是防止强夺弱食，应保证每头猪都能吃饱料，对争抢食的猪要勤赶、勤教。二是训练猪养成采食、排泄、睡卧地点固定的习惯，以保持栏内清洁卫生、干燥。调教就是转群后训练猪群"吃、睡、便"三定位。具体操作是在猪转群前，先在猪群睡觉的地方洒上干燥的锯末，排便的地方用水打湿。在转群完后，及时打扫猪只拉在睡觉地方上的粪便，然后再洒上干燥的锯末。转群后的前 3 d 调教工作决定着"定位"的成败。

4. 去势、防疫和驱虫

（1）去势：公猪 10 日龄就可去势，育肥的公猪应在 60 日龄前完成去势。

（2）防疫：外购进来的小猪隔离饲养 7～10 d，猪群健康后再进行防疫注射，每头猪都要认真注射，避免漏注漏药（苗）。生长育肥猪免疫可参照相关免疫程序。

（3）驱虫：生长育肥猪主要有蛔虫、姜片虫等体内寄生虫和疥蛾、虱等体内外寄生虫。通常在 90 日龄进行第一次驱虫，必要时在 140 日龄进行第二次驱虫。常用的驱虫药有伊维菌素，粉剂拌饲料，针剂注射，对驱除猪体内、外寄生虫有良好的效果。

5.做好生产管理记录

猪场管理要制度化，按规定时间给料、清扫粪便，使猪形成有规律的生活习惯。对猪群的转栏、用料量及饲料价格、配方、称重、疫病防治、出售重量及价格等及时做好记录，以便对每一批育肥猪进行成本和效益核算。

6.疫病防治

应定期进行健康检查，外来人员未经许可不得进入生产区；场外畜禽及其产品以及可能染疫的物品不得带入场内。疫苗应来自有生产许可证、经营许可证的企业，免疫用具使用前后严格消毒，做到一猪一针头，严格按疫苗使用方法使用疫苗，疫苗开启后应 4h 内用完，废弃的疫苗及使用过的疫苗瓶应无害化处理，应定期对猪瘟、蓝耳病、口蹄疫和伪狂犬病等主要猪病进行血清学抗体检测，并根据检测结果调整免疫程序，建立并保存免疫档案。

7.适时出栏

育肥猪出栏日龄应根据育肥期日增重和料重比、屠宰后的屠宰率和瘦肉率、生产成本等指标综合考虑。由于饲料占养猪成本较大，所以日增重和料重比在出栏体重上是首要指标。测定表明，湘沙猪父母代育肥猪在 90 kg 出栏为宜；湘沙猪商品代育肥猪在 100 kg 出栏为宜。

第七章　猪群保健与猪病防治

第一节　生物安全防控

猪场生物安全是指防止传染病进入猪场、控制传染病在猪场内传播和防止继续传播到其他猪场的措施。主要包括场区隔离、车辆消毒、人员隔离消毒、物资消毒、环境消毒、引种监测和生物媒介的消除等。

在采取生物安全措施时，场址是应考虑的最重要因素。正确选择猪场场址并进行合理的建筑和布局，既可方便生产管理，也为严格执行防疫制度打下良好的基础，还关系到猪场的投资和经营成效。

一、车辆的生物安全管理

（一）进出猪场车辆风险控制措施

传染病流行期间减少或谢绝无关人员车辆来访，规定车辆运输路线，选择路线短、无养殖密集区路线，高速优先，不从疫区经过。对于到场及进场车辆严格执行消毒程序，建立专业洗消中心，专人负责，对到场车辆进行彻底消毒。

（二）进场车辆严格执行消毒制度

必须严格对各进场车辆进行清洗消毒。执行"三重"消毒程序，各车辆消毒程序如下。

运猪车：外部车辆自行清洗消毒一次（3 km 外），洗消中心清洗消毒一次（1 km 处），猪场处或中转站清洗消毒一次。

饲料车：装料前消毒，洗消中心消毒，猪场处消毒。

清粪车：粪污处理处清洗消毒，使用前无粪污残留，猪场 3 km 外清洗消毒，猪场出粪口处消毒。

无害化收集处理车：无害化处理中心清洗消毒，猪场 3 km 外清洗消毒，猪场无害化处理点消毒。

场内转运车：每次转猪后即刻清洗消毒。

二、人员的生物安全管理

场外人员、休假返场员工都必须按照生物安全规定入场。外来人员入场应登记来访日期、姓名、工作单位、来访原因等内容，未经猪场负责人批准不得进入生产区。进场人员在进入生产区前应在生活区执行相应的隔离措施，所携带物品衣物需要进行熏蒸消毒后方可进入场区，鞋子是病原清除的难点，不允许进场，需要在门卫处存放。

所有人员经允许进场时，须按规定程序消毒。消毒程序：双手浸入消毒盆中洗手 1 min，洗手后用清水冲洗，然后进入消毒间。在门卫的指导下走消毒通道，头顶处自动喷洒消毒药水，地上可铺设消毒麻袋。严格遵循消毒间设定的消毒时间，完成后方可离开消毒间。消毒完成后进入洗澡间洗澡，完成后更换猪场提供的衣服和鞋子，进入生活区。

要进入生产区的工作人员需要在生活区隔离 48 h，隔离过程不与其他人发生身体接触，再次洗澡必须穿戴工作服（防护服）、胶鞋、手套、口罩，脚踏消毒池，方可进入生产区。

三、物资入场的生物安全管理

人员进场时严禁携带除手机等小件外的任何物资入场，手机、手表、眼镜等经彻底消毒方可入场。其他生活物品由场内统一采购，在外围隔离点集中消毒入场，不得采购猪肉及其制品入场。

凡是进入猪场的所有物资都必须进行消毒，可以选择紫外线、化学熏蒸、臭氧消毒、高温蒸煮等消毒方式。包括生活用品、药物、器械、生产工具等，这些物资都可能携带病原，进场疫苗也需消毒外包装。

常用消毒药物种类及主要用途见表 7-1。

表 7-1 常用消毒药物种类及主要用途

药物种类	主要用途	注意事项
氢氧化钠	栏舍、工具消毒	强腐蚀性，能损坏纺织品和铝制品，应注意人员防护
生石灰	环境、栏舍消毒	直接使用或 20%石灰乳涂刷
含氯制剂	皮肤、环境、栏舍消毒	对金属有腐蚀性，能使有色织物褪色
戊二醛	环境、栏舍消毒	避免与皮肤、黏膜接触

续表

药物种类	主要用途	注意事项
高锰酸钾	皮肤、创口消毒	应现配（久置变棕色为失效）
过硫酸氢钾	栏舍、饮水消毒	不得与碱类物质混存或合并使用
聚维酮碘	皮肤、器具消毒	溶液变为白色或淡黄色即失去消毒活性
柠檬酸粉	环境、器具消毒	避免直接接触眼睛、皮肤
75%乙醇	皮肤、器械消毒	浓度过高或过低时消毒效果不明显

四、饲料饮水的生物安全管理

应避免使用可能造成污染的原料，要做到原料来源可控，建立饲料原料病原监测制度。饲料厂要设计合理的清洗消毒程序，对厂区和车辆消毒，避免成为交叉污染点。

袋装饲料进场后应放置于专门的饲料仓库，注意保存条件和保存期限，地上垫上隔板，避免受潮霉变，需放仓库熏蒸 24 h 后再使用。建有饲料塔的猪场，饲料塔建在场外围墙四周，避免饲料车进入场内。由饲料车输送至饲料塔内，应按生产需要报饲料，塔内饲料储存不要超过保存期限。技术负责人员定期检查饲料塔内饲料的储存情况，防止饲料结块霉变。

猪场需要水量充足，必须满足场内生活用水、猪只饮用及饲养管理用水的要求。饮用水应消毒后使用，对饲料、饮水要定期进行检测。

五、生物媒介的生物安全管理

鸟类、鼠、蚊、蝇、犬、猫和其他野生动物都可能携带病原体，可能污染包括猪在内的其他动物和环境。例如鸟类可携带传染性肠胃炎、禽结核、猪丹毒、沙门菌等病原体；鼠类可传播猪痢疾；田鼠可传播钩端螺旋体等。

生物安全防控需要对鼠、鸟、蚊、蝇、蜱虫等生物媒介进行控制，防止传播病原体。场内要定期灭鼠，杀蚊、蝇，场内禁止饲养犬、猫和其他动物，同时要做好防鸟措施。

第二节　防疫管理

为做好湘沙猪配套系猪场的卫生防疫技术工作，防止疫病的发生，确保湘沙猪配套系育种工作与养猪生产正常进行，按照"预防为主，防治结合，防重于治"的原则，规范防疫管理。

一、防疫管理制度

1. 猪场实行封闭式饲养管理，所有人员、车辆、物品只能从场内生产区大门出入，不得由其他任何途径进入场区。

2. 猪场大门设置专职门卫，负责监督人员、物流的出入及按规定的方式实施消毒。

3. 进场人员均应更换衣服和鞋帽，使用消毒药消毒手足，经定时喷雾消毒后由大门人行入口进入场区，本场车辆返场时应消毒后经由大门消毒池进入。

4. 外来人员车辆一般不得进入场区内，严禁进入生产区内，因特殊需要，必须经场长批准，按猪场规定程序严格消毒，由专人陪同在指定区域内活动。

5. 饲养技术人员应在车间内坚守工作岗位，不得互相串岗串舍，管理人员因工作需要进入生产车间时，应在车间入口处消毒更换衣服。

6. 生产区内猪群调动应按生产流程规定有序进行，外售猪只由上猪台装车，严禁运猪车进场装卸猪只，凡已出场猪只严禁运返场内。

7. 引种：①引种猪场必须无特定动物疫病并取得种畜禽生产经营许可证。②新购进种猪，须经过检疫，并隔离饲养观察 30 d，经检疫确认健康无病，再经冲洗干净并彻底消毒后方可进入养殖区。③定时对场内猪只进行检疫检测，一旦发现疫情要及时向农业农村部门进行疫情报告。④严格遵守卫生监督部门相关规定，实行责任到人。对延误检验检疫的工作人员，追究相应责任。

8. 场区内禁止饲养其他动物，严禁将其他动物、动物肉品及其副产品带入场内。

9. 各栋猪舍间不得共用或相互借用生产工具，更不允许将其外借，不得将场外饲养管理用具带入场区使用。

10. 场内应定期进行卫生大扫除，使场区内环境保持清洁卫生。

二、消毒制度

消毒就是用物理或化学的方法杀灭细菌、病毒等病原体，阻止其进入动物体。

1. 加强人员与车辆消毒

猪场设防疫关口两个，外来人员进入场内第一个关口先进行 2～3 min 的喷雾消毒，然后再进行紫外线消毒，接着更换工作服和工作鞋，这里的外来人员是指不进入生产区人员。进入生产区的外来人员还要增加一个消毒环节，即要通过第二道防疫关口（内设消毒池、紫外线等消毒设施）消毒后方可进入生产区。外来车辆（主要是运输饲料）进入场内时，必须经大门口消毒池消毒，再经喷雾消毒机消毒后方可进入场内。

2. 消毒剂必须轮换使用

由于细菌或病毒对消毒剂容易产生耐受性，生产中坚持定期更换消毒剂，确保消毒效果。如可以采用氯制剂与碘制剂轮换使用。

3. 非生产区：生活区、办公区、食堂及其周围环境，每月进行两次清扫与消毒。

4. 生产区：生产区环境、生产区道路及其两侧 6 m 范围内、猪舍空地每周消毒一次。

5. 猪只周转区：周转猪舍、转猪台、赶猪通道、磅秤及其周围环境，每次转猪或出猪后应大消毒一次。

6. 猪舍大门、生产区及猪舍入口消毒池：定期更换池内药水，并确保池内消毒药的有效浓度。

7. 猪舍与猪群：每周带猪消毒 1～2 次，如周边发生疫情，全场实行封闭管理，每日带猪消毒一次。

8. 车辆：进入生产区的车辆必须在大门外彻底消毒，车辆轮胎使用 3％氢氧化钠溶液清洗消毒。

9. 转群消毒：猪只转群后要立即对空栏进行彻底清洗消毒。从妊娠车间转入产房的母猪要进行清洗消毒。

10. 传染病流行期间的消毒：提高消毒药液浓度，并交替用药。

在猪舍门外、舍内通道撒上消毒剂，猪舍进出口放置消毒盆，生产用具使用前后放在消毒池中充分消毒 5 min 以上。

11. 医疗器械：做好医疗器械的消毒工作，取用后随即盖好，以防细菌污染，禁止将整盒注射器或针头带入圈舍。

三、免疫及标识制度

1. 精准免疫,提高机体免疫抗体水平。免疫是猪场防控疫病的主要技术措施。只有保证猪群处于最佳的免疫状态才能抵抗各种病原的侵袭。应立足猪场实际,突出重点,精准施策,不断探索,制定一套行之有效的主要疫病免疫程序,并按要求切实执行到位,确保猪群免疫抗体水平高,保护力强。同时,要求在实施免疫过程中特别注意以下几个事项:一是严格疫苗的运输、储存、使用环节的安全管理;二是注射疫苗时应严格遵守一猪一针头,并严格消毒。免疫时,只对健康猪进行免疫,亚健康猪或者有病猪在康复后补注;三是尽量避免一次同时注射几种疫苗或混合注射几种疫苗;四是在注射细菌性疫苗前后3~5 d,饲料中禁止使用抗生素类药物进行保健。猪场常规免疫程序见表7-2。

表7-2 猪场常规免疫程序

猪别	免疫时间	疫苗名称	免疫剂量	免疫方式	注意事项
种公猪	春	猪瘟、口蹄疫、伪狂犬	2头份/头、4 mL/头、2头份/头	肌内注射	
	夏	蓝耳、口蹄疫	2头份/头、4 mL/头	肌内注射	
	秋	猪瘟、口蹄疫、伪狂犬	2头份/头、4 mL/头、2头份/头	肌内注射	
	冬	蓝耳、口蹄疫	2头份/头、4 mL/头	肌内注射	
成年母猪	一年2次普免	猪瘟、口蹄疫	2头份/头、4 mL/头	肌内注射	
	一年2次普免	伪狂犬	2头份/头	肌内注射	
	空怀期	蓝耳、丹肺、乙型脑炎	2头份/头、1头份/头、2头份/头	肌内注射	
	产前45 d	副猪嗜血杆菌、腹泻联苗	2头份/头、4 mL/头	肌内注射	
	产前15~30 d	圆环、支原体肺炎、腹泻联苗	2头份/头、2头份/头、4 mL/头	肌内注射	
仔猪	0~3日龄	伪狂犬	1头份/头	滴鼻	1 mL/鼻孔
	14日龄	圆环、蓝耳	1 mL/头、1头份/头	肌内注射	一边一针
	21日龄	支原体肺炎	1头份/头	肌内注射	
	28日龄	猪瘟	1头份/头	肌内注射	

续表

猪别	免疫时间	疫苗名称	免疫剂量	免疫方式	注意事项
保育猪	35 日龄	伪狂犬	1 头份/头	肌内注射	
	42 日龄	圆环	1 头份/头	肌内注射	
	50 日龄	猪瘟	1 头份/头	肌内注射	
	57 日龄	口蹄疫	2 mL/头	肌内注射	
后备种猪	90 日龄	蓝耳、伪狂犬	2 头份/头	肌内注射	
	150 日龄	猪瘟、口蹄疫、细小病毒	2 头份/头、4 mL/头、2 mL/头	肌内注射	
	180 日龄	蓝耳、圆环、支原体肺炎	2 头份/头	肌内注射	

2. 树立预防为主，防重于治的指导思想。

3. 严格执行本场的猪群免疫程序，建立有效的预防体系，场内建立相应的免疫程序。

4. 严格遵守疫苗的使用程序：①防疫员预通知接种时间；②饲养员提前一天统计受免疫猪的数量，并投喂 2 d 电解多维；③饲养员领取疫苗；④防疫员及时接种；⑤饲养员监督实施。

5. 疫苗按说明要求由专人负责、冷链保管，出库要详细登记，使用过的废弃物要作无害化处理。

6. 种猪免疫后按耳标登记，填写免疫卡，商品猪按栋号填写免疫卡。

7. 种猪耳标损坏或丢失时要及时补挂，转群时种猪的档案要随之转移。

四、猪场用药制度

1. 领取药品必须如实登记。

2. 使用药物必须仔细阅读说明书，根据病情对症下药。

3. 正确配伍，注意配伍禁忌，正确计算药物使用剂量，不欠量或不超大剂量用药。

4. 药品均按性状、种类、用途归类整齐排放，用完一盒再开启另一盒，并放回原处，不得乱拿乱放。配置药品时必须在药房内完成，不得在其他地方存放或恣意浪费。

5. 用凉开水稀释新生仔猪口服药物。激素和剧毒药要有技术人员指导使用，严禁对妊娠母猪使用"孕畜禁用"标识的药品。

6.煮沸医疗器械时要有人守候，以防烧毁。医疗器械用完后应立即放回原处，严禁放在药房外。

7.疫苗专用注射器和常用注射器要分开摆放，不可混用。装卸和使用金属注射器时要正确操作，小心用力，避免损坏零部件。

8.爱护室内卫生，药盒、空瓶、废针、包装袋不得随意丢弃，要放入垃圾箱统一处理。

五、疫情报告及病死猪无害化处理制度

1.兽医人员要每日认真填写巡查记录表，发现疫情要立即报告场长，由场长向动物卫生监督机构或动物疫病预防与控制机构报告，病死猪在动物卫生监督部门监督指导下作无害化处理。

2.对因病死亡的猪只，及时收集并进行无害化处理，消除安全隐患。非疫病死亡的个体，由兽医人员报告场长，查明原因，在无害化处理区进行监督处理（掩埋或焚烧）。

3.养殖过程中使用的一次性用品，如注射器、药品等要依照相关规定做无害化处理。

4.严禁食用或出售相关待处理品，造成事故者，依照相关规定，追究责任。

5.无害化处理区作业处理时，必须由指定人员看管，并做好周边地区消毒工作，严防污染环境或疫情传播。

6.无害化处理后，相关人员要做好处理记录，以便有关部门或人员查阅。

第三节　猪群保健

湘沙猪的预防保健是根据其不同生产阶段的营养需求或不同生长日龄、不同生产用途、不同季节、不同区域疫病流行的风险程度，从群体健康的角度采取一系列预防性综合防控措施。

一、影响猪群健康的主要因素

1.营养不平衡性疾病：仔猪铁、硒等微量元素缺失性疾病，母猪钙、磷缺失性疾病。

2. 不同生产阶段常见疾病：仔猪大肠埃希菌病、伪狂犬病，断奶仔猪多系统衰竭症，保育猪呼吸系统疾病，母猪繁殖障碍性疾病。

3. 季节性多发疾病：低温季节口蹄疫、流行性腹泻、传染性胃肠炎等病毒性疾病，高温季节高致病性猪蓝耳病、细菌性疾病，蚊虫滋生季节流行性乙型脑炎等。

4. 主要传染性疫病：口蹄疫、非洲猪瘟、猪瘟、高致病性猪蓝耳病、伪狂犬病、猪圆环病毒病、支原体肺炎、增生性肠炎、副猪嗜血杆菌病等疫病。

5. 寄生虫疾病：猪蛔虫病、疥螨病、球虫病。

6. 管理性因素：动物防疫隔离、消毒、免疫注射、猪群日常巡查、疫病监测及诊断等综合防控措施贯彻执行情况。

二、猪群预防保健

猪群预防保健是根据影响猪群健康的不同风险因素或风险程度，在疫病风险到来前（或者一个潜伏期之前）采取加强饲养管理、提高饲料营养水平、投喂微生物制剂或抗生素、免疫、隔离、消毒等综合防控措施，预防疾病的发生或降低疫病的风险程度。免疫是猪群预防保健的重要措施之一。预防保健用药，应严格控制药物种类和使用方法、剂量、疗程，防止药物残留和细菌耐药性产生。湘沙猪群预防保健关键节点见表7-3。

表7-3 湘沙猪群预防保健关键节点

关键节点	保健措施
母猪产前2～3周	对流行性腹泻、传染性肠胃炎、猪圆环病毒病等对仔猪危害严重的疾病实施强化免疫，提高母源抗体保护水平
母猪产前1周	对产房、产床进行消毒，让母猪适应产房环境，加强饲养管理，为生产做好准备
母猪生产日	加强生产护理，密切关注母猪生产进程，助产、保温、断尾、剪犬齿，补充母猪体能。根据疾病风险程度，对仔猪实施猪瘟或伪狂犬病免疫
母猪产后1周	促进母猪产后恢复，预防母猪产后炎症，促进泌乳，防治乳房炎和仔猪肠道疾病
仔猪产后1周	加强仔猪保温，防止母猪挤压，补充铁、硒等微量元素，实施仔猪保健，预防肠道疾病

续表

关键节点	保健措施
仔猪 14～56 日龄	对口蹄疫、猪瘟、蓝耳病、伪狂犬病、猪圆环病毒病、支原体病等主要疾病实施基础免疫
断奶前后 3 d	加强饲养管理，添加维生素、微量元素等增强仔猪抗应激能力，添加微生态制剂调节仔猪肠道生理功能
免疫前后 1～3 d	添加黄芪多糖等促进免疫功能药物，提高免疫质量
保育猪	根据猪群疫病流行情况，对支原体病、副猪嗜血杆菌病等呼吸系统疾病实行重点防控
种猪群	对口蹄疫、猪瘟、繁殖呼吸综合征、乙型脑炎、细小病毒病等疫病每年实施 2～3 次免疫

三、猪场常用兽医器材、药品

1. 兽医器材：电磁炉、消毒锅、电高压锅、消毒盒、注射器（10～20 mL）、注射针头、止血钳、镊子、持针钳、手术刀、缝合针、缝合线、胃导管、洗肠器、保定绳、体温计、听诊器、易封口塑料袋、PP 管、防护服、胶鞋、乳胶手套、口罩、药棉等器材。

2. 常用药品：青霉素、阿莫西林、头孢噻呋、环丙沙星、庆大霉素、土霉素、杆菌肽、氟苯尼考、磺胺嘧啶钠、磺胺脒、安乃近、阿维菌素、阿苯达唑、肾上腺素、右旋糖酐铁、干酵母、小苏打、人工盐、黄芪多糖、柴胡、板蓝根、鱼腥草、小檗碱、络合碘、医用乙醇等药品。

3. 常用疫苗：口蹄疫、猪瘟、高致病性猪蓝耳病、伪狂犬病、猪圆环病毒病、传染性胸膜肺炎、链球菌病、支原体肺炎、细小病毒病、乙型脑炎等常用疫苗。

四、猪常用的投药方法

1. 颈后肌内注射

主要用于免疫和治疗用药，应根据生猪体重、合理选用注射针头。注射针头长度、粗细与猪的大小要适宜，太粗药液易回流，太细易折断。进针过深易造成机体损伤，过浅注射在脂肪内不易吸收，起不到免疫作用。根据猪的大小选择合适的针头，常见规格见表 7-4。

表 7 - 4　猪用注射针头规格

猪体重	针头长度/mm	规格值
新生仔猪	12	9
10～30 kg	20	12
30～60 kg	25	12
60～100 kg	30	16
大于 100 kg	38	16

2. 腹腔注射

主要用于小猪腹腔补液和治疗用药，应严格控制进针的深度，防止药液注入肠腔。

3. 耳静脉注射

主要用于母猪助产补充体能和危重病例的救治。

4. 药物拌料或饮水

主要用于全群预防保健。各场应根据本场疾病发生状况制定预防保健方案，选用敏感、高效的药物，严格执行兽药使用管理的有关规定，不使用禁用药物。

第四节　普通病防治

一、便秘

便秘是猪偶发的一种肠道疾病，各种年龄的猪都有发生，便秘部位经常在结肠。

1. 病因

原发性便秘通常是饲喂劣质饲料，猪异食、饮水不足、缺乏运动所致，妊娠后期或分娩后的母猪伴有直肠麻痹或气血不足时，也常发生便秘。在疾病防治后期滥用抗菌药物，肠道微生态菌群受到破坏，也常使猪发生便秘。

2. 症状

病猪采食减少，饮水增加，腹围逐渐增大，经常努责，早期缓慢排出少量干燥、颗粒状粪球，随着病程增加粪球上覆盖或镶嵌有稠厚的灰色黏液，有时黏液中混有鲜红的血液，随后肠黏膜水肿、肛门突出，再经过 1～2 d 排粪停止。

3. 防治措施

对于原发性便秘，应从改善饲养管理入手，调节胃肠道生理功能，防治便秘的发生。母猪便秘是防治工作的重点，猪群出现粪便干燥等便秘早期症状，应立即加强饲养管理、调整饲料营养水平、添加微生态制剂，预防便秘的发生。

（1）加强饲养管理，不使用霉变饲料、纯米糠、藤、秸等劣质饲料，保证充足的饮水和适当运动，防止疾病的发生。

（2）不滥用抗菌药物，防止因破坏肠道微生态平衡而发生的便秘。

（3）怀孕母猪发生便秘时，不使用大黄等刺激性泻药以免引起母猪流产。

（4）中药健胃散，按 30～60 g 每日每头的剂量拌料饲喂，连用 3～5 d，促进胃肠消化功能。

【例方】山楂 15 g、麦芽 15 g、六神曲 15 g、槟榔 3 g。

二、中暑

中暑是长时间在高温环境或阳光直射作用下发生的一种急性病变，夏季栏舍潮湿、闷热、通风不良，猪体产热多、散热少，引起猪中枢神经系统功能紊乱。

1. 症状

发生中暑后，病猪突然表现出精神沉郁、步态不稳、结膜充血或暗红、呼吸急促、心跳增速、口角流涎和眼球突出等症状，体温升至 41℃ 或 42℃。严重的引起虚脱，甚至死亡。

2. 防治措施

（1）加强饲养管理，改善饲养环境，高温季节可采用水帘降温、增加通风等措施降低栏舍温度，减少猪热应激。在栏舍中安置温湿度计，密切关注栏舍温湿度变化。

（2）保证充足的饮水，必要时在饮水中加入人工盐或电解多维，提高猪群抗应激能力。

（3）将病猪转至阴凉、通风良好的场所，用空调、电扇或凉水加快体表降温，注意凉水不要直接冲洗头部，对患猪肌内注射安乃近等解热药，降低体温。

（4）对病猪在高温季节采用中药香薷散，清热解暑，按每头每日30～60 g 的剂量进行救治或预防。

【例方】香薷 30 g、黄芩 45 g、黄连 30 g、甘草 15 g、柴胡 25 g、当归 30 g、连翘 30 g、栀子 30 g、天花粉 30 g。

三、霉菌毒素中毒

霉菌毒素中毒是猪采食黄曲霉、赤霉菌污染的饲料而发生的一类疾病，临床主要表现为黄曲霉毒素、赤霉菌毒素中毒。黄曲霉毒素及其衍生物有 20 种，主要以黄曲霉毒素 B_1、黄曲霉毒素 B_2、黄曲霉毒素 G_1 和黄曲霉毒素 G_2 毒力最强，它们都具有致癌作用，会导致畜禽和人类肝脏损害。赤霉菌至少有 5 种主要的毒素，其中有 2 种毒素会对猪产生不良影响，一种是玉米赤霉烯酮，会导致猪的生殖器官功能上和形态学上的变化，一种是单端孢霉烯，会导致猪的拒食、呕吐、流产和内脏器官出血性损害。

1. 症状

（1）黄曲霉毒素中毒

猪常在摄入霉变饲料后 5～15 d 出现症状，表现为精神委顿，不吃食，后躯衰弱，粪便干燥，直肠出血，异食。慢性病例表现为黏膜黄染，有的病猪眼鼻周围皮肤发红，之后变为蓝色。

（2）赤霉菌毒素中毒

表现为母猪阴户肿胀或明显地突出，发生阴道脱出，乳腺增大，子宫增生。小公猪或去势猪可见包皮水肿和乳腺肥大。

2. 防治措施

本病尚无特效解毒药物，主要在于预防。

（1）加强饲料管理，防止饲料霉变和采购霉变饲料。

（2）梅雨季节，在饲料中添加脱霉剂，减少霉菌毒素的吸收。

（3）发生霉菌毒素中毒，应立即更换饲料。

（4）对病猪采取对症治疗，防止继发感染，在饲料或饮水中添加维生素 A、复合维生素 B、维生素 C、维生素 K 等多种维生素，调节生理功能，采用甘草、绿豆等中草药煎汁拌料或饮水促进毒素的排除。

第五节 传染病防治

一、非洲猪瘟

非洲猪瘟（ASF）是由非洲猪瘟病毒（ASFV）引起的一种急性、烈性、高度接触性的传染病，其发病率高，死亡率高达100%，对生猪生产可造成毁灭性的打击。世界动物卫生组织（OIE）将其列为必须报告的动物疫病，我国将其列为一类动物疫病。该病最早在1921年于非洲的肯尼亚确认发生，2007年以来，非洲猪瘟在全球多个国家发生、扩散、流行，特别是俄罗斯及其周边地区。2018年8月，我国首次报道发生非洲猪瘟疫情。

（一）病原学

非洲猪瘟病毒属于DNA病毒目，非洲猪瘟病毒科，非洲猪瘟病毒属，病毒基因组变异频繁，表现出明显的遗传多样性，不能够诱导产生中和抗体。该病毒为囊膜病毒，能够抵抗蛋白酶的作用，对乙醚及氯仿等脂溶剂敏感，但易被胰酶灭活。病毒在pH值为4～10的溶液中比较稳定，但对温度非常敏感，病毒可在5℃的血清中存活6年，56℃加热70 min或60℃加热30 min可使其灭活。

非洲猪瘟病毒在环境中比较稳定，能够在污染的环境中保持感染性超过72 h，在猪的粪便中感染能力可持续数周，在死亡野猪尸体中可以存活长达1年；病毒在肉制食品中也比较稳定，在冰冻肉中可存活数年，在半熟肉以及泔水中可长时间存活，在腌制火腿中可存活数月，在未经烧煮或高温烟熏的火腿和香肠中能存活3～6个月，在4℃保存的带骨肉中至少存活5个月。

（二）流行特点

猪是非洲猪瘟病毒唯一的自然宿主，除家猪和野猪外，其他动物不感染该病毒。发病猪和带毒猪是非洲猪瘟病毒的主要传播宿主，病猪各组织器官、体液、各种分泌物、排泄物中均含有高滴度的病毒，因此可经病猪的唾液、鼻分泌物、泪液、尿液、粪便、生殖道分泌物以及破溃的皮肤、病猪血液等进行传播。非洲猪瘟病毒是唯一的虫媒DNA病毒，软蜱是主要的传播媒介和储存宿主。因此，非洲猪瘟病毒在蜱和野猪感染圈中长期存在，难以根除，并在一定条件下感染家猪，引起疾病暴发。另外,猪肉及猪肉制品,被污染的饲料、水源、器具、泔水、工作人员及其服装,以及污染的空气均能成为传染源,经口和上呼吸道途径传播。

非洲猪瘟的传播途径较为广泛。比如,直接接触感染猪(直接传播途径),饲喂污染的猪产品、饲料、泔水,接触污染的粪便、垫料等(间接传播途径),以及蜱媒介传播。根据相关文献显示,动物及动物产品的移动或接触、饲喂泔水是主要的传播方式。

(三)临床症状

按临床症状非洲猪瘟可分为最急性型、急性型、亚急性型和慢性型(图 7-1 和图 7-2)。

图 7-1 呕吐

图 7-2 耳朵或体表发绀

最急性型:无明显临床症状突然死亡。

急性型:体温可高达 42℃,精神沉郁,厌食,耳、四肢、腹部皮肤有出血点,可视黏膜潮红、发绀。眼、鼻有黏液脓性分泌物;呕吐;便秘,粪便表面有血液和黏液覆盖;或腹泻,粪便带血。共济失调或步态僵直,呼吸困难,病程延长则出现其他神经症状。妊娠母猪流产。病死率高达 100%。病程为 4~10 d。

亚急性型:症状与急性型相同,但病情较轻,病死率较低。体温波动无规律,一般高于 40.5℃。仔猪病死率较高。病程为 5~30 d。

慢性型:波状热,呼吸困难,湿咳。消瘦或发育迟缓,体弱,毛色暗淡。关节肿胀,皮肤溃疡。死亡率低。病程为 2~15 个月。

(四)病理变化

浆膜表面充血、出血,肾脏、肺脏表面有出血点,心内膜和心外膜有大量出血点,胃、肠道黏膜弥漫性出血。胆囊、膀胱出血。肺脏肿大,切面流出泡沫性液体，气管内有血性泡沫样黏液。脾脏肿大，易碎，呈暗红色至黑色，表面有出血点，边缘钝网，有时出现边缘梗死。颌下淋巴结、腹腔淋巴结肿大，严重出血（图7-3和图7-4）。

图7-3　心肌出血

图7-4　脾脏肿大

（五）鉴别诊断

非洲猪瘟临床症状与古典猪瘟、高致病性猪蓝耳病等疫病相似，必须开展实验室检测进行鉴别诊断。

实验室血清学检测及病原学检测应在符合相关生物安全要求的省级动物疫病预防控制机构实验室、中国动物卫生与流行病学中心（国家外来动物疫病研究中心）或农业农村部指定实验室进行。

（六）防控措施

1. 加强检疫监管，禁止从疫区调入生猪及其产品。

2. 严格控制人员、车辆和易感动物进入养殖场；进出养殖场及其生产区的人员、车辆、物品要严格落实消毒等措施。

3. 尽可能封闭饲养生猪，采取隔离防护措施，尽量避免与野猪、钝缘软蜱接触，以及做好蜱虫的驱杀工作。加强猪舍的巡查，观察猪只的精神状况，如有发病猪只，报告的同时应采取隔离或扑杀等控制措施。

4. 加强日常消毒工作。猪舍、车辆及相关设施设备消毒选用10％的苯及苯酚、去污剂、次氯酸、碱类及戊二醛等消毒剂；人员消毒选用碘化物等消毒剂；消毒前必须清除有机物、污物、粪便、饲料、垫料等。

5. 严禁使用泔水或餐余垃圾饲喂生猪。

6. 强化对农村散养户的科普教育。加强宣传提升畜主的疫病防控知识水平，自觉做好圈养舍饲等非洲猪瘟各项防范措施。

7. 积极配合当地动物疫病预防控制机构开展疫病监测排查，特别是发生猪不明原因死亡等现象时，应及时上报当地兽医部门。

8. 一旦确认为非洲猪瘟，必须按照《非洲猪瘟疫情应急实施方案（2020年版）》要求，采取封锁、扑杀、无害化处理和消毒等措施及时处置，防止疫情扩散。

二、猪口蹄疫

口蹄疫（FMD）是由口蹄疫病毒引起，以偶蹄动物感染为主的急性、热性、高度接触性传染病，我国将其列为一类动物疫病。口蹄疫病毒有O型、A型、C型、亚洲1型、南非1型、南非2型、南非3型7个血清型，不同血清型之间没有交叉免疫保护。

（一）流行特点

本病潜伏期一般为1～2 d，传播速度快，发病率高，最快十几个小时可发病排毒。口蹄疫没有严格的季节性，但冬春季多发。成年动物死亡率低，幼畜常突然死亡且死亡率高。传染源主要为感染潜伏期及临床发病动物，感染动物呼出物、唾液、粪便、尿液及肉和副产品均可带毒。康复动物可长时间带毒（短则4个月，长可5年以上），形成潜在传染源。在自然情况下，污染的垫料、饲料等可保持传染性达数周至数月之久。易感动物通常以直接或间接接触（飞沫等）方式传播，或通过人或犬、鸟、车辆、器具等媒介传播。如果环境气候适宜，病毒可随风远距离传播。

酸和碱对口蹄疫病毒的作用很强，1%～2%的氢氧化钠溶液是良好的消毒剂。食盐对口蹄疫病毒无杀灭作用，盐腌肉中病毒能生存1～3个月，其骨髓中的病毒能生存半年以上。

（二）临床症状

病猪主要表现为跛行或卧地不起，口腔黏膜、蹄冠、鼻镜、乳房等部位出现水疱和溃烂，发病后期水疱破溃、结痂，严重者蹄壳脱落，恢复期可见瘢痕、新生蹄甲。病初体温升高至40℃～41℃，出现精神不振、食欲不振等症状。仔猪可发生心肌炎，无明显症状突然死亡，病死率达60%～80%。临床症状见图7-5、图7-6、图7-7。

（三）病理变化

鼻端、蹄冠、乳房、消化道可见水疱、溃疡；幼畜可见骨骼肌、心肌表面出现灰白色条纹，形色酷似虎斑（图7-8）。

图7-5 鼻镜水疱

图7-6 乳房水疱

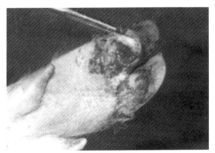

图7-7 蹄冠水疱、开裂

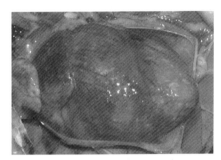

图7-8 "虎斑心"

(四) 预防与控制

1. 任何单位和个人发现患有本病或疑似本病的生猪，应当立即向当地动物防疫机构报告，准确诊断，果断处置。

2. 国家对口蹄疫实行强制免疫政策。散养猪每年春、秋两季进行集中免疫，每月定期补免。规模化养猪场实行程序化免疫，仔猪28～35日龄初免，间隔1个月加强免疫1次；以后每隔4～6个月免疫1次。每年10月以前，存栏生猪免疫2次以上，强化基础免疫。

3. 猪口蹄疫苗有灭活疫苗、灭活浓缩苗（Ⅱ）、合成肽疫苗三个类型，要根据国家防治规划使用与流行毒株高度匹配的疫苗品种，获得较好的免疫保护。

4. 免疫剂量：每头仔猪免疫1～2 mL，每头种猪免疫3～4 mL。

5. 接种时，个别猪出现注射部位肿胀、食欲减退、精神沉郁等均属正常现象；若发生病猪倒地、口吐白沫、大小便失禁等过敏反应，应立即皮下注射1‰肾上腺素进行救治。

6. 免疫28 d后开展免疫效果评价。

三、猪瘟

猪瘟（CSF）是由黄病毒科瘟病毒属猪瘟病毒引起的一种高度接触性、出血性和致死性传染病，我国将其列为一类动物疫病。

（一）流行特点

猪是本病唯一的自然宿主，不同年龄、性别、品种的猪均易感，一年四季均可发生。本病潜伏期3～10 d，发病猪和带毒猪是本病的传染源，与感染猪直接或间接接触是本病传播的主要方式，病毒也可通过精液、胚胎、猪肉和泔水等传播，人、动物、工具等均可成为重要的传播媒介。感染猪在发病前即可通过分泌物和排泄物排毒，并持续整个病程。感染和带毒母猪在妊娠期可通过胎盘将病毒传播给胎儿，导致新生仔猪发病或产生免疫耐受。猪瘟病毒对外部环境抵抗力不强，生石灰、氢氧化钠溶液、氯制剂、碘制剂都能使其灭活。

（二）临床症状

根据临床症状可将本病分为急性、亚急性、慢性和隐性感染四种类型。典型症状主要表现为体温升至41℃以上，厌食、畏寒、高热稽留；先便秘后腹泻，或便秘和腹泻交替出现；腹部皮下、鼻镜、耳尖、四肢内侧可出现紫色出血斑点，指压不褪色；眼常有脓性分泌物。感染妊娠母猪，表现为流产、早产，产死胎或木乃伊胎（图7-9）。

图7-9　皮肤发绀

（三）病理变化

肾脏呈土黄色，表面可见针尖状出血点；淋巴结水肿、出血，呈"大理石"样变；脾脏不肿大，边缘有暗紫色突出表面的出血性梗死；全身浆膜、黏膜和心脏、喉头、膀胱可见出血点和出血斑；慢性猪瘟在回肠末端、盲肠和结肠常见"纽扣状"溃疡（图 7-10、图 7-11、图 7-12、图 7-13、图 7-14）。

（四）预防与控制

1. 国家对猪瘟实行全面免疫政策。散养猪每年春、秋两季进行一次集中免疫，每月定期补免。规模化养猪实行程序化免疫，商品猪 25～35 日龄初免，60～70 日龄加强免疫一次；种猪 25～35 日龄初免，60～70 日龄加强免疫一次，以后每 4～6 个月免疫一次。

2. 不同品牌猪瘟疫苗，抗原含量存在差异。抗原含量高、添加耐热保

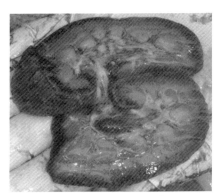

图 7-10　肾皮质点状出血

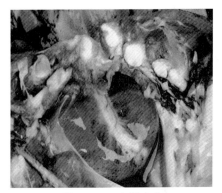

图 7-11　心肌出血

图 7-12　肠浆膜出血

图 7-13　"纽扣状"溃疡

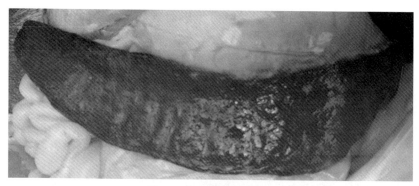

图 7 - 14　脾脏边缘梗死

护剂的疫苗，免疫效果相对较好。仔猪每头次免疫 1 头份，种猪每头次免疫 1～2 头份，紧急免疫每头次免疫 2～4 头份。

3. 发生猪瘟疫情时，应迅速对病猪和死猪进行隔离、无害化处理，对受威胁的健康猪进行加强免疫。最近一个月内已免疫的猪，可以不进行加强免疫。

4. 种猪场每年逐头监测 2 次；商品猪场每年监测 2 次，抽查比例不低于 0.1%，最低不少于 30 头。免疫猪瘟疫苗 21 d 后进行免疫抗体监测，评估免疫质量，群体抗体合格率应≥70%。

四、高致病性猪蓝耳病

高致病性猪蓝耳病（PRRS）是由猪繁殖与呼吸综合征病毒（PRRSV）变异株引起的一种急性致死性疫病。仔猪发病率可达 100%，死亡率可达 50% 以上，母猪流产率可达 30% 以上，育肥猪也可发病死亡。

（一）临床症状

人工感染潜伏期 4～7 d，自然感染一般为 14 d。母猪表现为精神倦怠、发热，妊娠后期发生流产、死胎、木乃伊胎及弱仔，少数猪耳部发绀，出现肢体麻痹等神经症状。早产仔猪在几天内很快死亡，大多数仔猪表现为呼吸困难、肌肉震颤、后肢麻痹、站立不稳、猪耳和四肢末端皮肤发绀。育成猪双眼肿胀、结膜炎、咳嗽、流鼻水，甚至流脓性鼻涕。皮肤潮红或耳、口鼻、股内侧有红斑、出血，3～5 d 可传遍整个猪群（图 7 - 15、图 7 - 16、图 7 - 17）。

（二）病理变化

可见脾脏边缘或表面出现梗死灶，肾脏呈土黄色，表面可见针尖至小米粒大出血点，出血性肺炎或间质性肺炎，皮下、扁桃体、心脏、膀胱、肝脏均可见出血点和出血斑（图 7 - 18）。

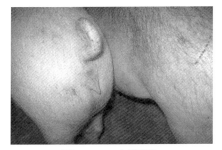

图 7 - 15　皮肤潮红

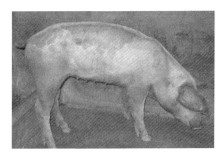

图 7 - 16　皮肤发绀（一）

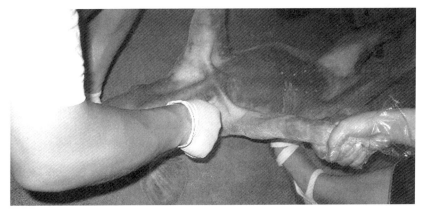

图 7 - 17　皮肤发绀（二）

图 7 - 18　肺水肿

（三）预防与控制

1. 根据各场疫情监测情况，实施高致病性猪蓝耳病免疫。高致病性猪蓝耳病弱毒活疫苗对防控工作起到了重要作用，对幼龄仔猪、妊娠母猪超剂量（10 倍）免疫均无副反应，疫苗安全有效。

2. 预防高致病性猪蓝耳病必须加强饲养管理，搞好猪场生物安全隔离防护。

3. 初生仔猪 2～4 周龄免疫一次，后备母猪配种前 3～6 周免疫一次，经产母猪配种前加强免疫一次。免疫剂量 1 头份/头，免疫 28 d 后进行免疫效果监测，疫苗保护期为 4～6 个月。

4. 试验表明，母猪接种疫苗后，对于相同毒株的再次感染所引起的繁殖障碍具有高水平的保护。减毒活疫苗在减轻疾病、减少病毒血症时间、减少排毒时间和同源 PRRSV 病毒的再次感染有一定作用。

五、猪喘气病

猪喘气病又称猪地方流行性肺炎，是由猪肺炎支原体（MHP）引起的一种慢性呼吸道传染病。主要临床症状是咳嗽、气喘、消瘦，患猪长期生长发育不良，饲料转化率低，给养猪业带来较大的经济损失。

（一）流行特点

自然条件下，带菌猪是肺炎支原体感染的主要传染源，在许多猪群中猪肺炎支原体是从母猪传染给仔猪，但仔猪要超过 6 周龄时才表现明显的症状。不同年龄、性别和品种的猪均能感染，但所处的流行期不同，发病率和病死率常有差异。新疫区初期，妊娠后期母猪往往呈急性经过，症状较重和病死率较高。老疫区则以哺乳仔猪和断奶小猪多发，病死率较高，母猪和成年猪多呈慢性和隐性感染。对多数猪群而言，同圈猪之间的传播多发生在仔猪断奶期，发生率和死亡率较其他时期要高。

在自然感染情况下，常继发多杀性巴氏杆菌、猪链球菌、副猪嗜血杆菌、胸膜肺炎放线杆菌感染，引起病情的加重和病死率的升高。

病猪和带菌猪是本病的传染源。病原体存在于病猪及带菌猪的呼吸道及其分泌物中，在猪体内存在的时间很长，病猪在症状消失之后半年至一年多仍可排菌。同时，由于规模养殖场饲养密度较大，而饲养管理不善，发病情况远远高于散养户。

（二）临床症状

猪喘气病是一种发病率高、死亡率低的慢性疾病。潜伏期最短为 3～

5 d，最长可达 1 个月以上，临床症状主要是咳嗽和气喘。实验性感染的临床特征症状首先是咳嗽，通常发生在感染后的 7～14 d。本病一年四季均可发生，但秋冬季发病率较高。

急性病例常见于新发生本病的猪群，以妊娠母猪及仔猪更为多见。病猪呼吸困难，张口伸舌，口鼻流沫，发出哮鸣声，咳嗽次数少而低沉，体温一般正常，病程为 1～2 周，病死率较高。

慢性病例常见于老疫区，主要表现为咳嗽，清晨喂食和剧烈运动时咳嗽明显，体温一般不高；病程较长的仔猪，身体消瘦衰弱，生长发育停滞。

（三）病理变化

本病主要病变在肺、肺门淋巴结和纵隔淋巴结。急性死亡肺有不同程度的水肿和气肿，在心叶、尖叶、中间叶及部分病例的膈叶出现融合性支气管肺炎，其中以心叶最为明显。病变颜色多为淡灰红色或灰红色，半透明状，病变部界限明显；随着病程的发展，病变部的颜色变深，呈淡紫色、深紫色或灰白色、灰黄色，半透明状的程度减轻，坚韧度增加。肺门淋巴结和纵隔淋巴结肿大，呈灰白色，有时边缘轻度充血（图 7 - 19、图 7 - 20）。

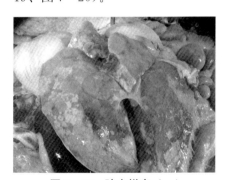

图 7 - 19　肺肉样变（一）

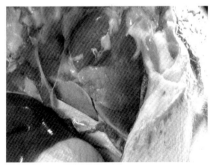

图 7 - 20　肺肉样变（二）

（四）预防与控制

1. 加强饲养管理，提供优良的饲养环境，保证舍内的空气清新，通风良好，环境温度适宜。

2. 母猪在产前 2～4 周免疫一次猪支原体肺炎疫苗，提高母源抗体保护，降低仔猪发病率。仔猪在 2～3 周龄时，按照各猪肺炎支原体疫苗产品使用方法实施免疫。

3. 在仔猪断奶或混群饲养应激期，采用抗菌药物预防保健，控制疾病的发展。抗生素能够控制猪肺炎支原体病的发展，但不能去除呼吸道或痊愈器官中病原体。猪肺炎支原体对青霉素、磺胺类药物不敏感，对喹诺酮类、泰乐菌素、土霉素、替米考星、林可霉素等药物敏感。

六、伪狂犬病

伪狂犬病（PR）能引起多种动物的发热、奇痒及脑脊髓炎，猪是伪狂犬病病毒的储存宿主和传染源，我国将其列为二类动物疫病。

（一）流行特点

各种家畜和野生动物（除无尾猿外）均可感染本病，猪、牛、羊、犬、猫等易感。本病寒冷季节多发，猪感染最为普遍，猪是伪狂犬病毒感染后唯一可以存活的物种，隐性感染猪和康复猪可长期带毒。病毒在猪群中主要通过空气传播，经消化道和呼吸道感染，也可经胎盘感染胎儿。

（二）临床症状

本病潜伏期一般为 3～6 d。临床表现随着年龄不同而有很大差异，母猪感染伪狂犬病病毒后常发生流产，产死胎、弱仔、木乃伊胎等症状；青年母猪和空怀母猪常出现屡配不孕或不发情；公猪常出现睾丸肿胀、萎缩，性功能下降，失去种用能力；新生仔猪大量死亡，15 日龄内死亡率可达 100%；断奶仔猪发病率 20%～30%，死亡率 10%～20%；育肥猪表现为呼吸道症状和增重迟缓。

新生仔猪及 4 周龄以内的仔猪感染本病，病情极为严重，仔猪突然发病，体温上升达 41℃以上，发抖，运动不协调，痉挛，呕吐，腹泻，有的仔猪表现为向后移动、圆周运动、侧卧划水运动，最后体温下降死亡，新生仔猪极少康复（图 7 - 21）。

（三）病理变化

感染胎儿或新生仔猪的肝脏和脾脏有散在白色坏死灶，肺和扁桃体有出血性坏死灶（图 7 - 22）。

（四）预防与控制

1. 伪狂犬疫苗有灭活疫苗、弱毒活疫苗、基因缺失疫苗等多种类型疫苗，各猪场可根据监测情况选择疫苗品种。基因缺失疫苗不仅安全有效，而且能够区分免疫抗体和野毒感染抗体，有利于疫情分析评估。

2. 定期开展疫情监测，种猪场每年监测 2 次，种公猪全部监测，种母猪按 20% 的比例抽检，商品猪不定期抽检，对流产、产死胎、产木乃

图7‑21 四肢麻痹、站立不稳

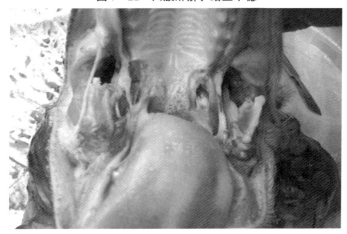

图7‑22 扁桃体坏死

伊胎等症状的种母猪全部检测。

3.种公猪、种母猪每年普免3～4次，每次免疫2头份；仔猪1～3日龄滴鼻免疫1头份，35～42日龄肌内注射1头份。

七、猪圆环病毒病

猪圆环病毒病（PCVD）是Ⅱ型圆环病毒引起的断奶仔猪衰竭综合征（PMWS）、猪皮炎肾病综合征（PDNS）、肺炎、母猪繁殖障碍的相关疾病，不同日龄猪感染后的临床表现有所不同。圆环病毒主要侵害猪的免疫系统，降低机体的抵抗力和免疫应答反应，导致感染猪产生免疫抑制或其他病原微生物继发感染。

（一）流行特点

PCV2 在自然界广泛存在，家猪和野猪是自然宿主，猪科外其他动物对 PCV2 不易感，口鼻接触是 PCV2 的主要自然传播途径，猪圆环病毒中主要是 PMWS 对养猪业造成严重的影响。

（二）临床症状

断奶仔猪衰竭综合征（PMWS）：仔猪断奶后 2～3 周出现被毛粗乱、皮肤苍白、逐渐消瘦、咳嗽、呼吸困难、腹股沟淋巴结肿大，猪群整齐度差，一般发病猪还感染其他疫病。

猪皮炎肾病综合征（PDNS）：主要发生于保育阶段结束进入生长阶段的生猪，主要表现为臀部皮肤或后肢皮肤出现紫色斑块，与周围皮肤界限清晰，随着病程延长，病变区域会被黑色结痂覆盖。

繁殖障碍：母猪未见明显临床症状，在不同妊娠阶段发生流产、死胎（图 7 - 23、图 7 - 24）。

图 7 - 23　皮肤丘疹（一）

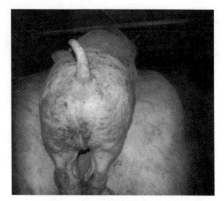
图 7 - 24　皮肤丘疹（二）

（三）病理变化

病变主要集中在淋巴组织，疾病早期常出现皮下淋巴结肿大，胃、肠系膜、肺门淋巴结切面呈苍白，有的淋巴结有出血和化脓性病变；肺有时扩张，坚硬或似橡皮，很少出现萎缩；肝肿大或萎缩，发白，坚硬；脾肿大，呈肉样变化；肾脏水肿，肾皮质表面出现白点（图 7 - 25）。

（四）预防与控制

种猪实行全群免疫，免疫母猪能够为仔猪早期提供母源抗体保护，母猪每年免疫 2 次。仔猪在 2～3 周龄初免，间隔 14 d 加强免疫一次。母

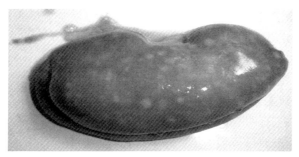

图7-25　肾白色坏死灶

猪和仔猪应全部免疫。

八、猪流行性乙型脑炎

猪流行性乙型脑炎是由流行性乙型脑炎病毒引起的一种人畜共患的传染病。猪感染本病后，母猪常发生流产、死胎，公猪发生睾丸炎，育肥猪可持续高热，仔猪常呈脑炎症状。

（一）流行特点

不同性别和品种的猪都可感染本病，猪的发病年龄多在出生后6月龄左右，从非疫区进入疫区的猪，发病较重。马、牛、羊和犬也有不同程度的易感性。夏季蚊虫不仅是本病的传播者，而且是其病毒的长期宿主。因此本病流行有明显的季节性，即蚊虫活动的夏季和秋季较为多发。本病一般为散发，隐性感染者较多，但无论有无症状，都在感染初期有传染性。

（二）临床症状

病猪体温突然升高达40℃～41℃，呈稽留热，精神不振，食欲不佳，结膜潮红，粪便干燥如球状，附有黏液，尿深黄色；有的病猪后肢呈轻度麻痹，关节肿大，视力减弱，乱冲乱撞，最后倒地而死。母猪、妊娠母猪感染乙型脑炎病毒后无明显临床症状，只有母猪流产或分娩时才发现产生死胎、畸形胎或木乃伊胎等症状。此外，分娩时间多数超过预产期数日，也有按期分娩的。母猪流产后不影响下一次配种。公猪常发生睾丸炎，多为单侧性，少为双侧性。初期睾丸肿胀，触诊有热痛感，数日后炎症消退，睾丸逐渐萎缩变硬，性欲减退，并通过精液排出病毒，精液品质下降，失去配种能力而被淘汰。

（三）病理变化

流产胎儿常见脑水肿，脑膜和脊髓充血，皮下水肿，心、肝、脾、肾肿胀并有小出血点。病死猪脑膜及脊髓膜显著充血，肝肿大，贫血，有界限不清的小坏死灶。肾稍肿大，也有坏死灶。全身淋巴结有轻重不一的边缘出血。母猪子宫内膜充血及出血，胎盘增厚。公猪睾丸肿大，切面充血和出血，有的公猪睾丸萎缩，与阴囊鞘膜粘连。

（四）诊断要点

本病的发生有明显的季节性。母猪发病比公猪多，而且以后备母猪发病最多。新进的母猪第一年发病重，之后逐渐减轻，最后不表现症状。妊娠母猪后期流产，死胎木乃伊化及公猪发生睾丸炎。结合剖检病变和牛、羊等动物也有感染可作出初步诊断。本病诊断时应注意与伪狂犬病、猪流行性感冒等相区别，更应与猪布氏杆菌病、猪细小病毒病、猪繁殖和呼吸综合征相区别。

（五）预防与控制

1. 按本病流行病学的特点，消灭蚊虫是消灭乙型脑炎的根本办法。由于灭蚊技术措施尚不完善，控制猪乙型脑炎主要采用疫苗接种。接种疫苗必须在乙型脑炎流行季节前使用才有效，一般要求 4 月份进行疫苗接种，最迟不宜超过 5 月中旬。临床上主要接种后备母猪。

2. 本病目前尚无特效药物治疗，但可用抗菌药物等对症治疗，以缩短病程和防止继发感染。脱水疗法：可用 20％甘露醇、25％山梨醇、10％葡萄糖等治疗脑水肿，降低颅内压；镇静疗法：可用氯丙嗪、乙酰普巴嗪等；退热镇痛疗法：可使用安替比林、安乃近等；抗菌疗法：可用各种抗生素、磺胺类药物。

九、猪流行性腹泻

猪流行性腹泻又称流行性病毒性腹泻，是由猪流行性腹泻病毒引起的一种肠道传染病。其特征为呕吐、腹泻和脱水。

（一）流行特点

本病仅发生于猪，各种年龄的猪都可能感染发病。哺乳仔猪、架子猪或育肥猪的发病率很高，尤以哺乳仔猪受害最为严重。病猪是主要传染源。病毒存在于肠绒毛上皮和肠系膜淋巴结，随粪便排出后，污染环境，通过饲料、饮水等传染。传染途径主要是消化道。

（二）临床症状

主要为水样腹泻，或腹泻间有呕吐。潜伏期，实验感染新生仔猪为24～36 h，育肥猪约 2 d，自然病例一般为 5～8 d。发病率，哺乳仔猪和生长育肥猪100%，母猪15%～90%。哺乳仔猪呈现呕吐和水泻，1周龄以内仔猪常严重脱水和死亡，病程3～4 d，死亡率50%。断奶猪、育成猪发病率很高，几乎达100%，但症状较轻，表现精神沉郁，有时食欲不佳、腹泻，可持续4～7 d，逐渐恢复正常。

（三）病理变化

具有特征性的病理变化主要见于小肠。整个小肠肠管扩张，内容物稀薄，呈黄色、泡沫状，肠壁弛缓，缺乏弹性，变薄且有透明感，肠黏膜绒毛严重萎缩。有的病猪胃底黏膜出血或潮红充血，并有黏液覆盖，胃内容物呈鲜黄色并混有大量乳白色凝乳块。

（四）诊断要点

本病在流行病学和临床症状方面与猪传染性胃肠炎无显著差别，只是病死率比后者稍低。2周龄的病猪很少死亡，病毒在场内传播较慢。进一步确诊需依靠实验室诊断。

（五）防治措施

本病无特效药治疗，通常应用对症疗法，可减少仔猪死亡率，促进康复。发病后要及时补水和补盐，给大量的口服补液盐，防止脱水，用肠道抗生素可防止继发感染，减少死亡率。可使用康复母猪抗凝血或高免血清，每日口服10 mL，连用3 d，对新生仔猪有一定预防和治疗作用。同时应立即封锁猪舍，严格消毒猪舍、用具及通道等。预防本病可在入冬前10—11月给母猪接种弱毒疫苗，通过初乳可使仔猪获得被动免疫。

十、仔猪黄痢

仔猪黄痢又称早发性大肠埃希菌病，由致病性大肠埃希菌的某些血清型所引起，是初生仔猪的一种急性、致死性传染病，以排出黄色稀粪和急性死亡为特征。

（一）流行特点

本病主要发生于初生1周以内的仔猪，以1～3日龄最为多见，1周龄以上仔猪很少发病，在产仔季节，发病窝数多，同窝仔猪发病率很高，可达90%以上，死亡率也很高，有时全部死亡。环境卫生条件不好的猪场发病率较高，母猪携带致病性大肠埃希菌是引起仔猪发病的重要因素。

（二）临床症状

病猪的主要症状是拉稀，大便多呈黄色水样，内含凝乳小片，顺肛门流出，其周围多不留粪迹，易被忽视。捕捉仔猪时因挣扎和鸣叫而从肛门冒出粪水。病猪精神不振，不吃奶，不久即脱水，昏迷死亡，急性发病不见下痢便会死亡。

（三）病理变化

尸体严重脱水，颈部和腹部皮下常有水肿。肠管膨胀，内含有大量带气泡的黄色液体，肠黏膜肿胀、充血、出血，胃内充有酸臭的黄白色凝乳块。肠系膜淋巴结有小点出血、肝肾有凝固性坏死点或小点出血。

（四）综合防治

大肠埃希菌易产生抗药性，分离出大肠埃希菌后，做药敏试验并筛选出最敏感的药物，常可选用的药物有恩诺沙星、氧氟沙星、环丙沙星、庆大霉素、丁胺卡那霉素、磺胺甲基嘧啶。具体治疗方法如下：

1. 庆大霉素，仔猪肌内注射，每次 2 万 IU，每日 2 次，连用 3 d；庆增安注射液 0.5 mL，每日 2 次，口服。

2. 中药，宜健脾燥湿，清热止痢。海金沙 100 g、马齿苋 100 g、大蒜 50 g、苦参 50 g，加水 1000 mL，煎取 200 mL 药液，每头每次灌服 5～10 mL，每日 3 次。

预防本病主要是平时做好猪舍、环境的卫生及消毒工作，做好产房及母猪的清洁卫生及护理工作，接产前对母猪乳头和后躯要擦拭和清洗干净。

常发地区可用大肠埃希菌腹泻 K88、K99、987P 三价活菌苗或 K88、K99 双价基因工程活菌苗给产前 1 个月妊娠母猪注射，通过母乳使仔猪获得被动保护。在仔猪出生后未吃奶之前全窝口服抗菌药物，连用 3 d，以防止发病。有些猪场采用本场淘汰母猪的全血或血清，给初生仔猪口服或注射，有一定预防效果。在母猪妊娠 3 个月后日粮中添加"牲命 1号"，可以提高仔猪初生重，大大减少仔猪黄痢的发生。

十一、仔猪白痢

仔猪白痢又称迟发性大肠埃希菌病。病猪突然发生腹泻，排出乳白色或灰白色的浆状、糊状粪便。主要侵害 10～30 日龄的仔猪，病程为 2～3 d。

（一）流行特点

病猪和带菌猪是本病的主要传染源，本病多发生于 10 日龄到 1 月龄的仔猪，以 10～20 日龄最为多见。本病一年四季均可发生，并与各种应激因素有关，即阴雨潮湿、冷热不定，饲料品质不良、配合不当或突然改变，母猪乳汁太浓或不足，场地污秽都可增加本病的严重性。

（二）临床症状

病猪突然腹泻，粪成浆糊状，味腥臭，呈乳白色、灰白色或黄白色，病猪拱背、消瘦、发育迟缓，病程 5～6 d，大多能自行康复，有的拖延至 2～3 周，死亡率的高低取决于饲养管理的好坏。

（三）病理变化

尸体苍白消瘦，肠内容物呈糊糊状或油膏状，色乳白或灰白，黏腻，部分黏附于黏膜上，不易于擦掉，有的肠管空虚或充满气体，肠壁变薄而透明。胃内乳汁凝结不全，胃黏膜潮红肿胀，肠系膜淋巴结轻度肿胀，肝脏肿大，心肌柔软。

（四）综合防治

早期及时治疗效果较好。中药以收敛止泻，助消化为主。如白头翁汤：白头翁 25 g、黄柏 30 g、黄芩 8 g、苦参 88 g、秦皮 8 g，加水 600 mL，煎至 100 mL，过滤后服用，3～4.5 kg 仔猪每头每次服 3～5 mL，5～7 kg 仔猪每头每次服 5～8 mL，每日 3 次。抗菌药可用多西环素口服，每日 1 次，每次 20 mg，也可用土霉素、磺胺脒等。仔猪提早开食、在饲料中添加"护仔康 2 号"，可预防和减少白痢病的发生。

十二、猪传染性胸膜肺炎

猪传染性胸膜肺炎是由胸膜肺炎放线杆菌引起猪的一种呼吸道传染病，本病以急性出血性纤维素性胸膜肺炎和慢性纤维素性坏死性胸膜肺炎为特征。

（一）流行特点

不同年龄、性别的猪都易感，但以 4～5 月龄的猪发病死亡较多；病猪和带菌猪是本病的传染源，病原存在于呼吸道，主要通过空气飞沫传播。冬季和早春是本病的发病高峰季节。初次发病的猪群发病率和死亡率较高，经过一段时间则趋于缓和。猪舍通风不良，饲养密度过大，气候突变等应激因素的影响，可促进本病的发生。

（二）临床症状

最急性型：病猪突然发病，体温升高到 41.5℃以上，沉郁，食欲废绝，短时的轻度腹泻和呕吐，卧地，开始时无明显的呼吸道症状，但心跳加快，鼻、耳、腿、体侧皮肤发绀。后期呼吸极度困难，犬坐姿势，张口呼吸，临死前口鼻流出血性泡沫样分泌物，病猪一般在 24～36 h 内死亡，个别仔猪突然死亡，不表现任何症状。死亡率高达 100%。

急性型：病猪体温升高到 40.5℃以上，精神沉郁，食欲不振，呼吸困难，咳嗽。病程随饲养管理、气候、治疗情况长短不定，短的 24～36 h 发生死亡，长的经 4～5 d 或更长时间自行康复，或转化为亚急性和慢性型。

亚急性和慢性型：病猪体温稍高或正常，食欲不振，有不同程度的呼吸道症状，间歇性咳嗽，生长停滞。病程一般为 5 周，有的猪病情进一步恶化，导致死亡，部分猪康复，但康复猪仍带菌。

（三）病理变化

最急性型：病猪气管和支气管内充满血性泡沫样分泌物，肺充血、水肿。肺炎多见于肺前下部，肺的后上部尤其靠近肺门的主支气管内充满血性泡沫样分泌物，肺充血、水肿。肺的后上部尤其靠近肺门的主支气管周围常出现界限清晰的出血性实变区或坏死区。

急性型：多为双侧性肺炎，紫红色，切面坚实如肝组织，轮廓清晰，分布于心叶、尖叶和膈叶的一部分，肺间质内充满血色胶样液体，可见明显的纤维素性胸膜炎。

亚急性和慢性型：肺部可见坚实的干酪样实变区或含有坏死碎屑的空洞，表面附有结缔组织化的粘连物，肺炎病变部位常与胸膜粘连。

（四）防治措施

综合防治：主要是搞好猪舍的日常环境卫生，防止将病猪和带菌猪引进猪场。发生本病后，应立即隔离病猪，及时做出诊断，并进行彻底消毒。病猪和同群猪分别给予治疗和药物预防。也可于仔猪 6～8 周龄时免疫接种猪传染性胸膜肺炎疫苗，2 周后加强免疫一次。

药物治疗：治疗本病较有效的药物有氟苯尼考、泰乐菌素、头孢菌素类、林可霉素、盐酸环丙沙星、恩诺沙星、土霉素、卡那霉素以及磺胺类等药物。同时对同群猪，可在饲料中添加氟苯尼考或泰乐菌素、支原净（泰妙菌素）进行预防，每月用药 7 d。

第六节　主要寄生虫病防治

一、蛔虫病

猪蛔虫病是因蛔虫寄生于猪的小肠引起的一种寄生虫病。主要危害

3～6 月龄的仔猪，能使仔猪发育不良，严重的可引起死亡。

（一）流行特点

猪蛔虫为黄白色或粉红色的大型线虫。雌虫产生大量的虫卵，虫卵随粪便排出体外后，在适宜的温度、湿度和充足氧气的环境中发育为含幼虫的感染性虫卵。猪吞食了感染性虫卵而被感染。主要发生于 3～6 月龄的仔猪。

（二）临床症状

大量幼虫进入肺脏时，引起蛔虫性肺炎。表现为咳嗽，呼吸加快，体温升高，食欲减退，卧地不起及嗜酸性粒细胞增多。成虫寄生小肠时，仔猪发育不良，生长缓慢，被毛粗乱，常是形成僵猪的重要原因。大量寄生时，可引起肠堵塞、肠破裂。当蛔虫进入胆管，造成堵塞，引起黄疸症状。少数病例呈现荨麻疹、兴奋、痉挛、角弓反张等神经症状。

（三）病理变化

幼虫移动过程中引起肝脏出血、变性或坏死，肝表面形成云雾状灰白色蛔虫斑。肺表面可见出血点和暗红色斑点、坏死灶。肠内可见肠黏膜卡他性出血或溃疡。

（四）防治措施

1.清除虫卵。清洗青绿饲料上的虫卵后再喂猪，保持猪舍和运动场清洁卫生，及时清除粪便并作发酵处理，消灭粪便中的虫卵。猪舍、运动场和产房定期用 20%～30% 新鲜石灰水、40% 热碱水等消毒。保持饮水清洁。

2.饲料营养全面，增强猪的抵抗力。

3.定期驱虫。仔猪 50～60 日龄开始驱虫，每隔 20 d 驱 1 次，共驱 3 次。育肥猪 3 月龄、5 月龄各驱虫 1 次。种公猪每年驱虫 2 次。母猪妊娠前期和产后 2 周各驱虫 1 次。后备种猪配种前驱虫，新引进猪驱虫后再合群。常用药物及用量如下。

左旋咪唑：每千克体重 8 mg，混入饲料或饮水中给药，休药期 3 d。体重 30 kg 以下的仔猪用 15% 左旋咪唑擦剂，用棉球将药液涂擦在猪的耳背及耳根后部，每 10 kg 体重用药 1 mL，休药期 28 d。

阿苯达唑：每千克体重 10～20 mg，1 次混料喂服。

伊维菌素：每千克体重 300 μg，1 次皮下注射，休药期 18 d。

二、疥螨病

猪疥螨病俗称疥癣、癞。是由疥螨寄生于猪皮内引起的一种接触传染的寄生虫病。临床上以剧痒、渐进性消瘦、皮炎为主要特征。

（一）流行特点

各种年龄、品种的猪均可感染本病。疥螨病猪是本病的主要传染源。猪疥螨寄生处产生奇痒，病猪到处摩擦，致使猪舍围墙、栏柱、地面及用具等被疥螨虫体或虫卵污染，成为传播媒介物。健康猪与病猪接触，或与媒介物接触而感染本病。猪舍阴暗、潮湿、拥挤，环境卫生差，营养不良等是本病的诱发因素。本病在秋冬及初春，尤其阴雨、潮湿冷天，传播迅速，发病严重。

（二）临床症状

仔猪多发。疥螨病灶通常起始于眼周、耳后颊部、腹部嫩皮肤处，之后蔓延到背部、躯干两侧及全身。主要表现为剧烈瘙痒，病猪到处摩擦或以肢蹄搔擦患部，甚至将患部擦破出血，以致患部脱毛、结痂，皮肤肥厚，形成褶皱和龟裂。病猪食欲减退，生长缓慢，逐渐消瘦，甚至死亡。

（三）防治措施

综合防治：猪舍经常保持清洁、干燥和通风。不引进疥螨病猪。新进猪应隔离观察，发现病猪应立即隔离治疗，以防止蔓延。

药物治疗：治疗疥螨病的药物很多，可用 1% 敌百虫水溶液洗擦患部，或用喷雾器喷淋猪体。伊维菌素皮下注射，严重的隔 5～7 d 再用一次。1% 敌百虫水溶液兑废机油擦患部效果好。

三、猪肺虫病

猪肺虫病（猪后圆线虫病）是由长刺猪肺虫寄生于猪的支气管和细支气管内，使猪发生支气管炎和支气管肺炎的一种地方性流行病。主要危害仔猪，严重时可引起大批死亡。

（一）流行特点

长刺猪肺虫（长刺后圆线虫）虫体呈细丝状，乳白色。寄生于猪的支气管和细支气管内。雌虫在支气管内产卵，随粪便排到外界，通过蚯蚓孵化出感染性幼虫。猪吞食了此种蚯蚓或被感染性幼虫污染的食物而感染。猪肺虫需要蚯蚓作为中间宿主。

（二）临床症状

轻度感染症状不明显。瘦弱的幼猪（2～4月龄）被感染虫体较多时，症状严重，具有较高死亡率。病猪消瘦，发育不良，被毛干燥无光，阵发性咳嗽，早晚运动后或遇冷空气刺激时尤为剧烈，鼻孔流出脓性黏稠分泌物，严重时呈现呼吸困难。病程长者，常成僵猪，有的在胸下、四肢和眼睑部出现水肿。

（三）病理变化

剖检变化是确诊本病的主要依据。肺脏表面可见灰白色、隆起呈肌肉样硬变的病灶，切开后从支气管流出黏稠分泌物和白色丝状虫体，有的肺小叶因支气管腔堵塞而发生局限性肺气肿及部分支气管扩张。

（四）防治措施

综合防治：猪场建在地势高的干燥处，猪舍和运动场铺水泥地面，防止蚯蚓进入；在流行地区，用1%氢氧化钠（烧碱）溶液或30%草木灰水淋湿猪运动场；及时清除粪便，并堆肥发酵；流行区的猪群，春秋用左旋咪唑各进行1次预防性驱虫。

药物治疗：丙硫苯咪唑和伊维菌素等驱虫药均有良好的疗效（用法用量可参考药物说明）。

四、弓形虫病

弓形虫病又称弓浆虫病，是由弓形虫引起的一种人畜共患的原虫病。

（一）流行特点

弓形虫病的病原是龚地弓形虫，简称弓形虫，它的整个发育过程需要两个宿主，猫是弓形虫的终末宿主，也是传播弓形虫病的主要感染来源，猫类中的弓形虫卵感染力可达数月之久。猪摄食了被卵囊污染的饲料、饮水而被感染。弓形虫还可通过呼吸道、皮肤黏膜等途径侵入，也可通过胎盘垂直传播。

（二）临床症状

病猪体温升高到40.5℃～42℃，稽留7～10 d，弓背，骨骼增粗，精神萎靡，食欲减退或废绝，鼻孔有浆液性、黏液性或脓性鼻涕流出，呼吸困难，全身发抖。初期便秘，拉干粪球，粪便表面覆盖有黏液。有的病猪后期下痢，排水样或黏液性或脓性恶臭粪便。病重猪发病1周左右死亡。妊娠母猪发生流产或死胎。

（三）病理变化

肺通常肿大，呈暗红色带有光泽。间质增宽，有针尖至粟粒大出血点或灰白色坏死灶，切面流出大量带泡沫液体。全身淋巴结肿大，灰白色，切面湿润，有粟粒大、灰白色或黄白色坏死灶和大小不一的出血点。肝、脾、肾也有坏死灶和出血点。盲肠和结肠有少数散在的黄豆大的浅溃疡，淋巴滤泡肿大或有坏死。心包、胸腹腔液增多。

（四）防治措施

综合防治：猪场严禁养猫。加强对猪饲料和饮用水的保管，防止被猫粪污染。病猪及时隔离治疗，其分泌物、排泄物和污染物需彻底清扫，严格消毒。

药物治疗：磺胺类药物与增效剂联合应用效果较好，首次用药剂量加倍，病情稳定后持续用药 2～3 次巩固疗效。

五、猪附红细胞体病

猪附红细胞体病是附红细胞体寄生于猪、人及多种动物的红细胞或血浆中引起的一种人畜共患的传染性寄生虫病。临床以发热、厌食、贫血、黄疸及四肢、耳尖和腹下出血为主要特征。病原体是猪附红细胞体，寄生于红细胞中，也可游离在血浆中。附红细胞体对干燥化学药品的抵抗力很差，但耐低温，在 5℃能保存 15 d。

（一）流行特点

各种年龄和品种的猪均易感。人、牛、羊等多种动物都有易感性。其传播途径尚不清楚。多发生于夏季。饲养管理不良、分娩、营养缺乏、气候恶劣等应激因素或有其他慢性传染病时，可使猪群暴发该病。

（二）临床症状

临床症状复杂，往往与链球菌、弓形体等病混合感染而使症状与其他疾病难以分别。一般表现为：体温升高至 39.5℃～41.5℃，部分体温可高达 42℃，高热稽留不退，食欲减退或废绝。病初使用抗生素后症状减轻，食欲有所恢复，一旦停药即又复发。仔猪精神沉郁、黏膜苍白、黄疸、全身皮肤发红，一般发病后一日至数日死亡。母猪急性感染时表现厌食、不发情或屡配不孕。

（三）病理变化

耳、腹下、四肢末端出现紫红色斑块，皮肤可视黏膜苍白。剖检可见全身淋巴结和脾脏肿大，质地柔软，边缘有点状出血。心包内有较多淡红色积液，血液稀薄，凝固不良。肾脏肿大，表面有针尖大小的出血点，切开后可见肾盂积水。膀胱充盈，黏膜有出血点。肝脏肿大成土黄色，表面有灰白色坏死灶；肠黏膜有大量出血斑块。

（四）防治措施

1. 全场猪进行体内外寄生虫防治。定期对猪群采用广谱驱虫药，如伊维菌素类等驱除体内外寄生虫。

2. 生猪饲料中添加中草药调理剂，连续添加 15～20 d，增强猪的抗病和抗应激能力。

3. 消除一切应激因素，治疗继发感染。保持环境卫生，猪舍干燥、通风，做好防蚊灭蝇工作。

4. 治疗猪附红细胞体病的药物有贝尼尔、咪唑苯脲、对氨基苯胂酸钠、长效土霉素等。

第七节　繁殖障碍性疾病防治

一、产后瘫痪

产后瘫痪（乳热症）是母猪分娩后突然发生的一种代谢性疾病，主要原因是分娩前后血钙浓度剧烈降低，引起机体知觉丧失及四肢瘫痪。

（一）临床症状

产后数小时开始，产后 2～5 d 也是本病的发生期，病初母猪轻微不安，随后精神沉郁，食欲废绝，躺卧，反射减弱，便秘，体温正常或稍升高。症状轻微者，站立困难，行走时后躯摇摆，奶量减少甚至完全无奶，有时病猪伏卧不让仔猪吃奶。由于血钙浓度下降，肌肉组织的紧张性降低，同时由于长时间卧地，腹压增高，有时并发阴道脱或子宫脱。

（二）防治措施

1. 保证母猪钙、磷营养需求和饲料钙、磷的营养平衡，在饲料中添加维生素 D、钙、磷等营养物质。

2. 对病猪肌内注射维丁胶性钙或静脉注射葡萄糖酸钙，快速补充机体钙的不足。

3. 加强饲养管理，防止发生褥疮；采取对症治疗，预防继发感染。

4. 采用中药补中益气，调理脾胃，升阳举陷，母猪每头每日

45～60 g 拌料饲喂，连用 3～5 d。

【例方】补中益气散。

二、乳房炎

乳房炎是乳腺受到物理、化学、微生物等因素刺激所发生的一种炎性病理变化，常见于母猪产后 5～30 d。主要是由仔猪尖锐的牙齿咬伤乳房而引起感染，有时是一个或几个乳房发炎，有时波及全部乳房，乳房红热、肿胀发亮，严重的全部乳房和腹下部红肿，体温升高、采食停止。葡萄球菌、大肠埃希菌、链球菌是乳房炎的常见病原菌。

（一）临床症状

乳房发热、肿胀、疼痛，乳汁分泌减少、稀薄、泛黄，有时乳房有小米粒或黄豆大小溃疡或脓肿，有时出现全身症状。

（二）防治措施

加强护理，搞好产房环境卫生和消毒，保持猪体、乳房的清洁，消除病原。控制母猪精料投喂，杀灭病原菌，减轻和消除乳房的炎性症状。

1. 初生仔猪修剪犬齿，防止哺乳时咬伤母猪乳房。发现母猪乳房创伤，应及时进行外科处理，防止继发感染。

2. 乳房肿胀、热痛时，冷敷缓解局部症状，采用 0.3%～0.5%氯己定等刺激性小的药物清洗乳房，外涂鱼石脂软膏等药物。用头孢噻呋等抗生素，防治全身感染。

3. 中药清热解毒、消肿散痛，促进乳腺中病原体及其毒素、变质乳排出，减少炎性对乳腺的刺激。

【例方】公英散。

三、产后感染

产后感染是母猪产后阴道、子宫的感染性疾病。母猪产后生殖器官发生剧烈变化，正常排出胎儿或助产时对产道及子宫造成浅表性损伤；助产器械、手臂及母猪外阴消毒不严，外界微生物侵入；产后胎衣不下、恶露滞留于子宫给微生物的侵入、繁殖创造了条件。母猪产后抵抗力下降，正常存在于阴道内的微生物，由于产道损伤而迅速繁殖。引起母猪产后感染的病原微生物，主要有链球菌、葡萄球菌、大肠埃希菌及化脓棒状杆菌。

（一）**症状**

病猪体温升高，精神沉郁，拱背努责，从阴门流出黏性或黏液脓性分泌物，严重时流出污红、腥臭的液体，外阴周围黏附分泌物的干痂。

（二）**防治措施**

1. 加强饲养管理，提高母猪的抵抗力，严格对助产工具和接产人员消毒，防止病原微生物侵入。

2. 可用温的 0.1％高锰酸钾溶液或生理盐水冲洗产道，在产道投放抗菌栓剂。肌内注射催产素，促进子宫收缩和功能恢复。

3. 使用头孢噻呋、壮观霉素、林可霉素等抗菌药物，控制细菌感染。必要时采母猪阴道分泌物进行细菌分离培养，筛选敏感药物。

4. 采用中药益母生化散活血祛瘀，温经止痛，促进恶露排出。

【例方】益母生化散。

第八章　猪场废弃物处理

随着养殖业的快速发展，环境污染问题时有发生。资料表明，2010年我国畜禽养殖业主要水污染物排放量中化学需氧量（COD）、氨氮排放量分别达到 1148 万 t、65 万 t，占农业源排放总量的比例分别达到 95％、78％。畜禽养殖污染已经成为农业污染源之首。近年来，养殖污染问题已引起国家有关部门的高度重视，新的环境保护法已于 2015 年实施，对养殖场的污水排放标准提出了更加严格的要求。因此，发展养猪生产，特别是优质湘沙猪养殖，首先要解决环保问题。

第一节　猪场废弃物的危害

猪场废弃物是指生猪养殖过程中产生的粪、尿、垫料、冲洗水、饲料残渣等。生猪采食饲料，饲料中营养物质不能全部被吸收和消化。未消化的营养物质，机体代谢产物以及生猪养殖过程中产生的冲洗水组成了猪场废弃物。猪场废弃物的主要危害有以下几个方面。

一、污染大气

（一）产生恶臭

猪的粪尿中含有大量降解的或未降解的有机物，这些有机物大致可分为碳水化合物和含氮化合物，排出体外后迅速腐败发酵。在有氧条件下，其中的碳水化合物被分解为二氧化碳和水，含氮化合物被分解成硝酸盐类；而在无氧条件下，前者被分解成甲烷、有机酸和醇类等，后者被分解成氨、硫化物、甲胺、三甲胺、二甲基硫醚等有恶臭的气体，造成空气中含氧量相对下降，污浊度升高，轻则降低空气质量，产生异味，影响人畜健康；重则引起呼吸道系统疾病，造成人畜死亡。据日本统计，在 1969—1970 年畜产公害事件的水质污染、恶臭、害虫或综合污染中，养猪业所占比例均最高；据 Pain 报道，英国的畜产恶臭污染中，养猪业占 57%、养鸡业占 22%、养牛业占 17%。据刘晓利、许俊香等测算，2002 年我国畜禽粪便中的氮素通过挥发进入大气的约为 239.81 万 t。研究表明，具有强烈刺激性臭味的气体在畜禽舍内，主要被溶解或吸附在潮湿的地面、墙壁和家畜的黏膜上，刺激家畜外黏膜，引起黏膜充血、喉头水肿，氨气进入呼吸道可引起咳嗽、气管炎和支气管炎、肺水肿出血、呼吸困难、窒息等症状；吸入肺部的氨可通过肺泡上皮组织进入血液，并与血红蛋白结合，置换氧基，破坏血液运氧功能，从而出现贫血和组织缺氧。当猪舍中 NH_3 达 50 mg/kg 时，仔猪的生长效率下降 12%，达 100～150 mg/kg 时，生长效率下降 30%，气管上皮细胞和鼻甲骨受刺激而损害。研究表明，硫化氢具有刺激性和致窒息性。经肺泡进入血液的硫化氢可与氧化型的细胞色素氧化酶的三价铁结合，使酶失去活性，从而影响细胞的氧化过程，引起组织缺氧。长期处于低浓度硫化氢空气状况环境下的畜禽，体质变弱，抗病力下降，易发生肠胃病、心脏衰弱等。并会出现自主性神经紊乱、多发性神经炎。高浓度的硫化氢可抑制呼吸中枢，直接导致动物死亡。猪长期生活在含有低浓度硫化氢的空气中会感到不舒服，生长速度减慢。在硫化氢浓度为 20 mg/m³ 环境下，猪变得畏光、不愿采食、神经质；在 50～200 mg/m³ 环境下，猪会突然呕吐，失去知觉，接着因呼吸中枢麻痹而死亡。一个年产 10.8 万头的猪场，每小时可向大气排放 NH_3 159 kg、H_2S 14.5 kg、粉尘 25.9 kg 和 15亿个菌体，这些物质的污染半径可达 4.5～5.0 km。

(二) 产生尘埃和微生物

由于猪场排出的粉尘携带大量的微生物，并为微生物提供营养和庇护，大大增强了微生物的活力，延长了其生存时间。这些尘埃和微生物可随风传播 30 km 以上，从而扩大了其污染和危害的范围。尘埃污染使大气可吸入颗粒物增加，恶化了养殖场周围大气和环境的卫生状况，使人与动物眼和呼吸道疾病发病率提高；微生物污染可引起口蹄疫和大肠埃希菌、炭疽、布氏杆菌、真菌孢子等疫病的传播，危害人和动物的健康。

(三) 导致地球温室效应或产生酸雨

全球变暖主要是由于大气中过高浓度的温室气体。CH_4、CO_2、CO是大气中三种重要的温室气体。联合国粮食及农业组织（FAO）2022 年报告指出，畜牧业排放的温室气体占全球 14.5%，畜牧业每年所排放的甲烷量相当于 1.44 亿 t 石油。研究表明，体重 20～25 kg 与 120 kg 的猪

日排放 CH_4 量分别为 1 L 和 12 L；体重 60 kg 与 90 kg 的猪日排放 CH_4 量分别为 1.46 L 和 2.57 L。目前，农业生产中大量使用化肥，导致有机粪肥大量闲置，粪便不能及时还田，粪便的存放和处理会产生大量温室气体，其中又以 CH_4 排放为主。

二、污染水体

畜禽粪尿中所含的大量 N、P 和药物添加剂的残留物，是生态环境破坏的主要污染源。大量的氨氮废水直接排入水体会造成水体富营养化，导致水草、蓝藻等生物大量繁殖，破坏生态平衡，引发系列环境问题，严重危害生态安全。在好氧条件下，亚硝化菌、硝化菌会将水体中的氨氮氧化成硝酸盐和亚硝酸盐，对饮用水和水产生物产生危害。

（一）造成水体富营养化

畜禽粪便中的磷排入江河湖泊后，一方面导致水中的藻类和浮游生物大量繁殖，产生多种有害物质；另一方面使水中固体悬浮物、化学需氧量（COD）、生化需氧量（BOD）升高，造成水体富营养化，导致水体缺氧，使鱼类等水生动物窒息死亡，水体腐败变质。我国一些学者对水体畜禽粪便污染量进行了测定，认为畜禽粪便中氮素养分的 22% 进入了水体，造成了环境污染。从全国范围来看，水体富营养化在我国已成为突出的环境问题，城市湖泊都已经处于重富营养或异常营养状态，绝大部分大中型湖泊都已经具备发生富营养化条件或处于富营养化状态，而且还在发展。

（二）造成地下水污染

将畜禽粪便堆放或作为粪肥施入土壤，部分氮、磷不仅随地表水或水土流失流入江河、湖泊，污染地表水，且会渗入地下污染地下水。畜禽粪便污染物中有毒、有害成分进入地下水中，会使地下水溶解氧含量减少，水质中有毒成分增多，严重时使水体发黑、变臭、失去使用价值。畜禽粪便一旦污染了地下水，将极难治理恢复，造成较持久性的污染。硝酸盐如转化为致癌物质污染了地下水中的饮用水源，将严重威胁人体健康。资料显示，密云水库平水期养猪场地下水中的硝酸盐含量为 46.8 mg/L，超标 1.34 倍，总硬度超标 0.33 倍；丰水期猪场地下水中的硝酸盐含量为 44.7 mg/L，超标 1.24 倍，总硬度超标 0.27 倍；排污口附近水体中 Cu、Zn、Cd、Pb 等含量都有明显增加。

三、污染土壤

畜禽粪便养分对土壤的污染包括氮、磷养分，微量元素及粪便中残留的激素、抗生素、兽药等污染物。钙、磷、铜、铁、锌、锰等矿物质元素是动物营养所必需的，但畜禽对这些元素的吸收利用率只有5%～15%，剩余的绝大部分通过粪便直接排出体外。长年过量施用矿物质元素含量偏高的粪肥，将导致土壤重金属累积，直接危及土壤功能，降低农作物品质。粪污中的蛋白质、脂肪、糖等有机质将被土壤微生物分解，其中含氮有机物被分解为氨、胺和硝酸盐，氨和胺可被硝化细菌氧化为亚硝酸盐和硝酸盐；糖和脂肪、类脂等含碳有机物最终被微生物降解为CO_2和H_2O，从而通过土壤得到自然净化。如果污染物排放量超过了土壤本身的自净能力，便会出现降解不完全和厌氧腐解，产生恶臭物质和亚硝酸盐等有害物质，引起土壤的组成和性状发生改变，破坏其原有的基本功能，导致土壤孔隙堵塞，使土壤透气、透水性下降及板结，严重影响土壤质量；作物徒长、倒伏、晚熟或不熟，造成减产，甚至毒害作物，使之出现大面积腐烂。土壤虽对各种病原微生物有一定的自净能力，但进程较慢，且有些微生物还可生成芽孢，更增加了净化难度，故也常造成生物污染和疫病传播。张慧敏、章明奎等对浙北地区畜禽粪便和农田土壤中四环素类抗生素残留进行了采样分析，结果表明，畜禽粪中四环素、土霉素和金霉素残留量的平均值分别为1.57 mg/kg、3.10 mg/kg、1.80 mg/kg。抗生素高残留的畜禽粪便主要来自规模化养殖场，散养畜禽的粪便中抗生素含量较低。施用畜禽粪肥的农田表层土壤中土霉素、四环素和金霉素的检出率分别为93%、88%和93%，其表层土壤中土霉素、四环素和金霉素的平均残留量分别为未施畜禽粪肥农田的38倍、13倍和12倍，畜禽粪肥是农田土壤抗生素的重要来源。

四、传播疾病

畜禽粪便含有大量的病原微生物、寄生虫卵及滋生的蚊蝇，未经处理的畜禽粪便会使环境中病原种类增多、菌量增大，病原菌和寄生虫大量繁殖，造成人、畜传染病的蔓延。资料显示：畜禽粪便中潜在大量的病原微生物和寄生虫卵，如猪伤寒沙门菌、猪霍乱沙门菌、猪巴斯德菌、猪布鲁菌、绿脓杆菌、李斯特菌、猪丹毒丝菌、化脓棒杆菌、猪链球菌、猪瘟病毒、猪水泡病毒、蛔虫卵、毛首线虫等。据世界卫生组织和联合国粮农组织的有关资料报道,目前已有 200 种人畜共患传染病。其中较为严重的至少有 89 种,如由猪传染的约 25 种,人畜(禽)共患传染病的传播载体主要是畜禽粪尿排泄物。饲养场排放的污水平均每毫升含大肠埃希菌 33 万个、肠球菌 69 万个,沉淀的每升污水中蛔虫卵和毛首线虫卵分别高达 193 个、106 个。据对局部环境污染较为严重的规模化养猪场调查,其仔猪黄痢、白痢、传染性胃肠炎、支原体病及猪蛔虫病的发病率高达 50%以上,严重影响猪场生产水平和经济效益。尤其是人畜共患病的发生会威胁人类健康,造成个别地方传染病与寄生虫流行,而且可能对猪场自身造成污染,传播疾病。

五、污染畜产品

畜禽粪便没有经过及时、有效的无害化处理,将导致畜禽生长环境变劣,疾病发生率提高,从而导致大量抗生素、兽药的使用,进而造成一些没有分解和排出的抗生素、兽药等残留在畜禽体内,造成畜禽产品污染,降低畜禽产品品质。研究表明,动物在反复接触某种抗菌药物的情况下,其体内的敏感菌将受到抑制,导致病原菌产生耐药性。消费者经常食用低剂量药物残留的食品,会对胃肠的正常菌群产生不良影响,一些敏感菌受到抑制或被杀死,菌群的生态平衡受到破坏,影响人体健康。据检测,2006 年全国畜产品中磺胺类药物残留监测平均不合格率为1.6%。畜禽产品抗生素等兽药残留超标,严重影响产品安全。

第二节　猪场废弃物处理的基本原则

一、减量化原则

畜禽养殖废弃物的源头减量模式不同于传统的末端处理模式。源头减量是一种以预防为主的废弃物减量模式,它的核心是提高饲料消化吸收率,降低排泄量。源头减量是一个系统工程,涉及饲料选择、生产模式选择、设施设备选型、粪污收集转运处理、畜禽养殖场管理等诸多环节。从源头消减污染物体量或浓度,使污染物产生量最小化,可以有效缓解畜禽养殖与环保之间的矛盾,是实现可持续发展的重要手段。

(一)源头饲料减排

通过营养调控技术,在饲料中添加有机酸制剂、矿石粉制剂、微生物制剂等，既能提高饲料的利用率，也为猪场"减排"创造有利条件。尤其是在饲料中添加蛋白酶、淀粉酶、脂肪酶、尿酶抑制剂等活性酶制剂，可以促进饲料营养成分的消化和吸收，提高氮的利用率，减少排粪量、排氨量。研究表明，日粮中添加植酸酶，可以显著提高饲料中植酸磷的利用率，从而降低日粮中无机磷的添加量，减少磷的排泄量。猪日粮中粗蛋白质每降低 1%，猪场中氨气的释放量会降低 10%～20%。采用理想蛋白质模式，将饲料中蛋白质使用量降低 2%～3%，就能达到较好的"减排"效果。

（二）过程控制减排

过程控制减排是指在畜禽生产过程中严格控制所产生的污染物新增量。具体描述为：在畜禽生产过程及粪污储存、处理过程中，采取清洁生产工艺模式、改进饲料配方、优化设施设备等措施，使畜禽生产过程中产生的污染物总量在生产过程中明显消减，从而实现污染源头总量的减量化。

过程控制减排目前主要采取改进养殖过程工艺、发酵床养殖技术、猪场微生物除臭技术。改进养殖过程工艺，采取合理工艺控制猪舍内的温度、湿度、空气、光照，在畜禽养殖场规划设计阶段合理设计排水系统，做到雨污分流，推广干清粪工艺和自动饮水器等节水养殖技术，从而解决粪污储存和处理粪污量增加的问题，实现污水的源头减量。

二、资源化原则

畜禽粪便是一种具有经济效益和环境效益的生物资源，能有效改善土壤特性，增加土地肥沃程度，增产增收，并能减少化肥对土壤造成的侵蚀和破坏。在过去一段时间畜禽粪便这种资源只是被当作一种污染物肆意排放丢弃，未能被有效利用。畜禽粪便中含有大量可利用的氮、磷等资源，是农业生产最为环保的养分原料、最能体现循环农业经济的粪便处理方式。将畜禽粪污进行资源化利用，是治理养殖污染的首要原则。农业农村部多年来一直首推全量还田模式，动物粪便通过微生物发酵后变成有机肥，养殖废水肥料化（通过微生物无害化处理），根据自己和周边的土地进行消纳（全量还田），形成种养结合、农牧循环的可持续发展模式。农业农村部、生态环境部及各省市人民政府都相继出台了畜禽粪便资源综合化利用的意见及文件，将畜禽粪便资源化利用工作纳入了"十三五"规划之中，畜禽粪污在肥料化、能源化、饲料化等方面有着巨大的利用潜力，具有较好的经济价值，是减少污染、加快构建种养结合，实现农业可持续发展的基础。

三、生态化原则

农产品质量安全和农业生产废弃物对环境的污染问题已成为社会关注的焦点问题。如何变废为宝，控制农业污染已是社会要求；生产优质、高效、绿色、有机农产品已是人们的需求。发展种养结合循环农业已被提到前所未有的高度，国家相继出台了多个重要文件、规划和指导性意见。按照"以种带养、以养促种"的种养结合循环发展理念，根据土地承载力，合理确定养殖规模，完善规模养殖场基础设施与粪污治理设施，大力推广"畜禽养殖污水生态湿地处理技术""猪—沼—稻（果、茶、菜等）""粪水—无土栽培""猪—废弃物—牧草种植"等多种畜禽粪污处理模式，实现种养结合生态循环农业高效发展。

四、无害化原则

猪场产生大量的氨气、硫化氢、粪臭素等恶臭气体和粪便，对周围环境的水质、土壤和空气等造成严重污染，成为畜禽传染病、寄生虫病和人畜共患病的重要传播途径之一，严重影响生猪本身的生产性能、人类健康和当地生产、生活安全和质量。畜禽粪便污染的治理不管运用什么手段，其最终走向何处，都有一个大原则要遵循，即其处理手段、过程和最终质量标准，都必须符合"无害化"的要求。

第三节　病死猪无害化处理技术

我国是畜禽生产大国，随着畜牧业的迅猛发展，不同规模的养殖场不断涌现，自然灾害死亡、病死、死因不明或染疫畜禽也越来越多。《中华人民共和国动物防疫法》明确要求对各类死亡或染疫的畜禽进行无害化处理，2022 年农业农村部发布了《病死畜禽和病害畜禽产品无害化处理管理办法》，取代原农医发〔2013〕34 号《病死动物无害化处理技术规范》。对病死及病害动物和相关动物产品无害化处理操作技术进行了具体规范。下面介绍几种病死动物无害化处理方法。

一、掩埋法

将动物尸体及相关动物产品投入化尸窖或掩埋坑中并覆盖、消毒、发酵或分解。

(一) 直接掩埋法

优点：成本投入少，仅需购置或租用挖掘机。

缺点：一般占用场地大，选择地点局限。应远离居民区、建筑物等偏远荒废地，地点越来越难寻找，很难找到深埋处理病死畜禽场所；二是处理程序较繁杂，需耗费较多的人力进行挖坑、掩埋、场地检查；三是使用漂白粉、生石灰等进行消毒，灭菌效果不理想，存在暴发疫情的安全隐患。尤其是暴雨季节，掩埋的病死动物尸体可能被洪水冲出或雨水在浸泡病死动物尸体后溢出，造成疫情扩散；四是一些安全意识差的人或不法人员偷挖出来食用、加工变卖；五是不适用于患有炭疽等芽孢杆菌类疫病，以及牛海绵状脑病、痒病等染疫动物及产品、组织的处理；六是肉食动物钻洞扒出，造成病原感染扩散；七是如果掩埋点选择不当，会造成地表环境、地下水资源的污染问题。

(二) 化尸窖化解法

将病死畜禽从投料口投入，投料后盖上盖子，病死畜禽在全封闭的腔内自然腐化、降解。

优点：建造施工方便，建造成本低廉。

缺点：一是占用场地大，化尸窖填满病死畜禽后需要重新建造；二是选择地点较局限，需耗费较大的人力进行搬运；三是灭菌效果有限，不能完全杀灭所有有害病原体；四是可能造成地表环境、地下水资源的污染问题。

二、化制法

化制法指在密闭的高压容器内，通过向容器中央层或容器通入高温饱和蒸汽，在干热、压力或高温的作用下，处理动物尸体及相关动物产品。

优点：处理后部分物质可再次利用，实现资源循环。

缺点：一是设备投资成本高、运行成本高；二是占用场地大，需单独设立车间或建场；三是化制产生废液污水，需进行二次处理；四是灭菌效果有限，不能完全杀灭所有有害病原体。

三、发酵法

发酵法指将动物尸体及相关动物产品与稻糠、木屑等辅料按要求摆放，利用动物尸体及相关动物产品产生的生物热或加入特定生物制剂，发酵或分解动物尸体及相关动物产品的方法。

优点：处理后的成品有机肥，可用于农作物种植，实现资源利用。

缺点：一是工艺复杂，病死畜禽需要机械切割、分离；二是设备投资成本高，每套需投入 100 多万元，养殖户可能无力购置使用；三是不能完全杀灭所有有害病原体；四是设备占用场地较大，选址难；五是生产的有机肥生物安全性无保障，农户不愿使用。

发酵法虽然操作简单，但安全隐患大，不推荐使用。

四、焚烧法

（一）传统焚烧法

在焚烧容器内，使动物尸体及相关动物产品在富氧或无氧条件下进行氧化反应或热解反应。

优点：一是高温焚烧可消灭所有有害病原微生物、病毒；二是动物尸体处理干净彻底，完全实现无害化。

缺点：一是焚烧过程耗能大，产生的烟尘、尾气污染环境；二是投入大，操作过程复杂。

（二）零排放焚烧法

目前有固定式与移动式两种无害化处理焚烧炉，与传统焚烧方法比较，克服了传统高温焚烧方法存在的缺点，具有处理彻底、经济实用、环保方便的优点。一是焚烧过程无尘、无烟、无异味，焚烧尾气处理后达标排放，无残余物，不存在再次污染的危险。二是固定式占用场地小，选择地点无局限，移动式焚烧炉机动灵活、使用方便，发现病死畜禽动物尸体后能立即到当地进行及时处理。无须对尸体进行转运和冷藏，减少疫情传播的机会，杜绝疫情传播。三是投资少，处理效率高，广泛适用于规模养殖场、屠宰场和畜禽交易市场。四是操作简单，自动控制，一键操作，省时省力。

五、高温干法无害化综合处理技术

高温干法无害化综合处理技术，能满足对病害动物无害化处理坚持有效灭菌、环保和资源化利用的原则，是一项非常成熟的无害化处理工艺技术。相较于传统生物降解处理工艺，具有处理速度快（每批 4～6 h）、批处理量大（1～20 t）、工作温度高（140℃）、产物油水率低（≤10%）等无可比拟的优势，之前因项目工程大、造价高而推广受限。湖南绿捷自主创新研发的小型干法一体机，完全继承了大型干法处理系统的全部工艺流程，同时在处理速度、节能、环保、投效比等方面进行了重大改进和创新，并荣获多项国家发明专利。系统具有占地面积小、全自动化一键操控、工作效率高、杀菌彻底、废气废水净化处理、产物价值高等优势，是当前最理想的绿色环保型高科技无害化处理技术。

（一）技术优势

1. 环保方面

一是有效控制污水产生：通过蒸汽夹层加热，利用高温高压干法处理技术，实现灭菌、脱水、脱脂；避免了传统加水或加蒸汽的方法产生大量废液污水，从而有效控制污水产生的量。

二是有效控制废水浓度：本技术生产废水主要为蒸汽水，在减量的同时，废水中 COD、BOD 也远远低于传统处理方法的浓度。

三是对臭气的控制效果好：高温灭菌罐内排放的气体经专门的收集系统过滤除臭处理。

2. 生物安全

一是物料灭菌条件设置为高温高压汽化 4 h 以上，确保有效灭菌。

二是生物安全控制，切实避免病原扩散：处理车间封闭式运行，微负压状态，空气经尾气洗涤塔洗涤过滤；运输动物尸体的车辆进场消毒，卸料均为封闭式进行；处理间污染区自动定时喷雾消毒；各行其道，运输动物的通道、工作人员通道及产物出料通道分设。

3. 资源利用

一是处理产物 20% 的肉骨粉，可以利用作发电厂燃料或有机肥原料等；二是大约 10% 可用作工业油脂。

4. 电子系统

配置动物无害化电子化监管软件系统，自动化控制，一人即可操作，工艺先进。可以实现物料入库重量记录，批次处理记录、打印、传输等；实时在线查询和远程监控，有利于主管部门的监管。

（二）处理能力

以高温高压汽化灭菌处理为主体，批处理能力为 6～8 h，日最大处理能力 15 t。全年按 240 个工作日计算，全年处理能力可达 2400 t。

(三) 生产工艺

通过专用密封自卸车将病死动物运送到无害化处理中心,将废弃物自动卸入原料仓。然后通过特制输送系统将动物尸体输送进粉碎机,破碎成 40～60 mm 大小的条状物,粉碎机粉碎能力 5～8 t/h。

破碎后物料通过原料泵输送到 GF 高温化制罐。物料输送完成后,加热大约 150 min,升温到 140℃,绝对压力≥0.5 MPa 后,保压 30 min,进行高温高压水解灭菌。

水解完成后,打开排气阀,快速排气,待气压稳定后,自动开启变频器,加速主机运转,启动真空泵,实施低温负压蒸馏,快速脱水,进行干燥处理 (耗时大约 90 min)。

脱水后物料通过螺旋输送机送入油脂分离机,首先加热升温,进一步降低含水率,然后进行油脂分离,得到有机肥原料及工业用油脂 (2 h)。

有机肥原料通过螺旋输送机进入缓冲仓,通过自动称重包装系统打包入库。

油脂经过加热、精炼后,通过卧螺离心机转入输油系统进入储油罐。

废气处理:一是废气的控制从源头开始,动物尸体一般采用冷冻保存,防止腐败变质;粉碎、化制过程中产生的废气,经过降尘、冷凝、药物洗涤 (酸洗、碱洗)、物理吸附处理达标后排放。二是生产过程中的废气采用负压管道收集进入化学洗涤塔,再进入生物吸附池,经过生物净化处理达标排放。

消毒:一是全车间采用分块处理,分为预处理车间、后处理车间、仓库、杂物间、更衣室。其中预处理车间为单独负压车间,自动喷雾消毒。其他车间为适时负压车间。所有负压车间尾气经药物洗涤 (酸洗、碱洗) 消毒、碳物理吸附处理后自然排放。二是原料仓、粉碎机采用自动加压清洗消毒处理,处理后废水进入高温化制罐。通过高温消毒处理后挥发以气体形式排放。

第四节　粪污无害化处理技术

一、猪场粪便处理技术

(一) 猪粪的收集

猪粪便应及时清出圈舍,这是猪粪处理环节的第一步。除人工清粪外，快速清粪的最好办法是采用漏缝地板。人工收集粪便后，猪粪水漏到漏缝地板下面的粪沟，并经粪沟汇入集粪区或粪池。漏缝地板板条和缝隙宽度见表8-1。

表8-1 猪栏漏缝地板板条和缝隙宽度参考值

猪的类型	体重/kg	最大板条宽度/mm	缝隙宽度/mm
泌乳母猪	180	100*	9.5（仔猪栏内）
断奶仔猪	5.5~13.5	50*	9.5
培育仔猪	13.5~34	50~100*	25
生长猪	34~68	150	25
育肥猪	68~100	150~200	25

注："*"表示仔猪用漏缝地板总的缝隙面较大，板条应光滑、无孔隙，如用金属网等。

如果地面是实体水泥地面，可采用水冲法和刮粪法。其地面应做成4%~5%坡度粪沟。水冲法的舍内要维持一定的空气流动和供热，以使地面迅速干燥，尤其是在冬天；刮粪法是采用手工或机械的方法将相对固态的猪粪集中堆积在集粪区，污水利用坡度流入粪沟。实体地面冲洗粪便比刮粪法效果好，因为刮粪后地面还留有一薄层粪尿，仍然可以向舍内散发水汽和臭气，但其污水处理量大，所以最好两者结合运用。

（二）猪粪的处理

1. 用作肥料

猪粪用作肥料可直接施用，也可经腐热堆肥和药物处理后再进行施用。

（1）直接施用（土地还原法）。新鲜猪粪可直接施入农田，每亩地可施鲜粪20 t。但用鲜粪施肥时，粪便施用后应立即翻耕，使之埋入土中，不致造成恶臭四溢，产生污染。

（2）腐热堆肥法。固体粪便可采用堆肥的形式加以利用。在粪堆的底层垫有刨花、木屑、稻草或麦秸等，用以吸收尿液和废渣。在堆肥的过程中会产生大量的热量，从而加速废物的降解速率，堆肥可以保证废物不会在不适合的条件下分解，从而有效地保存各种养分，以利于农作物的循环利用和减少空气的污染。

（3）药物处理。在钩虫病及血吸虫病等疾病流行的地区，可用药物对猪粪便进行处理，每100 kg粪便加50%敌百虫2 g处理1 d，或加

1.5%尿素处理 1 d 或 1%硝酸盐处理 3 d。如利用干粪发酵除臭加工成有机复合肥则效果更好。

2. 用作培养料

一是用作食用菌培养料。猪粪腐熟后可用作食用菌（如双孢菇）的生产。

二是粪便腐熟后可用作蚯蚓生产的培养料。

三是利用猪粪中的养分培养细菌和藻类（小球藻、螺旋藻等），用作单细胞及藻类生产的培养料。

3. 生产沼气

利用猪粪发酵产生沼气需要一定技术，应请专业人员设计和施工。在沼气生产系统中厌氧菌发酵产生的气体含 50%～60%甲烷，40%～50%二氧化碳和少量的氧、氢、一氧化碳和硫化氢等。猪粪经沼气发酵消化后肥田面积不减，且沼气可为猪场提供燃气和照明。

4. 粪便的储存

储粪池主要用于储存尚未肥田的猪粪，而不是为了作生物学处理。干粪池和储粪池的设计体积应能容纳储存期内相应猪舍饲养猪的粪、液体排放物和雨水。干粪池应尽量用三合黏土封固，或用砖砌后再用水泥砂浆抹面，以便将渗漏问题减少到最低水平。

5. 化粪池的生物处理

设计合理、容量适度、管理得当的化粪池能为微生物活动提供良好的条件，从而可以有效地避免猪粪处理过程中产生的臭味、气体和苍蝇问题。用化粪池处理粪便有赖于微生物活动，因此化粪池务必设计管理适宜，以便不断地为有益微生物提供良好的生存环境。在温暖的气温条件下，化粪池处理效果最好，因为细菌作用时间较长。春秋两季的气温骤然变化可导致池中细菌总数锐减。因此，粪便应有规律地加入化粪池，每天至少一次，以供细菌需要。

二、猪场废水处理技术

养猪场产生的尿液与污水中含有大量的有机物质，甚至可能含有一些病原微生物，在排放或重新利用之前需进行净化处理，处理的方法主要有物理、化学和生物法。

（一）物理处理

物理处理主要是利用物理沉降方法使污水中的固形物沉淀，主要设施是格栅与化粪池。经物理处理后的污水，可除去 $40\%\sim65\%$ 的悬浮物，BOD_5 下降 $25\%\sim35\%$。化粪池内沉淀物应定期捞出，晾干后再行处理。

（二）化学处理

根据污水中所含主要污染物质的化学性质，用化学药品除去水中的污染物质。常用的化学处理方法有混凝沉降和化学消毒处理。

1. 混凝沉降

即利用一些混凝沉降剂（如三氯化铁、硫酸铝、硫酸亚铁、明矾等）在水中形成带有正电荷的胶状物，与水中带有负电荷的微粒结合形成絮状物而沉降。混凝沉降一般可除去 70% 以上悬浮物和 90% 以上的细菌。常用沉降剂的用量为硫酸铝 $50\sim100$ mg/L、三氯化铁 $30\sim100$ mg/L、明矾 $40\sim60$ mg/L。

2. 化学消毒

水的消毒有多种方法，猪场的污水在经过物理沉降处理后，可不经过消毒而进一步进行生物处理，经过消毒后的水可作为冲刷粪尿用水，再行循环利用。常用的消毒方法主要是氯化消毒。

（三）生物处理

生物处理是指利用微生物分解污水中的有机物质，使污水达到净化的目的，处理方法有好气处理与厌气处理。

1. 生物曝气法（活性污泥法）

在污水中加入活性污泥并通入空气，使活性污泥中的好氧微生物大量繁殖，使污水中的有机物质被氧化、分解。

2. 生物过滤法

在污水处理池内设置用碎石、炉渣、焦炭或轻质塑料板、蜂窝纸等构成过滤层，污水通过布水器导入。导入的污水经滤料层的过滤、吸附，并经滤料中微生物的分解作用达到净化的目的。滤池可根据情况建成池式或塔式。

（四）鱼塘净化

将经过物理处理的污水放入鱼塘，污水中的细小颗粒可直接作为鱼的饲料，污水中的营养物质可为藻类的生长提供养分，从而降低污水中的有机物质含量。

除此之外，还有草地过滤、人工湿地等处理方法。

三、猪场废气处理技术

猪场中恶臭主要来自猪的粪便、污水、垫料、饲料等腐败分解。猪粪恶臭成分有 230 种，其中对猪危害最大的恶臭物质主要是 NH_3 和 H_2S。应积极推广应用新产品和新技术，采取综合措施清除或减少恶臭的危害。

（一）使用环保型饲料

采用经氨基酸平衡的低蛋白日粮，降低猪排泄物中氮的含量。生长猪、育成猪采用液态料饲喂，不仅饲料的适口性好，消化利用率高，且无粉尘，猪的呼吸道疾病也相应减少。在猪日粮中添加酶制剂、酸制剂、EM 制剂、丝兰属植物提取物和沸石粉等，不仅能提高猪的生产性能，对控制粪污恶臭也有重要作用。

（二）加强猪场卫生管理

1. 猪舍设计合理

在猪舍内设置清粪装置，窗口采用卷帘装置，生产区要设有喷雾降温除尘系统，有充足的供水和通畅的排水系统，合理组织舍内通风，减少舍内粉尘、微生物。

2. 及时处理粪便

对猪只进行调教，定点排粪尿，及时清除粪便污物。在猪场合适位置建造容积相应的专用粪房粪池，及时对粪便进行高温快速干燥，或堆肥处理，或使用除臭剂，并有效地把堆肥应用于农业生产。

3. 重视环境绿化

增大猪场绿化面积对改善猪场环境有着重要作用。绿化植物可使场区空气有毒有害气体减少 25％，臭气减少 50％，尘埃降低 35％～65％，细菌数减少 20％～80％。

第五节　猪场废弃物处理案例

一、小型养殖场种养平衡处理模式

湘潭县全面推广"两分离（雨污分离、干湿分离）、四有（有沼气池、化粪池、干粪池、化尸池）、有机肥化（粪污经微生物发酵制成高效生物有机肥）的生态循环"的治理模式。根据养殖规模的大小，规划沼气池、生物氧化池面积的大小和生物氧化池的梯级次数，经处理实现达标排放。重点推广"厌氧＋还田"模式、"堆肥＋厌氧处理＋狐尾藻"模式、"堆肥＋厌氧处理＋污水处理"模式进行综合治理。

（一）"厌氧＋还田"模式

适用于年出栏 20～50 头的猪场，且耕地、果蔬茶林地具有承载消纳能力。该模式包括粪污收集储存（预处理后制成有机肥）、厌氧处理和沼液沼渣储运等过程。厌氧处理产生的沼气脱硫脱水后进行能源化利用，沼液沼渣等作为农田、蔬菜、苗木、茶园等的肥料。

（二）"堆肥＋厌氧处理＋狐尾藻"模式

适用于年出栏 50～200 头的猪场。采用干清粪模式，猪粪堆肥腐熟后用作肥料，粪尿污水经厌氧处理产生沼气，用于生产生活，沼液用狐尾藻等净化后排放。

（三）"堆肥＋厌氧处理＋污水处理"模式

适合于存栏能繁母猪 30 头左右，年出栏生猪 500 头左右，养殖业与种植业紧密结合，适于生态循环养殖的地方。养殖场周边要配套建设蔬菜种植大棚 20～30 个，面积 12 000～15 000 m^2。猪场采用雨污分流、干湿分离工艺。建设雨污分离管道、40 m^3 的干粪堆积发酵池、100 m^3 沼气池和 120 m^3 的三级沉淀池，推行干清粪清洁生产工艺，干粪经堆积发酵后用于蔬菜种植，配套建设沼液处理中心和沼液输送管网，养殖污水经沼气发酵和沉淀后统一储存于肥水池，根据各种蔬菜的营养需求，将沼液制成蔬菜营养液，由管道输送至各个蔬菜大棚，按量施肥，实现水肥一体化灌溉。沼气用于种养基地的地热、照明以及沼气灯诱虫等，既有效解决养殖污染问题，又节省蔬菜种植的肥料成本和生猪养殖的饲料成本，同时生产出无公害优质的蔬菜和猪肉产品。

二、中型养殖场综合处理模式

该模式适合于存栏能繁母猪 300 头左右，年出栏生猪 5 000 头左右的养猪场。要求养殖场选址科学，布局合理，生活区、生产区和粪污处理区严格分开，按雨污分流、干湿分离的要求，建设全封闭排污管道、50 m^3 的干粪堆积发酵池、200 m^3 的沼气池和 300 m^3 的四级沉淀池。推行干清粪清洁生产工艺，干粪经堆积发酵后用于蔬菜种植和附近农田施肥。

猪场应建设污水"人工湿地"净化设施。污水经沼气发酵、四级沉淀、生物质池（加稻草吸附有机物），先后进入三级人工湿地：狐尾藻一级人工湿地、梭鱼草二级人工湿地、水白菜三级生物净化塘，通过在水面分段种植不同水生植物，吸附水体中的富营养液，消除氮、磷等负荷，污水经处理后实现达标排放。

三、大型养殖场工业化处理模式

该模式适合于年出栏生猪 4 万～5 万头的大型规模养猪场。猪场实行标准化生产，践行"粪污处理、沼气能源利用"并重原则，配套完善粪污收集系统、仓储和预处理系统、厌氧发酵系统、沼气利用系统、沼肥利用系统、智能监控系统；周边规模场配置固液分离、堆粪棚、储存池等设施设备。采用先进的固液处理工艺，实现资源利用和污水达标排放。

猪场废弃物处理系统设计为五大板块：厌氧产沼气及发电工程、固废沼渣处理工程、污水沼液深处理工程、有机肥料生产工程、病死猪无害化处理综合利用工程。厌氧产沼气及发电工程每天发电 200 kW 左右，日处理污水量达 500 t，污水经处理达到《畜禽养殖业污染物排放标准》(GB18596—2001) 中的一级标准；固体粪污生产有机肥料工程可将生猪养殖产生的固体粪污及污泥经耗氧发酵后加工成优质有机肥料，年生产有机肥料400 t；病死猪无害化处理综合利用工程能将病死猪转化为高档的生物有机肥料。

（一）厌氧产沼气及发电工程

猪场废水经过预处理后进入厌氧池厌氧发酵，污水中的有机物经过多种细菌的发酵分解，最终生成沼气、沼渣、沼液三种产物。沼气经过净化、脱硫后用储气罐储存，用于发电、猪舍取暖和生活用气等（图8-1）；沼渣经过污泥、沼渣处置场压滤脱水后用于制作有机肥；沼液用来灌溉牧草、树苗、蔬菜等，剩余的经深度处理后达标排放。

（二）固废沼渣处理工程

该工程分为沼渣、系统污泥收集池、固液分离机、污泥浓缩池和污泥压滤机几个部分，最终产物为脱水污泥、固体废渣，用作加工有机肥的原料。

（三）污水沼液深处理工程

污水经格栅沉渣池、干湿分离机、集水池、厌氧池、生物接触池、活性污泥池、生物滤池、化学氧化、加药池、混凝搅拌池、沉淀池、消毒池等十多个流程，实现达标排放。日处理污水量达 500 t，实际每天处理 200～300 t，需 37 kW、30 kW 鼓风机各 2 台，加药泵 2 台，搅拌机

图 8-1　沼气发电

1台，干湿分离机1台，管道泵2台，处理成本每吨需8元，整个污水处理厂年处理成本达100万元，分摊到每头出栏猪成本为20元。工艺流程见图8-2。

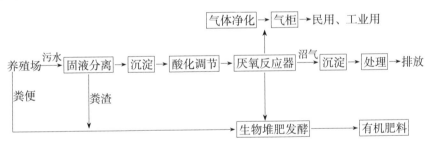

图 8-2　工艺流程

（四）有机肥生产工程

用人工收集的干粪和污水处理系统所产生的污泥、沼渣以及固液分离机所分离处理的固体废弃物等作为原料，加入配比的辅料（菌渣、木屑、统糠等）和菌剂进行堆肥发酵，经风机曝气供氧、机械翻抛、陈化干燥、筛分装袋等一系列工艺制作有机肥。

四、发酵床生态养猪处理模式

发酵床养猪技术分室内发酵床和异位发酵床。

（一）室内发酵床

发酵床猪舍按每栋饲养生猪500～1 000头设计，除猪舍长度有所区别外，宽11 m，高5.4 m，走道宽1 m，采食台1.5 m。为有利于夏天通风换气，猪舍南北开窗，屋顶增开天窗。猪舍内安装喷雾装置，用于夏季高温天气舍内降温和垫料扬尘时喷水；为便于发酵床垫料的翻动和运输处理，发酵床地面用水泥硬化，猪舍内各栏之间可以连通。发酵床使用1.5～2年后，采用高温堆肥处理方式，对发酵床垫料进行高温杀菌和腐熟，制成有机肥料，实现发酵床垫料的资源化利用和养猪生产过程"零污染"（图8-3）。

图8-3 发酵床猪舍

技术原理：根据微生态和生物发酵理论，在圈舍中铺设一层含有有益微生物的有机垫料，是为发酵床。生猪饲养在发酵床上，利用生猪的拱翻习性，使猪粪、尿和垫料充分混合，通过微生物菌群的分解发酵，使猪粪、尿中的有机物质得到充分的分解和转化，微生物以尚未消化的猪粪为食饵，繁殖滋生。随着猪粪尿的消化，臭味也就没有了，而大量繁殖的微生物又提供了无机物和菌体蛋白给猪食用，从而将猪舍演变成饲料和有机肥的加工厂，达到无污染、零排放、无臭气的目的。

发酵床堆肥处理方法：将发酵床垫料运到堆肥处理车间，以手挤后出水、松手后能够散开为标准，调节垫料水分为65%左右，然后将垫料堆成高1 m、宽2 m，长度视堆肥场地与物料多少自行调节，用塑料布盖上。春、夏、秋三季，一般自然堆放后的第2 d温度可升至45℃以上，经高温（60℃～65℃）堆肥1周后，翻堆一次，再经过2～3周即可成为腐熟堆肥。腐熟后的堆肥可作为蔬菜、花卉、果木、茶叶等农作物种植用肥。

(二) 异位发酵床

为解决夏季室内发酵床高温高湿等问题，目前推行室外异位发酵床技术。异位发酵床技术是将收集的粪污集中输送到异位发酵车间，利用翻抛机使粪污、垫料和菌种充分混合，在微生物作用下进行充分发酵，经过一段时间后可直接作为有机肥料进行农田利用。异位发酵模式的优点是使生猪的生活空间与垫料的堆肥空间隔离，即预先在离猪舍不远的地方修建发酵车间，建设发酵槽，在发酵槽中铺入垫料（锯末、稻壳等）并混有发酵菌种，将猪粪打入到发酵槽中，通过安装在发酵槽中的翻耙机来回行走、翻堆，增加发酵菌种的活性，达到快速腐熟的目的。

(三) 发酵床养猪优缺点

发酵床养猪的优点是饲养过程不产生污水，可以实现粪污零排放。其缺点一是应用规模有限，主要适用于年出栏 1 000～2 000 头的规模猪场；二是需经常对垫料进行翻抛，劳动强度大，能耗高；三是需要大量的垫料资源，且发酵处理后的垫料肥效性不高。

第九章　湘沙猪产业化开发

我国是世界养猪大国，也是猪肉消费大国，我国养猪业（生猪生产）经历了从供应不足（短缺），到供需动态平衡，再到追求品质品味这样一个发展过程。目前，我国经济发展到了一个新的阶段，人们生活水平极大提高，城乡居民对猪肉的消费已由数量的满足（有肉吃）转向质量（吃好肉）的提升，更加注重营养、品质、口感和健康，特别是对优质猪肉的需求与日俱增。生产高品质猪肉、发展优质猪肉产业、打造中高端猪肉品牌成为政府、企业和养猪科技工作者的共识。

第一节　产业开发模式

随着人民生活水平的不断提高，安全、绿色、美味的优质猪肉市场前景广阔。针对沙子岭猪瘦肉率过低，商业开发难度较大的问题，以吴买生研究员为首的专家技术团队，从 2008 年开始，以沙子岭猪和引进品种为育种素材，经过十多年艰辛努力，成功培育出湘沙猪新品种（配套系）。湘沙猪既保持了沙子岭猪的产仔多、肉质好的优良特性，又提高了饲料报酬和瘦肉率，为猪肉市场提供了一道值得开发的优质"土味"猪肉产品。

一、开发思路

坚持科技引领、创新驱动，用全产业链思维推动优质猪肉产业高质量发展。持续做好沙子岭猪保种选育工作，健全湘沙猪良种繁育体系建设，推进湘沙猪标准化养殖，保障湘沙猪品质和养殖数量规模；坚持市场引导、品牌引路，立足中高端消费市场，开发多元化优质猪肉产品。重点围绕湘沙猪全产业链发展，满足人民群众不同层次的消费需求，走差异化发展之路，其中湘沙猪配套系 XS3 系和 XS23 系肥猪（非种用猪）瞄准高端小众群体，以产品鲜销为主；湘沙猪配套系商品猪以加工为主，兼顾鲜销，突出发展肉品精深加工，增加产品附加值。

二、开发现状

养殖生产方面。已建立包括 1 个原种场、2 个扩繁场、3 个种质资源保种区的繁育体系，全市有 XS3 系原种及湘沙猪养殖经营主体 300 多家，共存栏 XS23 系母猪 1 万多头，年出栏优质湘沙猪 20 多万头。

产业开发方面。通过建立生产基地，明确专门的加工企业负责屠宰加工，开设专卖店和风味餐馆等方式，已初步形成了一个较为完整的产业开发链条。2018 年 8 月，湘潭市人民政府引进九鼎集团与湘潭市产业集团合资组建湘潭新湘农生态科技有限公司，注册资本 1.5 亿元，专业从事沙子岭猪特色产业开发，积极推进沙子岭猪市场开发走上快车道。产品开发方面，在热鲜肉、冷鲜肉的基础上，开发了以湘沙猪肉为原料的香肠、腊肉、红烧肉、扣肉等深加工产品，打通线上线下两个渠道，已建成沙子岭猪文化体验园，开设沙子岭土猪体验餐馆 3 家、沙子岭优质猪肉专卖店多家，推进与淘宝、天猫、美团等线上平台合作，积极推动湘沙猪肉产品进商超、进餐馆、进社区、进学校、进食堂等"五进活动"。经过数年的沉淀，吸纳了一大批忠实的客户，销量稳定，且带动了加工产品的销售。

品牌宣传方面。成功注册了沙子岭、砂子岭、湘沙、潭州四个普通商标，获得国家地理标志保护产品证书和国家地理标志证明商标，通过无公害产地认定和无公害产品认证，获得第四届湖南省畜博会金奖。2012 年中央电视台《行走的餐桌》栏目拍摄了以沙子岭猪为原料制作的红烧肉节目；2020 年举办了沙子岭猪高峰论坛，最大份红烧肉获世界吉尼斯纪录；2021 年举办了高规格的湘沙猪新品种（配套系）发布会。举办了湘沙猪全猪宴，开发以湘沙猪为原材料的新菜品 36 道。中国第八届美食节将沙子岭猪肉作为"毛氏红烧肉"的指定用肉。湖南农业大学联合伟鸿食品公司研发了酱香猪蹄、老卤猪肝等 10 个休闲食品。

技术支撑方面。围绕湘沙猪产业开发，创建生猪产业院士工作站（室）2 家，国家级学会服务站 1 家，省级企业技术中心 2 家，组建了以吴买生研究员为领军专家，印遇龙院士为首席专家顾问的技术研究团队，团队研究人员有 45 人，并且形成了研究、培训、服务、推广长效机制，为产业发展提供了有力的科技支撑。

三、开发效应

经过多年的不懈努力，沙子岭猪特色产业开发对湘潭生猪产业发展产生了积极的经济、社会和生态效应。

加快了产业转型升级。通过对沙子岭猪特色产业开发，吸引了大量社会资本参与投资建设，近年来，全市共引进生猪产业在建重点项目 37个，总投资 57.8 亿元。新湘农新建合力等一批湘沙猪养殖基地，打造 10万头沙子岭猪繁育体系，正大、海大等一批国际国内知名企业来湘潭投资优质湘沙猪产业，康牧、龙飞、合龙等一批本土企业发展湘沙猪养殖，韶山汇弘新建 100 万头生猪屠宰生产线，毛家食品等一批深加工企业开发出来的毛氏红烧肉、香肠、脆皮猪蹄、腊肉、毛氏雪花猪肉等系列产品，湘岭公司致力于菜品研发及市场开拓，大幅度增加了产品的附加值。优质湘猪产业实现了"三个转变"，即生猪产业从分散养殖向规模养殖转变、从传统养殖方式向现代养殖方式转变、从单纯养殖向全产业链发展转变。

促进了生态文明发展。新品种湘沙猪有耐粗饲、适应环境强的特点。在养殖过程中采用青绿饲料搭配，禁止使用抗生素，减少粪污的排放。同时，新建和改扩建的规模养殖场普遍采用农牧循环、资源利用的生态养殖模式，配套粪污消纳用地，有效改善养殖及农村生态环境，大大减轻了养殖污染对周围环境的影响。

促进了农民增收。相对于其他常规外三元商品猪，农民饲养湘沙猪，其市场销售价格较为稳定，减少了因猪价大起大落给农民养殖带来的市场影响。湘沙优质猪肉市场价格常年稳定在每千克 70 元左右，毛猪价比普通猪价平均高出每千克 6 元，农民养殖头均盈利增加 600 元左右。2020年，通过示范基地和专卖店累计出售优质猪肉 2.5 万头，出售湘沙猪十几万头，为养殖农户新增产值 3 亿元以上。

四、开发经验

近年来，湘潭市整合政府、企业和科技三方面的优势，以沙子岭猪资源保护为基础，创新利用育种科研成果，加快湘沙猪产业开发，走出一条地方猪产业化开发的成功之路。

1. 政府和有关部门的支持，是沙子岭猪产业化开发取得成功的关键

中共湘潭市委、湘潭市人民政府历来重视沙子岭猪的保种和利用工

作。1984年，湘潭市政府第56次常务会议明确湘潭市家畜育种站对沙子岭猪种质资源进行保护，确保其种质资源特性得到有效保护，为沙子岭猪的产业化开发打下良好基础。2011年，沙子岭猪产业化开发列入湘潭市"十二五"发展规划；2020年，出台《湘潭市沙子岭猪特色产业发展规划（2020—2030年）》，明确了发展思路、目标和路径；连续多年的市委1号文件及政府工作报告均将沙子岭猪产业开发作为重要内容，提出打造沙子岭猪优势产业，为湖南省乃至全国地方猪种的开发利用提供示范的发展目标。近几年来，沙子岭猪产业先后获农业农村部现代种业提升工程专项、优质湘猪产业集群专项、地理标志保护专项等立项支持。可以说，抓好沙子岭猪的产业化开发工作已成为湘潭市上下的共识。

2. 规范统一的生产管理标准，是打造地方特色品牌的重要手段

沙子岭猪产业开发表明，标准化生产管理是确保品牌质量的关键。在养殖环节，推广应用生态环保养猪技术，严格执行《沙子岭猪质量控制技术规范》，结合已发布实施的《沙子岭猪》和《沙子岭猪饲养管理技术规范》标准，促进沙子岭猪地理标志登记保护顺利实施。同时，实施品种、饲料、养殖、防疫、收购、屠宰、加工、运输、连锁销售和可追溯等统一管理、全程记录的生产及经营，形成肉品安全原料生产体系，从源头上确保肉品安全。在屠宰加工阶段，通过采取对胴体进行两段式预冷处理、32 h冷排酸等现代手段，保证猪肉质量和风味。目前，湘潭市已初步建立了沙子岭猪质量可追溯体系，建立了沙子岭猪从育种、养殖、运输、分割、肉制品加工到仓储配送全过程覆盖、全流程跟踪的产品标识制度，消费者通过二维码扫描，就能清楚地知道自己所买的这块猪肉来自哪个猪场，猪是什么时候出生的，用过什么药，在哪里屠宰等信息，初步实现了源头可追溯、流向可追踪、信息可反馈、产品可召回的全程监控。

3. 与企业"嫁"接，是加快沙子岭猪产业化开发的必由之路

从沙子岭猪产业开发轨迹来看，2011年以前，没有与做市场开发的企业对接，沙子岭猪的开发利用主要停留在科学研究以及养殖户将其作为杂交母本加以利用这个层面。2012年开始，湖南湘格旺科技股份有限公司、湘潭沙子岭土猪科技开发有限公司相继承接沙子岭猪的扩繁和市场开发及品牌打造，大力推进了沙子岭猪的全产业链开发工作。2018年，湘潭市委、市政府引入战略合作者九鼎集团，与市产业投资集团合资成立湘潭新湘农生态科技有限公司，计划总投入10亿元，专业从事沙子岭

猪全产业链开发，目前已初步形成良种繁育、优质猪养殖、肉品加工、连锁专卖等相互融合的全产业链发展格局。由此可见，由政府牵头，通过引入社会资本，实现地方猪产业开发与企业的对接，才能将地方猪特色产业做大做强。

第二节　加工产品研发

在市场开发方面，要瞄准优质猪肉市场，重点围绕沙子岭猪全产业链发展，满足人民群众不同层次的消费需求，走差异化发展之路，其中沙子岭纯土猪瞄准高端小众群体，以产品鲜销为主；湘沙猪以加工为主，兼顾鲜销，突出发展肉品精深加工和菜品研发，增加产品附加值。近年来，相关单位和企业与湖南农业大学、餐饮协会等紧密合作，加大了产品研发力度，向市场推介了一系列优质猪肉产品。

一、菜品研发

（一）毛氏红烧肉

1. 制作工艺

（1）净菜加工

选体重 100 kg 左右的湘沙猪宰杀后分割所得的五花三层带皮肉，将五花肉用烧红的铁锅烙去猪毛，放入温水中刮洗干净，可煮熟断生，再改切成不小于 3 cm×3 cm×3 cm 方块的猪肉块，应符合《净菜加工技术通则》（DB43/T 470—2018）的规定。

（2）炒糖色

洗锅烧热滑油，下入 1 kg 白糖，沿锅边加水 1.5 kg，以中火熬制成液，熬至锅中小泡转变至大泡即可，取 30～50 g 作一份。

（3）红烧

锅内烧油至六成热，将猪肉块入锅煸炒至变色出油。加入甜酒汁（或糖色）、酱油、整干椒、八角、葱节、姜片和水，没过肉块为度。大火烧开，撇去浮沫，用小火烧至七成熟时加食盐、味精，继续烧至肉质酥烂，去掉佐料后，大火收汁即可。

2. 感官指标和品质要求

毛氏（家）红烧肉感官指标和品质要求见表 9-1、表 9-2。

表 9 - 1　毛氏（家）红烧肉感官指标

项　目	要　求
盛装形态	装盘讲究，菜形、分量与盘碟协调，具美感
色泽	肉质红亮，无黑斑异色，无肉眼可见外来物
口感	质地酥烂，咸鲜适口，肥而不腻，无异味
风味	具有鲜香浓郁的红烧猪肉风味

表 9 - 2　毛氏（家）红烧肉品质要求

项　目	指　标
猪肉食盐含量（以 NaCl 计）/（g/100 g）	≤2.0
猪肉占总质量百分比/%	≥78.0

（二）农家烟熏湘沙猪腊肉

1. 制作工艺

（1）选料：选体重 100 kg 左右的湘沙猪宰杀后分割所得的五花三层带皮肉或皮肉肥瘦相连的后腿肉。将肉切成 3～4 cm 厚、6 cm 宽、35 cm 长的肉条备用。

（2）腌制：将桂皮、花椒、胡椒粉、大茴香等香料焙干研细，同白糖、盐、酱油、白酒放在一起拌和；然后将猪肉条用香料搓拌均匀，拌好后再放着腌入味。在气温 10℃ 以下时，可先腌 3 d 后翻动一次，继续腌 4 d 取出，用冷开水漂洗净，用绳子挂在干燥、阴凉、通风处吹干。

（3）烟熏：用茶树木或杉木、柏木的锯末作熏料，放入熏器内点燃，火要小，烟要浓。将肉条挂在离火 30 cm 高处熏，熏器内温度要控制在 50℃～60℃。熏时要每隔 4 h 翻动一次，一直熏到肉条呈金黄色后（约需 24 h），原地放置 10 d 左右，使它自然成熟。放置地点要清洁卫生，防止污染、鼠咬、虫蛀。

2. 感官指标（表 9 - 3）

表 9 - 3　农家烟熏湘沙猪腊肉感官指标

项　目	要　求
色泽	皮色红黄、脂肪似蜡、肌肉棕红，煮熟后切成片，透明发亮
口感	味道醇香、咸淡适口、熏香浓郁，吃起来肥不腻口，瘦不塞牙
风味	具有鲜香浓郁的烟熏风味

（三）湘沙猪纯肉香肠

1. 制作工艺

（1）切丁。将湘沙猪宰杀后分割所得的瘦肉和肥肉按 7：3 的比例选取，再将瘦肉顺丝切成肉片，再切成肉条，与肥肉条一起，切成 0.5 cm 的小方丁备用。

（2）漂流。瘦肉丁用 1‰ 盐水浸泡，定时搅拌，促使血水加速溶出，减少成品氧化而色泽变深。2 h 后除去污盐水，再用盐水浸泡 6～8 h，最后冲洗干净，滤干。肥肉丁用开水烫洗后立即用凉水洗净擦干。

（3）腌渍。洗净的肥、瘦肉丁混合，配入调料拌匀，腌渍 8 h 左右。每隔 2 h 上下翻动一次，使调味均匀，腌渍时防高温、防日光照射、防蝇虫及灰尘污染。

（4）皮肠。盐、干肠衣先用温水浸泡 15 min 左右，软化后内外冲洗一遍，另用清水浸泡备用，泡发时水温不可过高，以免影响肠衣强度。将肠衣从一端开始套在漏斗口（或皮肠机管口）上，套到末端时，放净空气，结扎好，然后将肉丁灌入，边灌填肉丁边从口上放出肠衣，待充填满整根肠衣后扎好端口，最后按 15 cm 左右长度缩结，分成小段。

（5）晾干。灌扎好的香肠挂在通风处，使其风干约半个月，用手指捏以不明显变形为度。不能曝晒，否则肥肉会出油变味，瘦肉色加深。

（6）保藏。保持清洁，不沾染灰尘，用食品袋罩好，不扎袋口朝下倒挂，既防尘又透气，还不会长霉。

2. 感官指标（表 9 - 4）

表 9 - 4　湘沙猪纯肉香肠感官指标

项　目	要　求
色泽	肉色鲜明，间有白色夹花，肠衣收缩起皱纹
口感	咸淡适口，肥而不腻，鲜美可口
黏度	晒干后香肠不黏手，瘦肉捏起来有一定硬度

（四）湘沙猪扣肉

1. 制作工艺

扣肉的"扣"是指把整块的肉煮或炖至熟后，切片放入碗中，上锅蒸透后，把蒸出的油控出，倒盖于碗或盘中的过程。

（1）选料：选体重 100 kg 左右的湘沙猪宰杀后分割所得的五花三层

带皮肉。

（2）上色：将肉用汤煲在文火上煮到六七成熟后，取出，用酱油和蜂蜜涂抹上色。

（3）油炸：炒勺内倒入植物油，烧到七八成热，把煮好的肉放入，炸到棕红色，捞出来以后，随即放入清水中漂透（用流动清水漂至没有浮油为止）。

（4）摆盘：将制好的肉切成长 10 cm、厚 0.8 cm 的大块薄片，皮向下逐块拼摆在碗里。再将制作好的梅菜或香芋或其他配菜，均匀铺放在肉上面。

（5）扣盘：将配制好的肉和菜连碗放入蒸屉，用旺火蒸 40 min，倒出原汁，将扣肉复扣入盘里。原汁加入淀粉勾芡，淋入肉面上即成。

2. 感官指标（表 9 - 5）

表 9 - 5　湘沙猪扣肉感官指标

项　目	要　求
色泽	色泽金黄，肉皮酱红油亮，皱纹整齐隆起
口感	汤汁黏稠鲜美，食之软烂醇香

二、研发的主要产品及加工工艺

（一）脆皮猪蹄

1. 选料：选体重在 100 kg 左右的湘沙猪宰杀后分割所得的猪蹄，洗净，切块。提前泡两三小时去除血水，洗净备用。

2. 煮烂：将猪蹄放入锅中加入适量的清水，再放入花椒、酱油、蚝油、葱结、生姜、盐，大火煮沸，改小火煮至酥烂。

3. 腌制：将煮好的猪蹄捞出，滤掉水分，放入大碗中，加入两汤匙腐乳汁，腌制 15 min。

4. 油炸：倒掉多余的腐乳汁，撒上面包糠，抖翻几下，让猪蹄上都沾上面包糠。在锅中加入油，烧至八成热时放入猪蹄，小火炸至微黄后，大火炸至金黄捞出。

5. 装盘：放漏勺里控掉油汁，装好盘撒上椒盐即可。

（二）烤乳猪

1. 选料：选体重 5～8 kg 湘沙猪小乳猪 1 只，屠宰清洗后，从内腔劈开，使猪身呈平板状，然后斩断第三、第四条肋骨，取出这个部位的全部排骨和两边扇骨，挖出猪脑，在两旁牙关各斩一刀。

2. 腌制：将乳猪放在工作台上，把五香粉和精盐抹在猪的腹腔内，腌约 30 min，接着把调味酱、腐乳、芝麻酱、白糖、蒜蓉、洋葱茸、味精、生粉、五香粉等调匀，涂抹在猪腔内，再腌制约 30 min。

3. 定型：用木条在内腔撑起猪身，前后腿也各用一根木条横撑开，扎好猪手，使乳猪定型，然后用沸水浇淋乳猪至皮硬为止。

4. 焙烘：将烫好的猪体头朝上放，用排笔将糖水涂抹到乳猪皮上，再把乳猪放入烤炉中焙烘，烤约 2 h，至猪身焙干成大红色取出。

（三）酥脆猪油渣

1. 选料：选取 100 kg 及以上的湘沙猪优质猪板油。

2. 加工：切成两三厘米的小块，清洗干净，放入炒锅中，加入小半碗水，大火熬开。然后转小火慢慢熬即可，熬 30 min 左右（加水是为了防止肉块突然受热而变焦。这样熬出的猪油冷却后更白更香）。水开后一定要转小火，熬 1 h 左右，肉丁缩成很小块，微黄即可，不可熬过。全程均使用小火，避免火太大使油渣变焦。

3. 制成：油渣捞出后，可根据产品需要加糖或放盐。

（四）猪肉松

1. 选料：选 100 kg 及以上的湘沙猪后腿肉。

2. 加工：顺着肉的纤维切成块；锅中烧开水，放入猪肉块焯水后捞出。在高压锅中放入焯过水的肉块、葱段、姜片、生抽、料酒、盐、白糖和清水炖至软烂后把肉捞出，晾至不烫手时，用手把煮好的肉块顺着肉的纤维撕成条状。

3. 制成：在厨房纸上沾油，沿着炒锅擦上一层，然后倒入撕好的猪肉条，用小火慢慢地、不停地翻炒，至肉条能够发出比较清脆的"唰唰"的声音时，倒入熟白芝麻，翻炒均匀即可关火。

（五）猪肉脯

1. 选料：选取去皮的优质湘沙猪肉，肥瘦比按 1∶3 左右。

2. 加工：把选好的肉剁成肉馅，根据不同产品要求加入盐、白糖、胡椒粉，朝一个方向搅上劲，肉馅里继续加入料酒、生抽、老抽、蚝油，肉馅继续朝一个方向搅上劲。搅好之后的肉能抱团，有筋性和黏性，不散。静置一旁腌制半小时，把肉馅平铺在烤纸上，上面铺一张保鲜膜，把肉馅擀成薄薄的片，撕去保鲜膜，撒上白芝麻。

3. 烘烤：烤箱预热 180℃，先烤 15 min。这个过程会产生一些水，肉变色变熟，体积略缩，烤盘拿出来，倒掉里面的水。给肉片正面刷上一层蜂蜜，翻面也刷一层。依然正面朝上（有芝麻的一面），放入烤箱。烤箱 180℃，继续烤制 15 min。

（六）猪肉拌饭酱

1. 选料：选取优质湘沙猪瘦肉，清洗干净切成小丁备用。

2. 制作：用料酒、蚝油、蒜蓉、十三香、白糖、鸡粉，腌制好备用。花生米用烤箱烤好，脱皮备用。八角、花椒、蒜和姜切成末备用。油锅热后放入八角和花椒炸香捞出（花椒也可以换成香叶），放入蒜姜末炒至香味溢出，蒜姜末不用捞起就可以下肉丁。放入之前备好的肉丁，油锅翻炒均匀。倒入新鲜辣椒，继续翻炒均匀至汤汁浓稠即可。加入辣椒面，继续翻炒均匀至香味溢出。倒入豆瓣酱、甜面酱，继续翻炒，关中火煮至汤汁浓稠即可。

3. 制成：关小火，加入白芝麻，继续翻炒均匀，加入花生，小火继续翻炒，熬成膏状，冷却后装瓶。

（七）香辣猪肉豆豉

1. 选料：选取肥瘦各半的优质湘沙猪肉。

2. 制作：蒜和老姜剁细，拌入肉末中，再加一小勺白糖、料酒、酱油，搅拌均匀，腌制半小时，锅中倒油，加入花椒末、五香粉和肉末，中火边铲边炸，炸至肉的颜色变深，加入黑豆豉，轻微翻炒，再加入辣椒末，略炒。

三、未来新产品开发潜力与设想

沙子岭猪及湘沙猪作为具有湘潭特色的地方猪种和配套系优质猪，在未来新产品开发上具有较大潜力和空间，主要方向应紧扣"健康、美味、营养"主题，与湖湘文化紧密联系，在迎合消费者需求的同时，促进传统饮食文化的发展。

（一）新产品开发设想

根据市场需求和消费者反应适当扩大产品的宽度和深度，开发系列加工新产品和系列具有文化特色的菜谱。

开发沙子岭猪（湘沙猪）系列加工产品。增加沙子岭猪的加工副产品，研究制作并开发沙子岭猪（湘沙猪）酱猪尾、酱排骨、卤猪脸、卤猪肝、腊肠、血豆腐等。同时，增加系列加工产品的熟食，通过真空包装，做到随时享用沙子岭猪（湘沙猪）系列加工产品的美味。

开发沙子岭猪（湘沙猪）系列菜谱。以沙子岭猪（湘沙猪）为原料的湘菜系列兼具物质文化和精神文化双重特性，在现有菜谱基础上，研究开发以沙子岭猪（湘沙猪）为原料的全猪宴菜系，完善烹饪方法。如清蒸系列（仔排、猪脚、腊耳朵）、油炸系列（油炸肉丸）、爆炒系列（青椒小炒肉、爆炒猪肚）、煲汤系列（玉米龙骨汤、湖藕排骨汤）等。

开发沙子岭猪（湘沙猪）预制菜系列。现代人生活节奏快，年轻人喜欢点外卖，或者用净菜来下厨。为适应时代的发展，可研究开发预制菜，如湘潭有名的"全家福""肉丸汤""辣椒炒肉"等。

（二）新产品包装设想

根据各个目标市场消费习惯，适当调整和更改现有包装，并按照礼品装和家庭普通装两种类别设计新产品包装。鲜猪肉采用一般常规冷链低温保鲜。腊制肉的腌制时间较长，并且腊制品本身的保质期较为长久，为了确保腊制品的食品安全，采用真空冷冻、真空干燥和真空包装等包装方式，使其保质期更为长久。同时，产品包装上打出湖湘文化的招牌，包装袋上附有湖湘文化宣传和公司形象宣传，包装内附各种菜式烹饪方法。发挥韶山红色旅游的优势，做成不同档次的伴手礼，让沙子岭猪和湘沙猪高档优质产品随着红色旅游的带动、发展走向全国，走向全世界。

（三）新产品定价策略

出于投资运营成本考虑，新产品定价可采用优质优价定价法，即单位产品价格＝单位产品成本×（1＋预期目标利润＋科研推广系数），以保证产品销售能获得正常的利润，让市场反哺科研和推广，反过来又更好地促进市场的发展和壮大。不但保证企业各项生产运营行为的正常进行，同时又培育锁定了高档忠实消费人群。综合考虑不同消费群体需求差异等客观因素，结合需求差别定价法，对不同品质的沙子岭猪和湘沙猪系列产品分层定价，以应对不同目标市场。

实际市场开发方面，要瞄准优质猪肉市场，走产品差异化发展之路，其中沙子岭纯种猪瞄准高端小众群体，以产品鲜销为主；湘沙猪配套系以加工为主，兼顾鲜销，突出发展肉品精深加工和预制菜品研发，增加产品附加值。根据沙子岭猪的血统比例可开发三个不同档次的中高端猪肉产品，纯种沙子岭猪肉（极品，高收入群体）定价100～120元/kg；湘沙猪父母代商品猪（含50％沙子岭猪血统，精品，半洋半土，中收入群体）定价60～70元/kg；湘沙猪商品代（含25％沙子岭猪血统，优质品，二洋一土，普通收入群体）定价 40～50 元/kg。湘潭新湘农生态农业公司以沙子岭猪前躯肩胛肉（又称梅花肉，肉质鲜美）开发的毛氏雪花猪肉，售价达 288 元/kg（面向高端酒店、餐饮店）。此外，还可根据肉质成分的功能性不同，开发富硒猪肉、低胆固醇猪肉、高锌猪肉、高亚麻酸猪肉等产品，可高溢价推向市场，满足特殊人群的需求。

第三节　市场营销策略

市场营销是指在不断变化的环境条件下，以满足顾客需要，实现企业目标的一系列经营活动过程，包括市场调研、选择目标市场、产品开发、定价、分销渠道、促销、服务等与市场有关的企业业务经营活动。为了有效地开展市场营销活动，养殖场（企业）必须使自己的主观认识适应企业外部环境，制定科学的市场营销战略，形成指导企业市场营销全局的奋斗目标和经营方针。其制定的一般步骤如下。

一、分析市场机会

主要对市场营销环境进行分析。通过分析市场，获得具有吸引力的、能享有竞争优势和获得差别利益的市场机会。沙子岭猪及湘沙猪养殖有机遇也有风险，切忌一哄而上；养殖户在经营过程中必须珍惜自己的品牌，要以实实在在的产品赢得消费者的信任。否则，即使可以兴旺一时，也不能健康持久地发展下去。

宏观营销环境分析：主要指对营销活动造成市场机会和环境的威胁的主要社会力量进行分析。包括人口、经济、政治法律、自然、科学技术和社会文化六大因素。

微观营销环境分析：主要是对那些直接影响公司为市场服务能力的各种力量进行分析。包括企业、供应商、营销中介、顾客、竞争者和社会公众六大因素。

二、选择目标市场和市场定位

1. 选择目标市场

在市场细分的基础上，根据各个细分市场的规模、增长率和竞争程度，结合自身的营销目标和资源条件，确定一个或几个最有利于企业经营、最能发挥企业资源优势的细分市场作为自己的目标市场。

2. 市场定位

品牌等于"产品＋差异化"，最好的竞争是借助独特的差异化定位避开竞争。因此，在进入市场之前，经营主体应根据自身产品优势和特点，结合行业竞争对手定位，分析消费者心理需求，明确自身定位。可从独特的品种特性、肉质特性、饲喂饲料的特点、独特的养殖方式（放养、圈养）、养殖时间的长短、严格的安全控制措施等因素的差异化来形成自身独特的品牌定位。市场定位可以通过三大步骤来完成，即确定自身潜在的竞争优势、准确地选择相对竞争优势和明确显示其独特的竞争优势。

3. 制订营销组合方案

营销组合就是将控制营销因素的产品、价格、分销和促销（简称4P）合理地组合与搭配，形成综合营销方案。

4. 制订和实施营销计划

先制订出几套可供选择的方案，然后对各方案进行比较、分析、评价，从中选出较优方案，并对其进一步优化，使之最优，再将其具体化。

第四节　品牌创建方案

一、品牌意识的构建

营销大师菲利普·科特勒认为："品牌是一种名称、名词、标记、设计，或是它们的组合运用，其目的是借以辨认某个销售者或某群销售者的产品，并使之同竞争对手的产品区别开来。"品牌包含了其名称、标志、商标、文化内涵概念等，对强化形象、提高整体知名度有着重要意义。品牌猪肉一般是指某个企业或某种猪肉在消费者心目中的视觉、情感、理念和文化等方面的综合形象。

我国大城市消费者已有较强的品牌消费意识，中小城市及农村市场品牌意识也渐渐增强。湘沙猪要在市场中处于有力的竞争地位，就必须树立强烈的品牌和市场竞争意识，不断提升内在核心竞争力，最大限度满足消费者的需要。通过成功的品牌战略，借助行业信息的传播和媒体的宣传，树立其独特的品牌形象。

二、湘沙猪品牌猪肉开发关键举措

1. 以安全优质的标准化产品铸品牌

产品质量是品牌创造的基石。虽然产品的竞争力表现为品牌的竞争，但是，品牌竞争所依仗的则是产品的内在质量。湘沙猪肉产品定位为安全优质，因此其市场开拓必须形成规范统一的饲养流程、屠宰加工流程和市场销售流程，才能提供整齐划一的标准化产品。按照养殖系列标准、产品加工系列标准、菜谱制作系列标准三大类别，不断完善标准体系，树立安全优质、科学严谨的中高端品牌形象。

2. 采用严格科学的管理造品牌

管理是创品牌不可缺少的"软件"，湘沙猪肉产品在建立起系列标准化生产模式的基础上，还必须坚持把全面质量管理作为企业管理的中心环节，从市场调研、产品定位到产品生产、销售，都要全面实行 HACCP 管理，使产品具有品牌之"品质"。

3. 利用信息技术手段创品牌

时代的发展也为品牌创建带来了新的手段和元素。新开发的品牌迅速上网，不仅可以迅速进入新品推进的导入期，推广营销，拓展市场，还可大量节约必要的广告宣传投入。广告宣传投入是开发任何一个新品所必需的，而且是巨大的。其次，新品信息上网，能以最广阔的视野寻求到贸易伙伴。如果上了全球信息网络，那这个视野就是全球性的。寻求到的贸易伙伴越多，那么，组合营销的程度就越深，收效当然也就越大。同时，随着信息网络的普及，网上购物将成为销售的最佳渠道，直播经济效应的快速发展，也促使品牌战略必须运用信息网络来抢占市场。

第五节　品牌宣传推介

在提升产品质量标准的前提下，创新宣传方式，采用户外宣传＋媒体宣传＋产品推介等方式提高品牌影响力和知名度。

一、坚持质量优先

品牌的建立，一定要以质量为基础。为了打造优质高档猪肉品牌，要做到以下几点。

一是坚持标准化生产。前期，我们制订了一系列生产标准，从保种、繁殖、饲养管理到猪肉产品做到了全覆盖。包括以下的标准：国家农业行业标准《沙子岭猪》（NY/T 2826—2015），中华人民共和国农产品地理标志质量控制技术规范《沙子岭猪》（AGI2010‐09‐00458）；湖南省地方标准《沙子岭猪饲养管理技术规范》（DB43/T 625—2011）、《沙子岭猪遗传资源保护技术规程》（DB43/T 1044—2015）、《湘式菜肴第1部分 毛氏（家）红烧肉》（DB43/T 423.1—2015）、《沙子岭猪生产性能测定技术规程》（DB43/T 1193—2016）、《沙子岭猪肉》（DB43/T 1192—2016）、《沙子岭猪繁育技术规程》（DB43/T 1415—2018）、《沙子岭猪育肥期管理技术规范》（DB43/T 1940—2020）、《烤乳猪用胴体》（DB43/T 1941—2020）、《沙子岭种猪健康养殖技术规程》（DB43/T 2251—2021）及《湘沙猪配套系品种标准》、《湘沙猪配套系饲养管理技术规程》等。我们将继续完善沙子岭猪和湘沙猪系列标准，坚持用标准指导生产。

二是常态督促指导。定期到产业链各环节进行指导和检查，不定期开展屠宰试验、肉品检测和质量评估等。

三是建立质量可追溯体系。让消费者通过二维码扫描，就能清楚地知道自己所买的这块猪肉来自哪头猪、哪个猪场，本头猪是什么时候出生的，喂过什么饲料，用过什么药，在哪里屠宰等信息。

二、加强户外宣传和媒体宣传

加大对沙子岭猪及湘沙猪的宣传，让湘沙猪成为家喻户晓的高档猪肉品牌。

（1）定位好高档消费人群的出行，在机场、高铁上进行广告宣传。

（2）在北京、上海、长沙等一线、二线城市的道路、桥梁等显目位置进行广告宣传。让广大消费者有一个先入为主的印象。

（3）充分利用纸媒、视频媒体和新媒体开展沙子岭猪及湘沙猪品牌宣传。

三、加强产品推介

1. 开展"五进"活动

进商超，在沃尔玛、家乐福、步步高等超市及生鲜连锁超市，进行大幅广告宣传，设立专柜进行销售；进餐馆，选取高档的餐饮企业进行门店的广告宣传，菜单的广告植入制作，体验式的品牌营销策略，在华银、盘龙、华都等著名餐饮企业积极推介沙子岭猪及湘沙猪系列菜品，让普通老百姓随时能吃到沙子岭猪肉及湘沙猪肉；进平台，加大与电商的合作，在兴盛优选、盒马生鲜、美团、淘宝等电商平台上进行广告宣传，以及加工产品和速食菜品的销售；进社区，选取高档小区，进行体验式宣传，不定期搞试吃、促销，精准定位潜在消费者，让其成为忠实粉丝、义务宣传员；进食堂，选择政府部门和国有企事业单位食堂推介沙子岭猪及湘沙猪系列猪肉产品，让沙子岭猪及湘沙猪成为食堂肉类首选。

2. 组织参展

利用农博会、畜博会、地理标志农产品展会等有利于扩大品牌影响力的展会，让更多的人知道沙子岭猪和湘沙猪。也让更多的人在展会上品尝到美味和高档的猪肉及肉制品。

3. 举办美食节、全猪宴等体验式宣传

邀请媒体、专家及市民，参与美食节活动，宣传沙子岭猪及湘沙猪科普知识，让大家不但能品尝到美味，还能明白为什么沙子岭猪及湘沙猪肉及制品美味、高档、健康。

4. 高标准建设文化餐饮体验示范基地

通过建立沙子岭猪及湘沙猪餐饮体验店和主题文化公园，用抖音、网红进行宣传推荐。吸引消费者到公园了解沙子岭猪文化及湘沙猪育种创新文化，体验沙子岭猪及湘沙猪美食。

附录 A　湘沙猪配套系
（DB43/T 2699—2023）

1　范围

本文件规定了湘沙猪配套系 XS3 系、湘沙猪配套系 XS2 系、湘沙猪配套系 XS1 系、湘沙猪配套系 XS23 系、种用价值、测定方法、种猪出场要求和湘沙猪配套系商品代。

本文件适用于湘沙猪配套系种猪和商品猪的鉴定、选育、生产以及出场时对种猪的评定。

2　规范性引用文件

下列文件中的内容通过文中的规范性引用而构成本文件必不可少的条款。其中，日期的引用文件，仅该日期对应的版本适用于本文件；不注日期的引用文件，其最新版本（包括所有的修改版）适用于本文件。

NY/T 820 种猪登记技术规范

NY/T 821 猪肌肉品质测定技术规范

NY/T 822 种猪生产性能测定规程

NY/T 825 瘦肉型猪胴体性状测定技术规范

农业农村部《生猪产地检疫规程》

3　术语与定义

下列术语和定义适用于本文件。

湘沙猪配套系（Xiangsha pig synthetic line）

以沙子岭猪、美系巴克夏猪、美系大白猪为育种材料，采用群体继代选育法分别选育配套系母系母本、母系父本和终端父本，以最佳配套杂交方式培育的配套系杂优猪。

4　湘沙猪配套系 XS3 系

4.1　定义

湘沙猪配套系 XS3 系为配套系母系母本，由沙子岭猪为育种素材选育而成。

4.2　外貌特征

毛色为两头黑（头部和臀部为黑色），其他部位为白色，间或在背腰部有一块隐斑。头短而宽，背腰较平直，耳下垂，额部有皱纹，腹大不拖地，四肢结实，后肢开张。有效乳头 7 对以上。照片见资料性附录 A.1.1 湘沙猪配套系 XS3 系。

4.3 繁殖性能

初产母猪平均窝总产仔数 10 头，产活仔数 9 头，初生个体重 0.88 kg，21 d 窝重 29 kg，35 d 断奶窝重 44 kg。

经产母猪平均窝总产仔数 11 头，产活仔数 10 头，初生个体重 0.96 kg，21 d 窝重 34 kg，35 d 断奶窝重 50 kg。

4.4 生长性能

参照资料性附录 A.2 中表 A.2.2 的营养水平饲养，达 50 kg 体重公猪平均日龄 193 d，母猪为 185 d；达 50 kg 体重平均背膘厚公猪为 16 mm，母猪为 18 mm。

4.5 胴体品质

平均体重 85 kg 时屠宰，屠宰率为 70.0%，瘦肉率为 41.5%。肉色评分为 3～3.5 分，大理石纹评分为 3～3.5 分，肌内脂肪含量为 3.4%。

5 湘沙猪配套系 XS2 系

5.1 定义

湘沙猪配套系 XS2 系为配套系母系父本，以美系巴克夏猪为育种素材选育而成。

5.2 外貌特征

全身被毛黑色，仅四肢下部、鼻端、尾帚为白色（六白），颜面平直，耳直立或稍向前倾，体躯长而宽，背微弓，腹平直，四肢粗壮。有效乳头 6 对以上。照片见资料性附录 A.1.2 湘沙猪配套系 XS2 系。

5.3 繁殖性能

初产母猪平均窝总产仔数 9.6 头，产活仔数 9.0 头；经产母猪平均总产仔数 10 头，产活仔数 9.6 头。

5.4 生长性能

参照资料性附录 A.2 中表 A.2.1 的营养水平饲养，达 100 kg 体重公猪平均日龄为 169 d，母猪为 170 d；达 100 kg 体重平均背膘厚公猪为 12.8 mm，母猪为 13.6 mm。

5.5 胴体品质

平均体重 100 kg 时屠宰，屠宰率为 70%，后腿比例为 33%，瘦肉率为 59%。

6　湘沙猪配套系 XS1 系

6.1　定义

湘沙猪配套系 XS1 系为配套系终端父本，由美系大白猪为育种素材选育而成。

6.2　外貌特征

体型大，被毛全白；头颈较长，面宽微凹，耳向前直立；体躯长，背腰平直或微弓，腹线平，胸宽深，后躯丰满；有效乳头 7 对以上。照片见资料性附录 A.1.3 湘沙猪配套系 XS1 系。

6.3　繁殖性能

初产母猪平均窝总产仔数 10.7 头，产活仔数 10.3 头；经产母猪平均总产仔数 11.8 头，产活仔数 11.4 头。

6.4　生长性能

参照资料性附录 A.2 中表 A.2.1 的营养水平饲养，达 100 kg 体重公猪平均日龄为 166 d，母猪为 167 d；达 100 kg 体重背膘厚公猪为 9.8 mm，母猪为 10.7 mm。

6.5　胴体品质

平均体重 100 kg 时屠宰，屠宰率为 73%，后腿比例为 34%，眼肌面积为 45 cm^2，瘦肉率为 66%。

7　湘沙猪配套系 XS23 系

7.1　定义

湘沙猪配套系 XS23 系为配套系父母代，由来自 XS1 系公猪、XS2 系公猪与 XS3 系母猪杂交产生的母猪组成，简称父母代。

7.2　外貌特征

全身被毛以黑色为主，少数个体四肢下端或腹部为白色；背线较平或微凹，肚稍大不下垂，体质结实，结构匀称，有效乳头 7 对以上。照片见资料性附录 A.1.4 湘沙猪配套系 XS23 系。

7.3　繁殖性能

初次发情为 180～190 日龄，初情期体重为 80～90 kg，适宜配种年龄为 200～220 日龄；平均窝总产仔数 12.4 头，产活仔数 11.9 头；初生个体重 1.2 kg，21 日龄窝重 50 kg，35 日龄断奶窝重 70 kg。

7.4　生长性能

参照资料性附录 A.2 中表 A.2.3 的营养水平饲养，在猪 30～100 kg

期间，平均日增重为 580 g，料重比为 3.6∶1。

7.5 胴体品质

平均体重 90 kg 时屠宰，屠宰率为 70%，眼肌面积为 29 cm²，胴体瘦肉率为 52%，肉色评分为 3.2 分，大理石纹评分为 3.0 分，肌内脂肪含量为 3.1%。

8 种用价值

8.1 体形外貌符合本配套系特征。

8.2 外生殖器发育正常，无遗传疾患和损征，有效乳头数 6 对以上（含 6 对），排列整齐。

8.3 种猪个体经性能测定，选择指数合格。

8.4 种猪来源及血缘清楚，系谱记录档案齐全。

8.5 健康状况良好。

9 测定方法

9.1 生长发育、胴体性能测定按 NY/T 820、NY/T 822 的规定执行。

9.2 繁殖性能测定按 NY/T 820 的规定执行。

9.3 肌肉品质按 NY/T 821 的规定执行。

10 种猪出场要求

10.1 符合种用价值的要求。

10.2 有种猪合格证，耳号清晰，档案齐全。

10.3 健康状况良好，按当地疫病流行情况免疫注射规定疫苗；按照《生猪产地检疫规程》的要求检疫合格。

11 湘沙猪配套系商品代

湘沙猪配套系商品代为 XS1 系公猪和父母代（XS23 系）母猪杂交得到的后代，即配套系的终端产品，用于商品肉猪生产。

11.1 外貌特征

全身被毛白色，两眼角偶有黑毛，少数个体皮肤有小黑斑。头中等大小，脸直中等长，耳中等大向前倾，身体中等偏长，背腰平直，后躯丰满，四肢粗壮结实。照片见资料性附录 A.1.5 湘沙猪配套系商品代。

11.2 育肥性能

参照资料性附录 A.2 中表 A.2.3 的营养水平饲养，在猪 30～100 kg 体重期间，平均日增重为 800 g，料重比为 3.16∶1。

11.3 胴体品质

平均体重 100 kg 时屠宰，屠宰率为 73%，胴体瘦肉率为 58.2%；肉色评分为 3.5 分，大理石纹评分为 3.0 分，系水力为 93%，肌内脂肪含量为 2.9%。

11.4　出场要求

商品猪出场按照《生猪产地检疫规程》要求检疫合格。

资料性附录 A.1　湘沙猪配套系照片

A.1.1　湘沙猪配套系 XS3 系

A.1.1.1　湘沙猪配套系 XS3 系头部

见图 A.1.1.1。

公猪　　　　　　　　　　　　　母猪

图 A.1.1.1　湘沙猪配套系 XS3 系头部

A.1.1.2　湘沙猪配套系 XS3 系侧部

见图 A.1.1.2。

公猪　　　　　　　　　　　　　母猪

图 A.1.1.2　湘沙猪配套系 XS3 系侧部

A.1.1.3 湘沙猪配套系 XS3 系后部

见图 A.1.1.3。

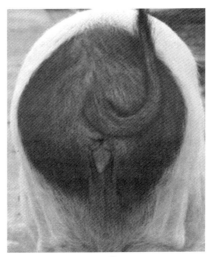

公猪   母猪

图 A.1.1.3 湘沙猪配套系 XS3 系后部

A.1.2 湘沙猪配套系 XS2 系

A.1.2.1 湘沙猪配套系 XS2 系头部

见图 A.1.2.1。

公猪   母猪

图 A.1.2.1 湘沙猪配套系 XS2 系头部

A.1.2.2 湘沙猪配套系 XS2 系侧部

见图 A.1.2.2。

公猪　　　　　　　　　　　　　　母猪

图 A.1.2.2　湘沙猪配套系 XS2 系侧部

A.1.2.3　湘沙猪配套系 XS2 系后部

见图 A.1.2.3。

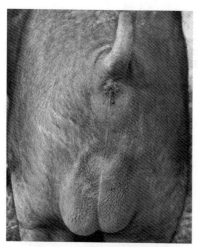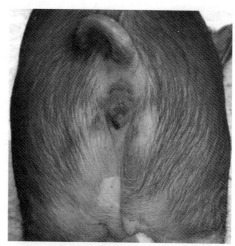

公猪　　　　　　　　　　　　　　母猪

图 A.1.2.3　湘沙猪配套系 XS2 系后部

A.1.3　湘沙猪配套系 XS1 系

A.1.3.1　湘沙猪配套系 XS1 系头部

见图 A.1.3.1。

 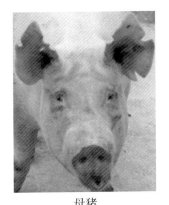

公猪   母猪

图 A. 1. 3. 1 湘沙猪配套系 XS1 系头部

A. 1. 3. 2 湘沙猪配套系 XS1 系侧部

见图 A. 1. 3. 2。

公猪   母猪

图 A. 1. 3. 2 湘沙猪配套系 XS1 系侧部

A. 1. 3. 3 湘沙猪配套系 XS1 系后部

见图 A. 1. 3. 3。

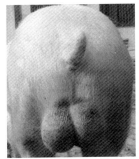 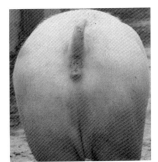

公猪   母猪

图 A. 1. 3. 3 湘沙猪配套系 XS1 系后部

A.1.4　湘沙猪配套系 XS23 系

A.1.4.1　湘沙猪配套系 XS23 系头部

见图 A.1.4.1。

阉公猪　　　　　　　　　　母猪

图 A.1.4.1　湘沙猪配套系 XS23 系头部

A.1.4.2　湘沙猪配套系 XS23 系侧部

见图 A.1.4.2。

阉公猪　　　　　　　　　　母猪

图 A.1.4.2　湘沙猪配套系 XS23 系侧部

A.1.4.3　湘沙猪配套系 XS23 系后部

见图 A.1.4.3。

阉公猪　　　　　　　　　　母猪

图 A.1.4.3　湘沙猪配套系 XS23 系后部

A.1.5　湘沙猪配套系商品代

A.1.5.1　湘沙猪配套系商品代头部

见图 A.1.5.1。

阉公猪　　　　　　　　　　　母猪

图 A.1.5.1　湘沙猪配套系商品代头部

A.1.5.2　湘沙猪配套系商品代侧部

见图 A.1.5.2。

阉公猪　　　　　　　　　　　母猪

图 A.1.5.2　湘沙猪配套系商品代侧部

A.1.5.3　湘沙猪配套系商品代后部

见图 A.1.5.3。

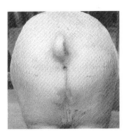 

阉公猪　　　　　　　　　　母猪

图 A.1.5.3　湘沙猪配套系商品代后部

A.1.5.4　湘沙猪配套系商品代群体

见图 A.1.5.4。

图 A.1.5.4　湘沙猪配套系商品代群体

资料性附录 A.2

湘沙猪配套系营养需要

A.2.1　湘沙猪配套系 XS1 系与 XS2 系营养需要

见表 A.2.1。

表 A.2.1　湘沙猪配套系 XS1 系与 XS2 系营养需要

阶段	消化能/(MJ/kg)	粗蛋白/%	赖氨酸/%	钙/%	总磷/%
乳猪 7～25 日龄	14.5	20.5	1.50	0.70	0.65
保育猪 26～70 日龄	14.5	18.5	1.30	0.82	0.65
中猪 71～120 日龄	13.5	17.0	0.95	0.8	0.60
大猪 121～100 kg	13.2	16.5	0.92	0.75	0.55
后备猪 121 日龄至初配	13.1	16.7	1.09	0.88	0.62
妊娠期	13.2	16.0	0.95	0.70	0.62
哺乳期	14.0	18.0	0.98	0.90	0.75
种公猪	13.5	17.2	1.02	0.95	0.62

A.2.2 湘沙猪配套系 XS3 系营养需要

见表 A.2.2。

表 A.2.2 湘沙猪配套系 XS3 系营养需要

种类	阶段	消化能/(MJ/kg)	粗蛋白/%	钙/%	磷/%	食盐/%
后备种猪	30~50 kg	11.70	13	0.60	0.50	0.30
妊娠母猪	前期	11.29	11	0.61	0.50	0.32
	后期	11.70	13	0.61	0.50	0.32
哺乳母猪		12.54	15	0.64	0.50	0.44
种公猪		12.54	15	0.66	0.50	0.35
仔猪	5~10 kg	13.38	19	0.70	0.60	0.25
	11~15 kg	13.38	18	0.65	0.55	0.25
	16~30 kg	12.54	16	0.55	0.45	0.30
生长育肥猪	31~50 kg	12.12	14	0.55	0.45	0.30
	51 kg 以上	12.70	12	0.50	0.40	0.30

A.2.3 湘沙猪配套系父母代与商品代营养需要

见表 A.2.3。

表 A.2.3 湘沙猪配套系父母代与商品代营养需要

种类	阶段	消化能/(MJ/kg)	粗蛋白/%	赖氨酸/%	盐/%	钙/%	磷/%
父母代	5~15 kg	13.5	18	0.90	0.30	0.80	0.65
	16~30 kg	13.4	17	0.82	0.30	0.80	0.65
	31~60 kg	12.3	15	0.82	0.30	0.79	0.64
	61 kg 至配种前	12.3	13	0.71	0.30	0.77	0.61
	妊娠母猪	12.0	13	0.59	0.30	0.65	0.56
	哺乳母猪	13.0	16	0.88	0.40	0.72	0.58
商品代	5~15 kg	13.5	19	0.90	0.30	0.80	0.65
	16~30 kg	13.4	18	0.75	0.35	0.75	0.65
	31~60 kg	13.3	16	0.72	0.35	0.70	0.55
	61~100 kg	13.5	14	0.71	0.35	0.70	0.55

附录B 湘沙猪配套系饲养管理技术规程 （DB43/T 2719—2023）

1 范围

本文件规定了湘沙猪配套系饲养管理的术语和定义、环境与设施、引种、饮水卫生、饲料和营养、饲养管理、疫病防治、粪污及病死猪处理和养殖档案。

本文件适用于湘沙猪配套系商品代的饲养管理。

2 规范性引用文件

下列文件中的内容通过文中的规范性引用而构成本文件必不可少的条款。其中，注日期的引用文件，仅该日期对应的版本适用于本文件；不注日期的引用文件，其最新版本（包括所有的修改版）适用于本文件。

GB 18596 畜禽养殖业污染物排放标准

GB 5749 生活饮用水卫生标准

NY/T 388 畜禽场环境质量标准

NY/T 471 绿色食品 饲料及饲料添加剂使用准则

NY/T 472 绿色食品 兽药使用准则

DB43/T 625 沙子岭猪饲养管理技术规程

DB43/T 634 畜禽水产养殖档案记录规范

农业农村部《病死畜禽和病害畜禽产品无害化处理管理办法》

3 术语和定义

下列术语和定义适用于本文件。

湘沙猪配套系（Xiangsha pig synthetic line）

湘沙猪配套系是以沙子岭猪、美系巴克夏猪、美系大白猪为育种材料，采用群体继代选育法分别选育配套系母系母本、母系父本和终端父本，以最佳配套杂交方式培育的配套系杂优猪。

4 环境与设施

4.1 选址

猪场选址应符合 DB43/T 625 的规定。

4.2 布局

场区应设管理区、生产区、隔离区和无害化处理区，各区之间界限明显，相距 50 m。按常年主导风向和地势由高到低依次布置为管理区、生产区、隔离区和无害化处理区。场内净道与污道应分设，互不交叉。入场大门口和行人入口、生产区入口、无害化处理区入口以及各栋栏舍入口应设消毒池等消毒设施，道路应硬化。

4.3 栏舍

4.3.1 栏舍可采用单列式或双列式，应坐北朝南。栏舍内应通风、干燥、明亮，有防暑降温和防寒保暖设施。栋间间距 5～10 m。

4.3.2 地面平整硬实，不打滑，坡度为 3°～5°。

4.3.3 排污沟用混凝土浇注，低于栏舍地面 5～10 cm，高于场内总排污沟 5～10 cm。

4.3.4 猪舍空气质量应符合 NY/T 388 的规定。

5 引种

5.1 引种前应先调查了解产地疫情，不得从疫区引种。

5.2 应从具有《种畜禽生产经营许可证》的湘沙猪配套系原种场、扩繁场引种，种猪应有畜禽标识、系谱卡、种猪合格证，并经当地检疫部门检疫并开具检疫合格证明后方可引种。

5.3 引进的猪只应隔离饲养 30 d，确认健康后方可合群饲养。

6 饮水卫生

水质应符合 GB 5749 的规定。

7 饲料和营养

7.1 饲料和饲料添加剂的使用应符合 NY/T 471 的规定。

7.2 湘沙猪配套系营养需要参见资料性附录 B.1。

7.3 青绿饲料应洗净切碎后拌入混合料中饲喂，或饲喂青绿饲料后再饲喂配合饲料。

8 饲养管理

8.1 基本要求

8.1.1 工作人员应定期进行健康检查。

8.1.2 栏舍、走道及饲养用具应清洁卫生。

8.1.3 饲料应营养全面，不得使用过期、霉变和假劣饲料。妊娠母猪应饲喂适量青绿饲料。

8.1.4 查看猪群健康状况，发现异常应及时记录并作相应处理。

8.1.5　饲养管理的其他要求应符合 DB43/T 625 的规定。

8.2　哺乳仔猪饲养管理

8.2.1　分娩仔猪应及时断脐、擦干、称重、吃初乳，24 h 内剪犬齿、消炎。

8.2.2　仔猪出生后 2 d 内，调教仔猪固定奶头和进出保温箱。出生 3 d 内，保温箱温度应控制在 32℃～30℃，之后每 3 d 降低 1℃，20 d 后保持 26℃～28℃。保温箱箱门应全天敞开。

8.2.3　仔猪出生后 7 d 内应补充铁制剂。

8.2.4　7 d 后开始诱食补料，必要时应人工辅助补料。

8.2.5　公猪应适时去势。

8.3　断奶仔猪饲养管理

8.3.1　28～35 日龄断奶并注意保温。

8.3.2　断奶后由仔猪教槽料逐渐过渡到仔猪保育料。

8.3.3　饲养密度 0.4～0.6 m^2/头。

8.4　生长育肥猪饲养管理

8.4.1　根据生长育肥猪不同阶段的营养需要（见资料性附录 B.1），配制相应的配合饲料。

8.4.2　每天喂 2 次，定时定量；自由采食时，料槽断料应不超过 2 h。

8.4.3　20～60 kg 体重猪生长期间饲养密度为 0.7～0.9 m^2/头；60～100 kg 体重猪育肥期间饲养密度为 0.9～1.2 m^2/头。

9　疫病防治

9.1　免疫

9.1.1　结合当地实际情况，制订科学合理的免疫程序。湘沙猪配套系免疫程序参见资料性 B.2。

9.1.2　疫苗应来自有生产经营许可证的企业。

9.1.3　免疫用具使用前后应消毒，做到一猪一针头。

9.1.4　按疫苗使用方法使用疫苗，疫苗开启后应 4 h 内用完，废弃的疫苗及使用过的疫苗瓶应无害化处理。

9.1.5　应定期对猪瘟、蓝耳病、口蹄疫和伪狂犬病等主要猪病进行血清学抗体检测，并根据检测结果调整免疫程序。

9.2　消毒

按照 DB43/T 625 的规定执行。

9.3　驱虫灭鼠

应每年有计划地进行驱虫、灭鼠。

9.4　治疗

9.4.1　猪只发病后应及时隔离，并对症治疗。

9.4.2　兽药使用应符合 NY/T 472 的规定。

10　粪污及病死猪处理

应符合 GB 18596 和农业农村部令 2022 年第 3 号《病死畜禽和病害畜禽产品无害化处理管理办法》的规定。

11　养殖档案

按照 DB43/T 634 的规定执行。

资料性附录 B.1

湘沙猪配套系营养需要

湘沙猪配套系营养需要见表 B.1.1。

表 B.1.1　湘沙猪配套系营养需要

种类	阶段	消化能/(MJ/kg)	粗蛋白/%	赖氨酸/%	盐/%	钙/%	磷/%
商品猪	保育猪 5～15 kg	13.5	19	0.90	0.30	0.80	0.65
	小猪 16～30 kg	13.4	18	0.75	0.35	0.75	0.65
	中猪 31～60 kg	13.3	16	0.72	0.35	0.70	0.55
	大猪 61～100 kg	13.5	14	0.71	0.35	0.70	0.55

资料性附录 B.2

湘沙猪配套系免疫程序

湘沙猪配套系免疫程序见表 B.2.1。

表 B.2.1　湘沙猪配套系免疫程序

猪别	免疫时间	疫苗名称	免疫剂量	免疫方式	注意事项
仔猪	0～3 日龄	伪狂犬	1 头份/头	滴鼻	1 mL/鼻孔
	14 日龄	圆环、蓝耳	1 mL/头、1 头份/头	肌内注射	一边一针
	21 日龄	支原体肺炎	1 头份/头	肌内注射	
	28 日龄	猪瘟	1 头份/头	肌内注射	

续表

猪别	免疫时间	疫苗名称	免疫剂量	免疫方式	注意事项
保育猪	35 日龄	伪狂犬	1 头份/头	肌内注射	
	42 日龄	圆环	1 头份/头	肌内注射	
	50 日龄	猪瘟	1 头份/头	肌内注射	
	57 日龄	口蹄疫	2 mL/头	肌内注射	

参考文献

[1] 吴买生. 沙子岭猪[M]. 北京：中国农业出版社，2019.

[2] 冉元智. 渝太Ⅰ系猪培育与利用[M]. 北京：中国农业科学技术出版社，2007.

[3] 彭中镇. 彭中镇文选[M]. 北京：中国农业出版社，2011：89 - 95.

[4] 王爱国. 实施配套系育种战略，增强种猪市场竞争力[J]. 中国畜牧杂志，2005，41（7）：3 - 5.

[5] 刘孟洲. 猪配套系育种的理论基础和方法[J]. 猪业在线，2005，3：23 - 25.

[6] 赵振华，贾青，墨锋涛，等. 猪配套系选育方法的研究[J]. 养猪，2007，2：22 - 24.

[7] 汪嘉燮. 猪配套系选育几个技术问题的探讨[J]. 中国动物保健，2003，4：23 - 25.

[8] 吴买生. 猪配套系育种及湘沙猪配套系选育工作体会[J]. 中国猪业，2017，11：74 - 77.

[9] 吴买生，刘天明，彭英林，等. 沙子岭猪与巴克夏、汉普夏的二元杂交试验[J]. 家畜生态学报，2011，32（3）：22 - 24.

[10] 左晓红，赵迪武，吴买生，等. 沙子岭猪与巴沙、汉沙杂交猪肉质特性的研究[J]. 猪业科学，2011，28（6）：100 - 103.

[11] 吴买生，刘伟，张善文，等. 沙子岭猪及二元杂种母猪繁殖性能测定报告[J]. 猪业科学，2013，9：100 - 101.

[12] 罗强华，刘伟，唐国其，等. 以巴沙、汉沙、杜沙为母本的杂交组合试验：育肥性能和胴体品质[J]. 猪业科学，2014（12）：115 - 117.

[13] 左晓红，贺长青，张善文，等. 以巴沙、汉沙、杜沙为母本的杂交组合试验：肉质性状与肉的成分[J]. 猪业科学，2015（3）：128 - 131.

[14] 罗强华，张善文，李论，等. 以沙子岭猪为母本的三元杂交组合育肥性能和胴体品质对比试验[J]. 中国猪业，2015（2）：67 - 69.

[15] 杨岸奇，吴买生，向拥军，等. MTDFREML法估算沙子岭猪部分性状的遗传参数[J]. 养猪，2015（3）：68 - 72.

[16] 吴买生，陈斌，彭英林，等. 湘沙猪配套系选育及展望[J]. 养猪，2020（1）：49 - 54.

[17] 李朝晖，李玉莲，吴买生. 湘沙猪配套系母系母本选育进展[J]. 养猪，2020
（6）：65-67.

[18] 罗晶晶，陈辉，陈斌. 巴克夏猪生长发育性能测定及其相关分析[J]. 猪业科
学，2018，35（11）：128-130.

[19] 吴买生，张善文，向拥军，等. 湘沙猪配套系杂交组合育肥、胴体及肉质性状
配合力测定[J]. 猪业科学，2018，35（5）：124-126.

[20] 张兴，吴买生，向拥军，等. 沙子岭猪与巴沙猪育肥性能与胴体品质的比较研
究[J]. 猪业科学，2016，33（10）：130-132.

[21] 张善文，吴买生，李朝晖，等. 湘沙猪配套系母系母本、父母代猪及商品猪育
肥性能与胴体品质测定[J]. 中国猪业，2017，12（7）：77-79.

[22] 李玉莲，左晓红，吴买生，等. 新美系猪生长育肥性能测定分析[J]. 养猪，
2016（4）：46-48.

[23] 李玉莲，吴买生，王建伟，等. 大约克、杜洛克、巴克夏猪育肥和胴体性状比
较分析[J]. 家畜生态学报，2018，39（3）：44-47.

[24] 夏敏，吴买生，李玉莲，等. 湘沙猪配套系父系猪育肥和胴体性状比较分析
[J]. 养猪，2018（2）：84-86.

[25] 左晓红，吴买生，陈斌，等. 美系大约克、长白、杜洛克、巴克夏猪肌肉成分
的比较研究[J]. 猪业科学，2016，33（2）：121-123.

[26] 李玉莲，左晓红，吴买生，等. 新美系种猪胴体品质及肉质性状比较研究[J].
中国猪业，2016，11（10）：50-53.

[27] 张兴，吴买生，向拥军，等. 沙子岭猪与巴沙猪肉质特性的比较研究[J]. 中国
猪业，2016，11（12）：63-67.

[28] 张善文，李朝晖，向拥军，等. 湘沙猪配套系母系母本、父母代猪及商品猪肉
质特性测定[J]. 饲料与畜牧，2017（18）：42-46.

[29] 吴买生，戴求仲，刘伟，等. 湘沙猪配套系母猪能量与蛋白质需要量的初步研
究[J]. 中国猪业，2017，4：56-59.

[30] 张善文，吴买生，李朝晖，等. 湘沙猪配套系母系母本、父母代猪及商品猪育
肥性能与胴体品质测定[J]. 中国猪业，2017，7：77-81.

[31] 张善文，吴买生，向拥军，等. 湘沙猪配套系组合巴大沙和大巴沙育肥性能及
胴体品质测定[J]. 中国猪业，2018，2：71-73.

[32] 张善文，吴买生，向拥军，等. 湘沙猪配套系组合巴大沙和大巴沙肉质特性测
定[J]. 猪业科学，2018，3：132-134.

[33] 张善文，吴买生，向拥军，等. 湘沙猪配套系杂交组合育肥、胴体及肉质性状
配合力测定[J]. 猪业科学，2018，5：124-126.

[34] 吴买生. 利用地方猪种开发高端猪肉的思考[J]. 猪业科学，2023，4：122-
124.

［35］ JIE MA，YEHUI DUAN，RUI LI，et al. Gut microbial profiles and the role in lipid metabolism in Shaziling pigs［J］. Animal Nutrition，2022（9）：345－356.

［36］ 王林云. 养猪词典［M］. 北京：中国农业出版社，2004：70－89.

［37］ 吴买生，张善文，李玉莲. 湘沙猪配套系营养特性及科学养殖技术［J］. 猪业科学，2023，3：123－125.

图书在版编目（ＣＩＰ）数据

湘沙猪生态养殖及遗传育种新技术 / 吴买生主编. —长沙：湖南科学技术出版社，2024.1
ISBN 978-7-5710-2455-0

Ⅰ．①湘… Ⅱ．①吴… Ⅲ．①养猪学－生态养殖②猪－遗传育种 Ⅳ．①S828

中国国家版本馆CIP数据核字(2023)第168733号

XIANGSHAZHU SHENGTAI YANGZHI JI YICHUAN YUZHONG XIN JISHU

湘沙猪生态养殖及遗传育种新技术

主　　编：吴买生
副 主 编：谭　红　彭英林　陈　斌
出 版 人：潘晓山
责任编辑：张蓓羽
出版发行：湖南科学技术出版社
社　　址：长沙市芙蓉中路一段416号泊富国际金融中心
网　　址：http://www.hnstp.com
湖南科学技术出版社天猫旗舰店网址：
　　　　　http://hnkjcbs.tmall.com
邮购联系：0731-84375808
印　　刷：湖南省汇昌印务有限公司
　　　　　（印装质量问题请直接与本厂联系）
厂　　址：长沙市望城区丁字湾街道兴城社区
邮　　编：410299
版　　次：2024年1月第1版
印　　次：2024年1月第1次印刷
开　　本：710mm×1000mm　1/16
印　　张：16.25
字　　数：262千字
书　　号：ISBN 978-7-5710-2455-0
定　　价：29.00元